"国家级一流本科课程"配套教材系列

数据库原理及应用

微课视频版·第2版

李唯唯　主编

尹静　黄丽丰　朱烨华　副主编

清华大学出版社

北京

内 容 简 介

本书以 MySQL 8.0 为平台,以 PowerDesigner 等为辅助设计工具,深入浅出地介绍了数据库技术的相关知识,从理论到应用,环环相扣,紧密关联。全书共 9 章,内容包括数据库系统概述、关系数据库、SQL、数据库编程、数据库管理与维护、关系数据理论、数据库设计,最后结合一个校园超市管理系统案例介绍数据库应用系统的整个设计、开发流程及 Visio、PowerDesigner 等辅助设计工具的使用。

本书可以作为高等院校计算机相关专业的本科教材,也可作为普通读者自学数据库知识的参考书。

图书在版编目(CIP)数据

数据库原理及应用:微课视频版 / 李唯唯主编. -- 2 版. -- 北京:清华大学出版社,2025.8.
("国家级一流本科课程"配套教材系列). -- ISBN 978-7-302-69896-8

Ⅰ. TP311.13

中国国家版本馆 CIP 数据核字第 2025SY4430 号

责任编辑:付弘宇　张爱华
封面设计:刘　键
责任校对:郝美丽
责任印制:沈　露

出版发行:清华大学出版社
　　　　网　　　址:https://www.tup.com.cn,https://www.wqxuetang.com
　　　　地　　　址:北京清华大学学研大厦 A 座　　　邮　　　编:100084
　　　　社 总 机:010-83470000　　　邮　　　购:010-62786544
　　　　投稿与读者服务:010-62776969,c-service@tup.tsinghua.edu.cn
　　　　质量反馈:010-62772015,zhiliang@tup.tsinghua.edu.cn
　　　　课件下载:https://www.tup.com.cn,010-83470236
印 装 者:大厂回族自治县彩虹印刷有限公司
经　　销:全国新华书店
开　　本:185mm×260mm　　　印　　张:19　　　字　　数:464 千字
版　　次:2020 年 9 月第 1 版　　2025 年 8 月第 2 版　　印　　次:2025 年 8 月第 1 次印刷
印　　数:1～1500
定　　价:59.00 元

产品编号:103405-01

前　言

新一轮科技革命和产业变革带动了传统产业的升级改造。党的二十大报告强调"必须坚持科技是第一生产力、人才是第一资源、创新是第一动力,深入实施科教兴国战略、人才强国战略、创新驱动发展战略,开辟发展新领域新赛道,不断塑造发展新动能新优势"。建设高质量高等教育体系是摆在高等教育面前的重大历史使命和政治责任。高等教育要坚持国家战略引领,聚焦重大需求布局,推进新工科、新医科、新农科、新文科建设,加快培养紧缺型人才。

数据库技术是计算机科学的重要分支,是现代信息科学与技术的重要组成部分,是计算机数据处理与信息管理系统的核心。

数据库技术诞生于20世纪60年代末至70年代初,其主要目标是有效地管理和存取大量的数据资源。从诞生到现在,在半个多世纪的时间里,数据库技术形成了坚实的理论基础、成熟的商业产品和广泛的应用领域,目前已成为一个研究者众多且被广泛关注的研究领域。数据库技术的应用不是仅限于传统的事务处理,而是进一步与 AI 相结合,扩展到情报检索、智能决策、专家系统、计算机辅助设计等领域。特别是当前正由 IT 时代进入 DT 时代,随着移动互联网、物联网的发展,企业正产生大量的数据,而数据的存储和组织离不开数据库技术,越来越多的公司意识到了数据能够为其带来商业利益,于是,如何管理和利用好数据已经变得越来越重要。虽然数据库技术的新理论、新应用不断涌现,但这些新技术都是建立在基本的数据库技术基础之上的。

本书有两大特色。第一个特色是采用案例贯穿的方法,结合实际的校园超市管理系统案例较为详细地介绍了数据库系统的基本概念、基础原理、分析设计方法、数据库管理和应用开发技术。对于校园超市管理系统案例,学生能有亲自体验后的认知,并且学生参与的难度低,有助于学生对知识点的理解;同时,该案例有效地贯穿全书的知识点,有助于学生系统地理解数据库的相关知识。

本书的另一个特色是在每章知识点的讲解之后配有相应的习题和实验,并在附录配有课程设计综合实践内容,学生可以在学习每个知识点之后通过习题加以巩固,通过实验进行实践环节的训练,并通过最后的课程设计实现提升,从而使教学内容达到理论与实践的协调统一。

本书以 MySQL 8.0 为平台,以 PowerDesigner 等为辅助设计工具,深入浅出地介绍了数据库技术的相关知识,从理论到应用,环环相扣,紧密关联。

全书共分为 9 章。第 1 章介绍数据库系统相关的基本概念、数据模型的概念以及数据库系统的体系结构，回顾了数据库技术的发展历程，并展望国产数据管理技术的发展。第2章介绍关系数据库的基本概念、关系完整性约束条件以及关系代数。第3章介绍关系数据库标准语言 SQL 的应用。第4章介绍数据库编程。第5章介绍数据库管理与维护的知识，包括数据库的安全性管理、数据库的并发控制、数据库的备份及恢复管理。第6章介绍关系数据理论，包括函数依赖的概念，以及各级范式的规范化步骤。第7章介绍数据库设计的步骤和方法，主要介绍需求分析、概念结构设计、逻辑结构设计及物理结构设计。第8章针对前面数据库设计的步骤和方法，给出一个校园超市管理数据库系统设计的综合案例，并结合 Visio 和 PowerDesigner 等辅助设计工具的应用介绍。第9章结合校园超市管理系统案例介绍数据库应用系统的开发方法和步骤。

本书可以作为高等院校计算机相关专业的本科教材，也可以作为普通读者学习数据库知识的参考书，在讲授时应根据需要对内容做适当取舍。

本书由重庆理工大学的老师编写。其中，李唯唯负责内容的取材、组织和统稿，并编写了第1章、第2章、第6章、第7章；朱烨华编写了第3章；尹静编写了第4章、第5章；黄丽丰编写了第8章、第9章。

在本书的编写过程中，编者尽可能引入新的技术和方法，力求反映当前的技术水平和未来的发展方向，但由于编者水平有限，书中难免存在不妥之处，敬请读者和专家指正。

本书配有教学大纲、PPT 课件、程序源码、习题答案、慕课视频等教学资源，读者在本书或资源的使用中有任何问题，可以发电子邮件到 404905510@qq.com。

编　者

2025 年 6 月

目　录

数据库原理及应用·微课视频版（第2版）

数据库系统概述

数据库技术是计算机应用领域中发展最快、应用最广的科学技术之一，它已成为计算机信息系统与应用系统的核心技术和重要基础。这是计算机在信息管理领域中得到广泛应用的必然结果。随着大数据管理时代的到来，数据管理是今后若干年内计算机数据处理活动的重要内容和研究课题，数据库系统也将日益广泛地得到应用，它的设计、实现和应用不仅是一个实践的问题，同时也是一个理论的问题。

本章作为本书的引导，将使读者对数据库系统产生一个初步的认识。首先通过一些典型的数据库系统的应用实例，读者能够形象地了解什么是数据库，它有什么样的作用。接着从理论上给出数据库系统相关概念的定义。然后对数据模型的概念进行介绍。接下来从数据库最终用户和数据库管理系统的不同角度对数据库管理系统的内部体系结构和外部体系结构进行讲解。最后对数据库技术的发展历程进行回顾，并特别介绍国产数据库的发展，让读者了解数据管理技术的来龙去脉，更好地理解当前数据管理技术的现状和未来发展趋势以及国产数据库的守正创新。

1.1 数据库系统的应用实例

数据库系统在日常生活中的应用是无处不在的，以下通过几个数据库系统的应用实例，带领读者认识数据库。

1. 超市管理系统

超市由于其商品种类繁多、价格较低、购物便利已经成为人们日常生活的一个重要组成部分。数据库技术是超市取得成功的重要技术基础。在超市管理系统中，主要的数据项如下。

商品信息：商品名称、单价、进货数量、供应商、商品类型和商品布局等。

销售信息：连锁点、日期、时间、顾客、商品、数量和总价等。

供应商信息：供应商名称、地点、商品和信誉等。

员工信息：员工号、员工姓名、性别、年龄、电话等。

超市管理系统主要对商品的进销存信息进行管理，记录每次进货、售货的信息，动态刷新库存数据，进行进货提示等；此外，对供货商以及员工信息提供基本的增、删、改、查功能。这种系统能有效地对超市销售情况进行统计分析，对库存情况进行预警，对进货情况提供指导，为超市的管理提供了方便。

2. 学校学生管理信息系统

学校学生管理信息系统主要是对学生的人事、学籍、选课等信息进行管理。该系统包括的最典型的数据内容如下。

学生基本信息:学号、姓名、性别、年龄、系别等。

学生人事记录:家庭出身、籍贯、政治面貌等。

学生学籍记录:日期、地点、学历等。

学生选课记录:课程号、学号、学分等。

学生管理信息系统除了对以上学生基本信息进行管理外,还要对考试、排课以及与学生相关联的教师信息进行管理。这种系统最主要的目的是保证学生信息和教务数据处理的正确性。在当前的各大高校中,已经普遍采用了学生管理信息系统,为学生和教师都提供了方便、快捷的服务。

3. 银行业务系统

银行业务系统是最早使用数据库技术的系统之一,将业务人员从烦琐的手工记账中解放出来。特别是随着计算机、电子等新技术的发展,银行业务也变得丰富多彩,网上银行、信用卡都给人们带来了方便。例如,在信用卡管理系统中,需要管理的典型数据如下。

客户基本信息:身份证号、姓名、通信地址、邮编、电话等。

信用卡基本信息:账号、交易种类、交易金额、交易日期等。

客户和卡的关联:身份证号、账号等。

在以上所述的卡业务系统中,客户可以利用信用卡到营业网点、ATM 提取现金,也可以在商家进行刷卡消费,同时还可以利用信用卡进行水、电、气及电话缴费等。该系统除了可以为客户提供以上业务服务外,还可以为客户提供查询业务,让客户及时掌握自己的账户信息。这种系统的关键在于保证数据的正确性和一致性。当前的银行已经离不开数据库系统,因为数据库系统不但为其处理了大量烦琐的业务数据,也大大提高了银行业务工作的效率,为客户提供了快捷、及时的服务。

4. 机票预订系统

机票预订系统是为航空公司和客户提供订票、退票等相关服务的管理系统。随着航空业的发展和人们生活水平的提高,机票预订系统能提高旅行社、酒店和航空公司的工作效率,协助处理机票预订事务,满足了人们日益增长的出行需求。数据库系统在机票预订系统应用中,包括的典型数据如下。

客户信息:客户身份证号、客户姓名、密码、电话、电子邮箱等。

航班信息:航班号、机型、始发地、目的地、时间、价格等。

订票信息:客户身份证号、航班号、时间、价格、折扣等。

客户可以查询、修改自己的个人信息,查询航班信息,预订和查询机票信息。机票预订系统实现了航空公司的机票销售自动化,为乘客出行提供了极大的方便。除了机票预订系统,对于网上的其他系统如电子商务系统等,数据库系统作为其后台支持也是必不可少的。

1.2 数据库系统的基本概念

数据、数据库、数据库管理系统和数据库系统是与数据库技术密切相关的四个基本概念。这里对这些基本概念给出定义。

1. 数据

数据(Data)是数据库中存储的基本对象,可以将其定义为描述事物的符号记录。描述事物的符号很多,可以是数字、文字,也可以是图形、声音等信息,它们都可以经过数字化处理后存入计算机。

数据与其语义是不可分的,数据的语义也称数据的含义,就是指对数据的解释。例如,给定一个数字70,如果不做任何解释,人们很难了解这个数字的意思。但给这个数字加上语义进行解释,则一目了然。如语义为学生成绩,则70表示学生某门课程考试成绩为70分;如语义为年龄,则70表示某人的年龄为70岁;如语义为车速,则70表示某车行驶速度为70km/h。所以,数据和关于数据的解释是不可分的。

2. 数据库

数据库(Database,DB)是指长期存储在计算机内的、有组织的、可共享的大量数据集合。数据库,顾名思义就是存放数据的仓库,只不过这个仓库是计算机的存储设备。数据库中的数据按一定的数据模型组织、描述和存储,并且可为各种用户所共享。读者也可以通过数据管理技术发展的历史更加清晰地认识到这一点。

3. 数据库管理系统

数据库管理系统(Database Management System,DBMS)是位于用户与操作系统之间的一层数据管理软件。科学地组织和存储数据、高效地获取和维护数据就是由数据库管理系统来完成的。它主要有以下四方面的功能。

(1) 数据定义功能。用户可以通过它方便地对数据库中的数据对象进行定义。

(2) 数据操纵功能。用户可以通过它实现对数据库查询、插入、删除、修改等基本操作。

(3) 数据库的运行管理。用户可以通过它实现对数据库安全性、完整性、一致性的保障。

(4) 数据库的建立和维护功能。用户可以实现数据库的初始化、运行维护等。

4. 数据库系统

数据库系统(Database System,DBS)是指在计算机系统中引入数据库后的系统,是由软件和硬件组成的完整系统。数据库系统一般由数据库、数据库管理系统、计算机硬件和软件支撑环境、应用系统、数据库管理员和用户构成。

图1-1表示数据库系统的构成。

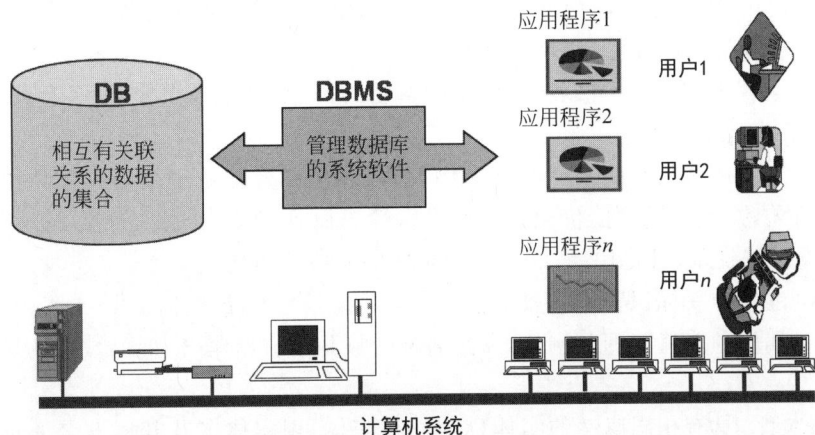

图1-1 数据库系统的构成

1.3　数据模型

1.3.1　现实世界的信息化过程

在现实世界中，常常用物理模型对某个对象进行抽象来实现模拟。在数字世界中，常常用数据模型对某个对象进行抽象来表示。很显然，在数据库中只能存储对象的数据模型。

数据模型是对现实世界的抽象，将现实世界中有应用价值的数据及其关联抽象出来，并为 DBMS 所支持，最终在机器上实现。一种数据模型既要适于描述现实世界，又要便于机器实现。因为这两个过程离不开人的参与，所以还要易于为人所理解。我们通常是从现实世界抽象出概念模型，然后转换为机器实现，如图 1-2 所示。

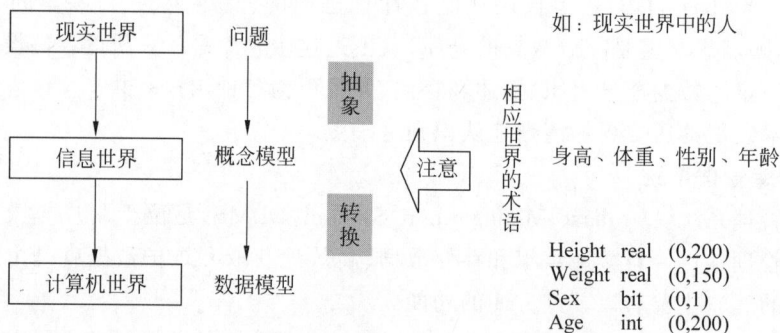

图 1-2　现实世界的信息化过程及实例

1. 现实世界

用户为了某种需要，须将现实世界中的部分需求用数据库实现。现实世界设定了需求及边界条件，这为整个转换提供了客观基础与初始启动环境。

2. 信息世界

信息世界是现实世界在人脑中的反映，是对客观事物及其联系的一种抽象描述。信息世界由概念模型描述。概念模型是按用户的观点对数据建模。概念模型是对现实世界的抽象表示，是现实世界到计算机世界的一个中间层次。可以利用概念模型进行数据库的设计以及在设计人员和用户之间进行交流。因此，概念模型应该具有较强的语义表达能力并且应该易于用户理解。概念模型涉及如下术语。

（1）实体：客观存在的、可以相互区别的事物或概念。例如，作者、书是具体的事物，出版社则是抽象的概念。

（2）属性：实体所具有的某一特性。例如，校园超市管理系统中商品实体可以具有商品编号、商品名称、商品种类、价格、数量等属性。属性的具体取值称为属性值。例如，(GN5005,飘柔洗发水,日化用品,20.5,50)是商品实体的属性值。

（3）码：能够唯一标识实体的属性集。如商品编号是商品实体的码。

（4）域：属性的取值范围。例如，商品名称的域是字符串集合，商品数量的域是数值的集合。

（5）实体型：具有相同属性的实体称为同型实体，用实体名及其属性名的集合来抽象和刻画同型实体称为实体型。例如，"商品"实体型可以表示为：商品(商品编号,商品名称,商品种类,价格,数量)。

实体集:属于同一个实体型的实体集合。实体集是实体型的有限集合。例如,所有类型的商品即是一个实体集。

(6) 联系:包括实体内部的联系与实体之间的联系。实体内部的联系指实体的各属性之间的联系,实体之间的联系指不同实体集之间的联系。例如,"员工"实体的"职级"与"工资等级"之间就有一定的联系(约束),属于实体内部的联系。

3. 计算机世界

计算机世界是在信息世界中致力于在计算机物理结构上的描述。计算机世界将信息世界的概念模型数字化转换为数据模型,实现信息的数据化,便于计算机处理。

1.3.2 数据模型的组成要素

数据模型是数据库中用来对现实世界进行抽象的工具,是数据库系统的核心与基础。数据模型描述了数据的结构,以及定义在其上的操作和约束条件。

对数据模型的共性进行抽象、归纳,则数据模型可严格地定义为一组概念的集合,这些概念精确地描述了系统的静态特性、动态特性和完整性约束条件,这就是数据模型的组成要素:数据结构、数据操作和完整性约束条件。

1. 数据结构

数据结构主要描述数据类型、内容、性质的有关情况以及数据间的联系,是对系统静态特征的描述。数据结构描述数据模型最重要的方面,通常按数据结构的类型来命名数据模型。例如,层次结构的数据模型是层次模型,网状结构的数据模型是网状模型,关系结构的数据模型是关系模型。

2. 数据操作

数据操作主要描述在相应数据结构上的操作类型与操作方式,是对系统动态行为的描述。数据库主要有检索和更新(包括插入、删除、修改)两大类操作。数据模型必须定义这些操作的确切含义、操作符号、操作规则(如优先级)以及实现操作的语言。

3. 完整性约束条件

完整性约束条件主要描述数据结构内数据间的语法、语义联系,它们之间的制约与依存关系,以及数据动态变化的规则,以此来保证数据的正确、有效与相容。数据模型应该反映和规定本数据模型必须遵守的、基本的、通用的完整性约束条件。如在关系模型中,任何关系必须满足实体完整性和参照完整性。此外,数据模型还应该提供定义完整性约束条件的机制,以反映具体应用所涉及的数据必须遵守的特定的语义约束条件。例如,在校园超市管理系统中要求学生性别的取值只能是"男"或"女"。

1.3.3 常用的数据模型

数据库有类型之分,是根据数据模型划分的。在数据库中针对不同的使用对象和应用目的,采用不同的数据模型。数据库发展至今,有以下几种数据模型。

1. 层次模型

在现实世界中,有很多事物是按层次组织起来的,例如动植物的分类、图书的编号、机关的组织等都是层次型的。层次模型的提出首先是为了模拟这种按层次组织起来的事物。下面从层次模型的组成要素来进行描述。

1）数据结构

层次模型是用树状结构表示记录类型及其联系的。树状结构的基本特点如下。

（1）有且只有一个结点没有父结点，这个结点称为根结点。

（2）根结点以外的其他结点有且只有一个父结点。

（3）在层次模型中，树的结点是记录型。上一层记录型和下一层记录型的联系是 $1:n$。

（4）层次模型就像一棵倒立的树，如图1-3所示。

2）数据操作

主要有查询、插入、删除和修改。

3）完整性约束

插入：如果没有相应的双亲结点值，就不能插入子女结点值。

删除：如果删除双亲结点值，则相应的子女结点值也被同时删除。

修改：应修改所有相应记录，以保证数据的一致性。

4）层次模型的优点

结构简单：数据模型比较简单，操作方便。

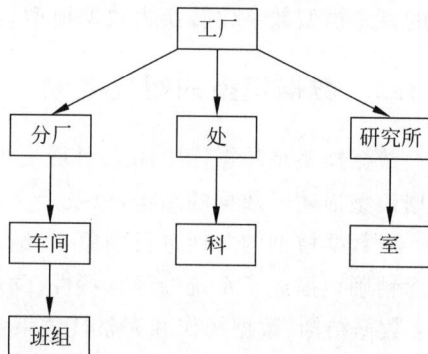

图1-3　工厂组织机构的层次模型实例

性能出色：对于实体间联系是固定的且预先定义好的应用系统，性能较好。

完整性好：提供良好的完整性支持。

5）层次模型的缺点

适用面不广：不适合于表示非层次性的联系。

操作限制多：对插入和删除操作的限制比较多，查询子女结点必须通过双亲结点。

命令程序化：由于结构严密，层次命令趋于程序化。

层次模型曾在20世纪60年代末至70年代初流行过，其中最有代表性的产品当属IBM公司的IMS（Information Management System）。对于层次数据，层次DBMS的效率是很高的；但对于非层次数据，使用层次数据库很不方便。随着数据库技术的发展，层次数据库已逐步退出历史舞台，但层次数据模型是数据库发展早期的数据模型之一，关系数据模型以及其他一些数据模型是在与这些数据模型的比较中发展起来的。因此，对层次模型和下面讨论的网状模型的了解是必要的。

2．网状模型

现实世界中事物之间的联系更多的是非层次关系的，用层次模型表示非层次关系很不直观，网状模型则能很好地克服这一缺点。

1）数据结构

网状模型中结点间的联系不受层次限制，可以任意发生联系，所以它是用有向图结构表示实体类型及实体间联系的数据模型。网状模型结构的特点如下。

（1）允许一个以上的结点无双亲。

（2）一个结点可以有多于一个双亲。

例如,三家供应商供应五种不同的零件,分别用于两个不同的项目,其网状模型如图 1-4 所示。

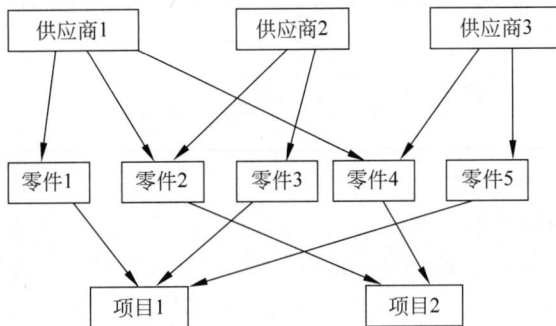

图 1-4　网状模型实例

2）数据操作

主要有查询、插入、删除和修改。

3）完整性约束

支持记录码的概念,码唯一标识记录的数据项的集合。

保证一个联系中双亲记录和子女记录之间是一对多的联系。

可以支持双亲记录和子女记录之间的某些约束条件。

4）网状模型的优点

直观:能够更为直接地描述现实世界。

效率高:具有良好的性能,存取效率较高。

5）网状模型的缺点

语言复杂:数据定义语言(DDL)极其复杂。

数据独立性较差:由于实体之间的联系本质上是通过存取路径指示的,因此应用程序在访问数据时要指定存取路径。

网状模型对于层次和非层次结构的事物都能比较自然地模拟,这一点要比层次模型强。在关系数据库出现以前,网状 DBMS 要比层次 DBMS 应用更广泛,其典型代表是 DBTG (DataBase Task Group)。在 20 世纪 70 年代,还出现过大量的网状 DBMS 产品,如 Cullinet 软件公司的 IDMS、Honeywell 公司的 IDS Ⅱ、HP 公司的 IMAGE 等。应该承认,在数据库发展史上,网状数据库曾起过重要的作用。

3．关系模型

关系模型是以集合论中的关系概念为基础发展起来的数据模型。它是目前使用最广泛的数据模型,也是最重要的一种数据模型。

1）数据结构

关系模型是一种以二维表的形式表示实体数据和实体之间关系的数据模型,它由行和列组成。

在关系模型中,基本元素包括关系、元组、属性、主码、域、分量以及关系模式等。下面以超市商品表为例,介绍关系模型中的这些元素。

关系(Relation):一个关系就是一张表,如表 1-1 所示。

表 1-1 校园超市商品表

商品编号	商品名称	商品种类	价 格	数 量
GN0001	优乐美奶茶	食品	3.5	100
GN5005	飘柔洗发水	日化用品	19.8	65
GN7002	小绵羊被套	床上用品	150	28
…	…	…	…	…

元组(Tuple):表中的一行。

属性(Attribute):表中的一列。

候选码(Candidate Key):能够唯一确定一个元组的属性组,如商品编号。

主码(Primary Key):关系中可能有多个候选码,选定其中一个作为主码。

域(Domain):属性的取值范围。例如,商品名称的域是字符串集合,商品数量的域是数值的集合。

分量:元组中的一个属性值,如 GN0001、优乐美奶茶。

关系模式:对关系的描述。一般表示为:关系名(属性 1,属性 2,…,属性 n)。

表 1-1 的商品关系可描述为:商品(商品编号,商品名称,商品种类,价格,数量)。

关系模型的特点如下。

(1) 在关系模型中,实体及实体间的联系都是用关系来表示的。

(2) 关系模型要求关系必须是规范的,最基本的条件是,关系的每个分量必须是一个不可分的数据项,即不允许表中还有表。

2) 数据操作

主要有查询、插入、删除和修改操作。

3) 完整性约束

关系模型的完整性包括三大类:实体完整性、参照完整性和用户定义的完整性。其中,实体完整性和参照完整性是关系模型必须支持的两个完整性,是通用的完整性。不同的关系数据库系统根据其应用环境的不同,往往还需要一些特殊的约束条件。用户定义的完整性即针对某个特定关系数据库的约束条件,它反映某一具体应用所涉及的数据必须满足的语义要求。用户定义的完整性是专用完整性。

4) 关系模型的优点

(1) 具有数学基础。关系模型是建立在严格的数学概念的基础上的。

(2) 概念单一。无论实体还是实体之间的联系都用关系来表示。对数据的检索结果也是关系(即表),因此概念单一,其数据结构简单、清晰。

(3) 存取路径透明。关系模型的存取路径对用户透明,从而具有更高的数据独立性和更好的安全保密性,也简化了程序员的工作和数据库开发建立的工作。

5) 关系模型的缺点

由于存取路径对用户透明,关系模型的查询效率往往不如非关系数据模型。因此,为了提高性能,必须对用户的查询请求进行优化,增加了开发数据库管理系统的负担。

关系模型是目前应用非常广泛的数据模型。它具有严格的理论体系,是许多数据库厂商推出的商品化关系数据库系统的理论基础。在当今的数据库市场上,Oracle、Microsoft SQL Server、Sybase ASE、IBM DB2 以及 Microsoft Access 等商品化关系数据库系统都占有大量的份额。由于关系模型的重要性,因此其始终保持主流数据模型的位置。

4. 面向对象模型

面向对象模型是一种新兴的数据模型,是面向对象程序设计方法与数据库技术相结合的产物,用以支持非传统应用领域对数据模型提出的新要求。

1)数据结构

在面向对象模型中,基本结构是对象而不是记录,一切事物、概念都可以看作对象。一个对象不仅包括描述它的数据,还包括对其进行操作的方法的定义。此外,面向对象数据模型是一种可扩充的数据模型,用户可根据应用需要定义新的数据类型及相应的约束和操作,而且比传统数据模型有更丰富的语义。

2)数据操作

面向对象模型的数据操作由对象与类中的方法构建对象数据模式上的数据操作,这种操作语义强于传统数据模型。例如,可以构造一个圆形类,它的操作除查询、修改外,还可以有图形的放大/缩小、图形的移动、图形的拼接等。面向对象数据操作分为两部分:一部分封装在类中,称为方法;另一部分是类之间相互沟通的操作,称为消息。

3)完整性约束

在面向对象模型中,完整性约束也是一种方法,即一种逻辑表示,可以用类中方法表示模式约束。面向对象数据一般使用方法或消息表示完整性约束条件,称为完整性约束方法与完整性约束消息,并在其之前标有特殊标识。

4)面向对象模型的优点

(1)适合处理各种各样的数据类型。与传统的数据库(如层次、网状或关系)不同,面向对象数据库适合存储不同类型的数据,例如图片、声音、视频,包括文本、数字等。

(2)面向对象程序设计与数据库技术相结合。面向对象数据模型结合了面向对象程序设计与数据库技术,因而提供了一个集成应用开发系统。

(3)提高开发效率。面向对象数据模型提供强大的特性,例如继承、多态和动态绑定,这样用户不用编写特定对象的代码就可以构成对象并提供解决方案。这些特性能有效地提高数据库应用程序开发人员的开发效率。

(4)改善数据访问。面向对象数据模型明确地表示联系,支持导航式和关联式两种方式的信息访问。它比基于关系值的联系更能提高数据访问性能。

5)面向对象模型的缺点

(1)定义不准确。很难提供一个准确的定义来说明面向对象DBMS应建成什么样,这是因为该名称已经应用到很多不同的产品和原型中,而这些产品和原型考虑的方面可能各不相同。

(2)维护困难。随着组织信息需求的改变,对象的定义也要求改变并且需要移植现有数据库,以完成新对象的定义。当改变对象的定义和移植数据库时,它可能面临真正的挑战。

(3)不适合所有的应用。面向对象数据模型用于需要管理数据对象之间的复杂关系的应用,它特别适合于特定的应用,例如工程、电子商务、医疗等,但并不适合所有应用。当用于普通应用时,其性能会降低并要求很高的处理能力。

面向对象模型的直观描述就是面向对象方法中的类层次结构图。面向对象数据模型中的对象由一组变量、一组方法和一组消息组成,其中,描述对象自身特性的"属性"和描述对象间相互关联的"联系"也常常称为"状态",方法就是施加到对象的操作。一个对象的属性可以是另一个对象,另一个对象的属性还可以用其他对象描述,以此模拟现实世界中的复杂实体。在面向对象模型中,对象的操作通过调用自身包含的方法实现。面向对象模型的研究受到人们的广泛关注,有着十分广阔的应用前景。

1.4 数据库系统的体系结构

数据库系统的体系结构可以从不同层次或不同角度来分析。从数据库管理系统角度看数据库系统内部的体系结构,通常采用三级模式结构;从数据库最终用户角度看数据库系统外部的体系结构,可以分为单用户结构、主从式结构、分布式结构和客户机/服务器结构等。

1.4.1 数据库系统的内部体系结构

从数据库系统内部来看,数据库系统通常采用三级模式结构:外模式、模式和内模式。其组成如图1-5所示。

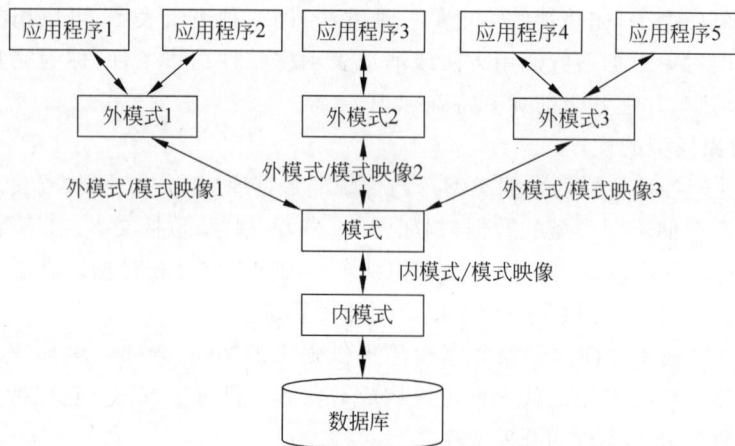

图1-5 数据库系统的三级模式结构

1. 数据库的三级模式结构

外模式又称子模式或用户模式,它是模式的子集,是数据的局部逻辑结构,也是数据库用户看到的数据视图。一个数据库可以有多个外模式,外模式是与某一应用有关的数据的逻辑表示,应用程序都是和外模式打交道。每个用户程序只能看见和访问所对应的外模式中的数据,数据库中的其余数据对它们是不可见的,从而对数据库的安全性起到了有力的保障。

模式又称逻辑模式或概念模式,它是数据库中全体数据的全局逻辑结构和特征的描述,也是所有用户的公共数据视图。模式实际上是数据库数据在逻辑级上的视图。一个数据库只有一个模式。定义模式时不仅要定义数据的逻辑结构,而且要定义数据之间的联系,定义与数据有关的安全性、完整性要求。

内模式又称存储模式,它是数据在数据库中的内部表示,即数据的物理结构和存储方式的描述。一个数据库只有一个内模式。

图1-6是三级模式结构的一个具体实例。

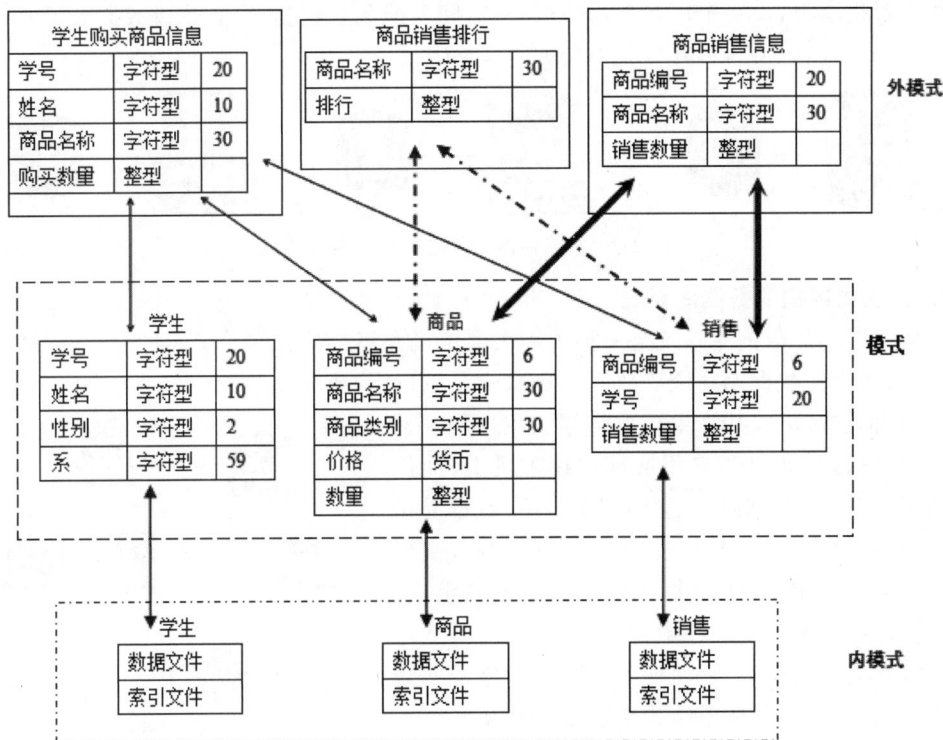

图 1-6　三级模式结构的一个具体实例

2. 数据库的二级映像功能

数据库系统的三级模式是对数据的三级抽象,为了能够在内部实现数据库的三个抽象层次的联系和转换,数据库管理系统在这三级模式之间提供了两层映像:外模式/模式映像和模式/内模式映像。

(1) 外模式/模式映像。模式描述的是数据的全局逻辑结构,外模式描述的是数据的局部逻辑结构。对应于同一个模式可以有任意多个外模式。对于每一个外模式,数据库系统都有一个外模式/模式映像,它定义了该外模式与模式之间的对应关系。当模式改变时,由数据库管理员对各个外模式/模式映像做相应的改变,以使外模式保持不变。应用程序是依据数据的外模式编写的,从而应用程序可以不必修改,保证了数据与程序的逻辑独立性。

(2) 模式/内模式映像。数据库中只有一个模式,也只有一个内模式,所以模式/内模式映像是唯一的,它定义了数据库的全局逻辑结构与存储结构之间的对应关系。当数据库的存储结构改变时,由数据库管理员对模式/内模式映像做相应改变,以使模式保持不变,使得外模式不变,从而应用程序也不必修改,保证了数据与程序的物理独立性。

1.4.2　数据库系统的外部体系结构

在一个数据库应用系统中,包括数据存储层、业务处理层和界面表示层三个层次。数据库系统体系结构就是指数据库应用系统中数据存储层、业务处理层、界面表示层之间的布局和分布。下面从数据库最终用户角度来讨论数据库系统各种不同的体系结构。

1. 单用户结构的数据库系统

单用户结构的数据库系统是一种比较简单的数据库系统。在这种结构中,数据库系统

1 数据库的二级映像功能

1 数据库系统的外部体系结构

安装在一台机器上，由一个用户独占，不同机器间不能共享数据，容易造成数据大量冗余，主要适合于个人计算机用户，其体系结构如图1-7所示。

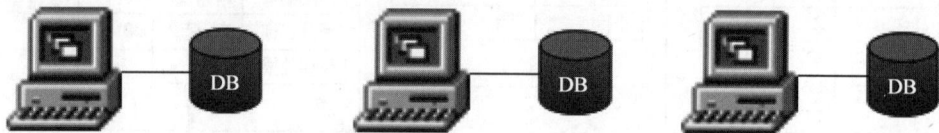

图1-7　单用户结构的数据库体系结构

2. 主从式结构的数据库系统

主从式结构的数据库系统是一种采用大型主机和终端结合的系统。这种结构是将操作系统、应用程序和数据库系统等数据和资源放在主机上，事务由主机完成，终端只是作为一种输入输出设备，可以共享主机的数据。在这种主从式结构中，数据存储层和应用层都放在主机上，而用户界面层放在各个终端上。这种结构简单，数据易于管理和维护，但当终端用户增加到一定程度后，主机的任务会过于繁重，使性能大大下降，可靠性不够高。这种结构比较典型的是一些银行的业务系统，其业务数据存放在大型主机中，柜面业务人员通过终端实现对主机数据的共享，其体系结构如图1-8所示。

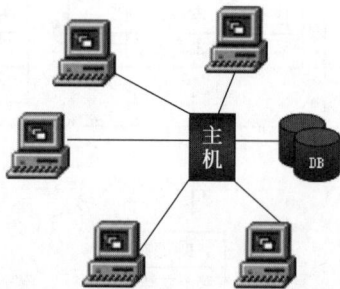

图1-8　主从式结构的数据库体系结构

3. 分布式结构的数据库系统

分布式结构的数据库系统是指数据库中的数据在逻辑上是一个整体，但物理分布在计算机网络的不同结点上。分布式数据库系统由多台计算机组成，每台计算机都配有各自的本地数据库。在分布式数据库系统中，大多数处理任务由本地计算机访问本地数据库完成局部应用；对于少量本地计算机不能胜任的处理任务，通过网络存取和处理多个异地数据库中的数据，执行全局应用。这种结构适应了地理上分散的公司、团体和组织对数据库应用的需求，但是由于数据的分散存放，给数据的处理、管理与维护带来困难。分布式结构大量用于跨不同地区的公司、团体等，其体系结构如图1-9所示。

4. 客户机/服务器结构的数据库系统

客户机/服务器(Client/Server，C/S)结构是非常流行的一种结构。在这种结构中，客户机提出请求，服务器对客户机的请求做出回应。在客户机/服务器结构的数据库系统中，数据存储层处于服务器上，应用层和用户界面层处于客户机上。客户机支持用户应用，负责管理用户界面、接收用户数据、生成数据库服务请求等；服务器则接收客户机的请求，处理请求并返回执行的结果，而不需要将大量数据在网络上传输，这样减少了网络的数据传输量，提高了系统的性能、吞吐量和负载能力，更开放，可移植性高。客户机/服务器结构的数据库系统体系结构如图1-10所示。

客户机/服务器结构存在一些问题：系统安装复杂，工作量大；应用维护困难，难以保密，安全性差；相同的应用程序要重复安装在每台客户机上，从系统总体来看，大大浪费了系统资源。因此，随着Web的兴起，出现了浏览器/服务器结构的数据库系统。

5. 浏览器/服务器结构的数据库系统

浏览器/服务器(Browser/Server，B/S)结构是随着Internet而兴起的，并在Internet上

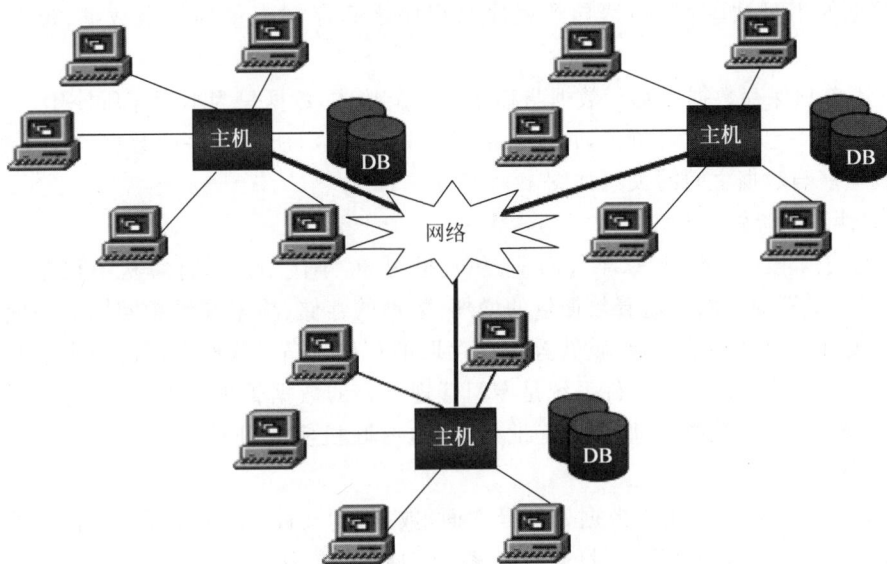

图 1-9　分布式结构的数据库体系结构

得到了极大的应用,是 C/S 结构的一种变化或者改进的结构,在很多方面已经取代了 C/S 结构。在这种结构下,用户工作界面是通过浏览器来实现的,浏览器只负责发送和接收数据,几乎不进行数据的处理,主要的任务在服务器端处理,因此极大地降低了系统开发、维护、升级和培训的成本。浏览器/服务器结构的数据库体系结构如图 1-11 所示。

图 1-10　客户机/服务器结构的数据库体系结构

图 1-11　浏览器/服务器结构的数据库体系结构

1.5　数据库技术的发展历程

1.5.1　数据管理初级阶段

1. 人工管理阶段

在人工管理阶段(20 世纪 50 年代中期以前),计算机主要用于科学计算。外部存储器只有磁带、卡片和纸带等,还没有磁盘等直接存取存储设备。软件只有汇编语言,尚无数据管理方面的软件。数据处理方式基本是批处理。这个阶段有如下几个特点。

(1)计算机系统不提供对用户数据的管理功能。用户编写程序时,必须全面考虑好相关的数据,包括数据的定义、存储结构以及存取方法等。程序和数据是一个不可分割的整体。数据脱离了程序就无任何存在的价值,数据无独立性。

(2)数据是面向具体应用的。一组数据只对应一个应用程序,因此数据不能共享。基于这种数据的不可共享性，必然导致程序与程序之间存在大量的冗余数据，浪费了存储空间。

（3）不单独保存数据。基于数据与程序是一个整体，数据只为本程序所使用，数据只有与相应的程序一起保存才有价值，否则就毫无用处。所以，所有程序的数据均不单独保存。这个阶段程序与数据之间的关系如图 1-12 所示。

2. 文件系统阶段

文件系统阶段（20 世纪 50 年代后期至 20 世纪 60 年代中期），计算机不仅用于科学计算，还用于信息管理方面。随着数据量的增加，数据的存储、检索和维护问题成为紧迫的需要。这时硬件方面已有了磁盘、磁鼓等直接存取的存储设备；软件方面已经有了操作系统和高级软件。操作系统中的文件系统是专门管理外存的数据管理软件，文件是操作系统管理的重要资源之一。数据处理方式有批处理，也有联机实时处理。这个阶段有如下几个特点。

（1）由于计算机大量用于数据处理等方面，数据以"文件"形式可长期保存在外部存储器的磁盘上，并要对文件进行大量的查询、修改和插入等操作。

（2）由于有专用软件即文件系统进行管理，程序与数据之间由文件系统提供存取方法进行转换，因此程序和数据之间具有一定的独立性，即程序只需用文件名就可与数据打交道，不必关心数据的物理位置。由操作系统的文件系统提供存取方法（读/写）。

（3）文件组织已多样化。有索引文件、链接文件和直接存取文件等。但文件之间相互独立、缺乏联系。数据之间的联系要通过程序去构造。

但是，文件系统仍存在以下缺点。

（1）数据虽然不再属于某个特定的程序，可以重复使用，但是文件结构的设计仍然是基于特定的用途，程序基于特定的物理结构和存取方法，因此程序与数据结构之间的依赖关系并未根本改变。

（2）由于文件之间缺乏联系，造成每个应用程序都有对应的文件，有可能同样的数据在多个文件中重复存储，造成不必要的数据冗余。

（3）数据独立性差。文件系统仍然是一个不具有弹性的无结构的数据集合，即文件之间是孤立的，不能反映现实世界事物之间的内在联系。这个阶段程序与数据之间的关系如图 1-13 所示。

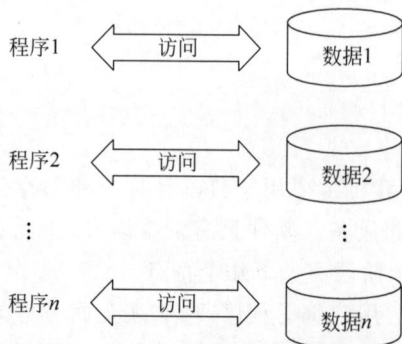

图 1-12　人工管理阶段程序与数据之间的关系

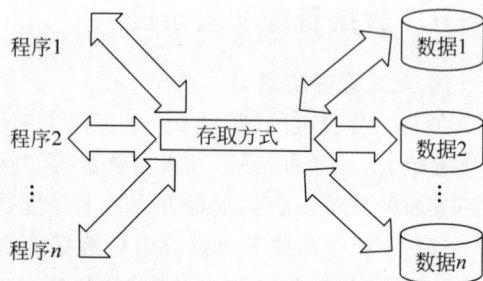

图 1-13　文件系统阶段程序与数据之间的关系

文件系统阶段是数据管理技术发展中的一个重要阶段。在这一阶段中，得到充分发展的数据结构和算法丰富了计算机科学,为数据管理技术的进一步发展打下了基础,现在仍是计算机软件科学的重要基础。

1.5.2　数据库系统阶段

1. 数据库系统特点

数据库系统阶段(20 世纪 60 年代后期以来),数据管理技术进入数据库系统阶段。这个阶段计算机用于管理的规模越来越大,应用越来越广泛,数据量急剧增加。数据库系统克服了文件系统的缺陷,提供了对数据更高级、更有效的管理,这个阶段的程序和数据的关系通过数据库管理系统(DBMS)来实现,如图 1-14 所示。

数据库系统阶段的数据管理具有以下特点。

(1)数据结构化。采用数据模型表示复杂的数据结构,数据模型不仅要描述数

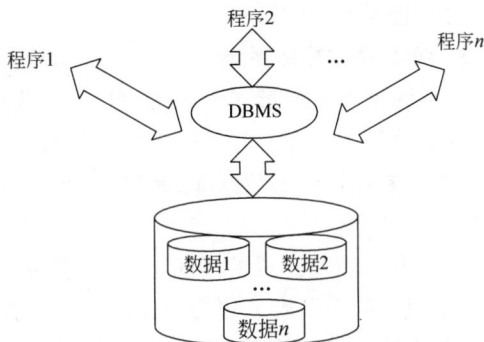

图 1-14　数据库系统阶段程序与数据之间的关系

据本身的特征,还要描述数据之间的联系,即从整体上看数据是有结构的,这是数据库的主要特征之一,也是数据库系统与文件系统的本质区别。数据库系统的这种联系是通过存取路径实现的。这样,数据不再面向特定的某个或多个应用,而是面向整个应用系统。

(2)数据冗余度低,实现了数据共享。由于数据不再面向某个应用而是面向整个系统,数据可以被多个用户、多个应用共享使用,大大减少了数据冗余,提高了共享性。

(3)数据独立性高。数据的独立性包括数据的逻辑独立性和数据的物理独立性,是指用户的应用程序与数据的逻辑存储结构和物理存储结构之间的相互独立性。数据的逻辑结构与物理结构之间的差别可以很大。数据的独立性高意味着数据的逻辑结构或者物理结构发生改变,应用程序也可以保持不变。用户的应用程序和数据的逻辑结构与物理结构之间的转换由数据库管理系统实现。

(4)数据由 DBMS 统一管理和控制。例如,为用户提供存储、检索、更新数据的手段;实现数据库的并发控制:对程序的并发操作加以控制,防止数据库被破坏,杜绝提供给用户不正确的数据;实现数据库的恢复:在数据库被破坏或数据不可靠时,系统有能力把数据库恢复到最近某个正确状态;保证数据完整性:保证数据库中数据始终是正确的;保障数据安全性:保证数据的安全,防止数据的丢失、破坏。

2. 第一代数据库系统

20 世纪 60 年代的层次和网状数据库为基础数据库,是第一代数据库系统,它们为统一管理与共享数据提供了有力的支撑。

在这一时期,数据库系统蓬勃发展,形成了历史上著名的"数据库时代"。但是这两种模型均脱胎于文件系统比较简单的数据结构,使得它们受到物理结构的影响较大,用户对数据库的使用需要对数据的物理结构有详细的了解,这使得数据库的应用和推广受到了限制。

层次数据库系统的典型代表是 IBM 公司的 IMS,这是 IBM 公司研制的最早的大型数据库系统程序产品。1966 年,IBM 公司与其客户合作开发新型数据库,用于帮助美国国家

宇航局管理宏大的"阿波罗登月计划"中的烦琐资料,并在 1968 年由 IBM 工程师最终完成。该数据库在 1969 年发布时被命名为 IMS。

网状数据库系统的典型代表是 DBTG 系统,也称 CODASYL 系统。这是 20 世纪 70 年代数据系统语言研究会(Conference On Data System Language,CODASYL)下属的数据库任务组(DataBase Task Group,DBTG)提出的一个系统方案。DBTG 系统虽然不是实际的软件系统,但是它提出的基本概念、方法和技术具有普遍意义。它对于网状数据库系统的研制和发展起了重大的影响。

3. 第二代数据库系统

关系数据库系统形成于 20 世纪 70 年代中期,并在 20 世纪 80 年代得到了充分的发展,它具有简单的结构方式并且极为方便,因此 20 世纪 80 年代它逐步取代了层次和网状数据库,成为占主导地位的数据库,并发展为第二代数据库系统。第二代数据库的主要特征是支持关系数据模型。

1970 年,IBM 公司的研究员,有"关系数据库之父"之称的埃德加·弗兰克·科德(E. F. Codd)博士发表了题为 *A Relational Model of Data for Large Shared Data Banks*(大型共享数据库的关系模型)的论文,文中首次提出了数据库的关系模型的概念,为关系数据库技术奠定了理论基础。20 世纪 70 年代末,关系方法的理论研究和软件系统的研制均取得了很大成果,IBM 公司的 San Jose 实验室在 IBM370 系列机上研制的关系数据库实验系统 System R 历时 6 年获得成功。1981 年,IBM 公司又宣布了具有 System R 全部特征的新的数据库产品 SQL/DS 问世。由于关系模型简单明了,具有坚实的数学理论基础,因此一经推出就受到了学术界和产业界的高度重视并得到了广泛响应,并很快成为数据库市场的主流。20 世纪 80 年代以来,计算机厂商推出的数据库管理系统几乎都支持关系模型,如 Oracle、Sybase、Informix、DB2 等。数据库领域的研究工作大都以关系模型为基础。

1.5.3 新一代数据库系统

1. 新一代数据库系统特征

20 世纪 80 年代,数据库技术在商业领域的巨大成功刺激了其他领域对数据库技术需求的迅速增长。随着科学技术的不断进步,各个行业领域对数据库技术提出了更多的需求,关系数据库已经不能完全满足需求,以关系数据库为代表的传统数据库已经很难胜任新领域的要求。为了支持现代工程的应用,需要发展新的数据库技术,这就必须将数据库技术与其他现代信息、数据处理技术,如面向对象技术、时序和实时处理技术、人工智能技术、多媒体技术"完善"地集成,以形成"新一代数据库技术"。

1990 年,美国的高级 DBMS 功能委员会发表了《第三代数据库系统宣言》,提出了第三代数据库管理系统应具有的基本特征如下。

(1) 第三代数据库系统应支持数据管理、对象管理和知识管理。第三代数据库系统应集数据管理、对象管理和知识管理为一体,支持丰富的对象结构和规则。

(2) 第三代数据库系统必须保持或继承第二代数据库系统的基础,必须保持第二代数据库系统的非过程化数据存取方式和数据独立性。

(3) 第三代数据库系统必须对其他系统开放。能支持数据库语言标准,支持标准网络协议,有良好的可移植性、可连续性、可扩展性和互操作性等。

新一代数据库技术融合多种技术,面向对象成为其主要特征。由于新一代数据库没有像第二代数据库那样具有统一的数据模型,因此其数据模型仍是以关系模型为基础,支持多种数据模型的复杂数据模型。

在现代数据库研究和应用中,往往需要与诸多新技术相结合,如网络通信技术、人工智能技术、多媒体技术等,从而使数据库技术产生了质的飞跃。这些数据库新技术的研究和发展,导致了许多新型数据库的涌现,如面向对象数据库、多媒体数据库、知识数据库、分布式数据库、移动数据库、Web 数据库等,这些统称为新一代数据库或高级数据库,构成了当今数据库系统的大家族。

2. 面向对象数据库

面向对象数据库(Object Oriented Database,OODB)是面向对象的方法与数据库技术相结合的产物,应满足两个标准:首先它是数据库系统,其次它也是面向对象系统。第一个标准即作为数据库系统应具备的能力(持久性、事务管理、并发控制、恢复、查询、版本管理、完整性、安全性)。第二个标准就是要求面向对象数据库充分支持完整的面向对象(OO)概念和控制机制。

与传统数据模型相比,面向对象数据库的数据模型以类为基本单元,以继承和组合作为结构方式,从而组成图结构形式,具有丰富语义、能够表达客观世界复杂的结构形式;而且,由于面向对象数据模型的封装性,使得它的类是具有独立运作能力的实体,扩大了传统数据模型中实体集仅仅是单一数据集的不足;同时,面向对象数据模型具有构造多种复杂抽象数据类型的能力。

面向对象数据库的研究内容主要包括面向对象数据模型、面向对象数据库的理论支持基础、模型的实现复杂度问题等。

3. 多媒体数据库

多媒体数据库(Multimedia Database,MDB)是数据库技术与多媒体技术相结合的产物。传统的数据库管理系统在处理结构化数据、文字和数值信息等方面是很成功的。但是处理大量的存在于各种媒体的非结构化数据(如图形、图像和声音等),传统的数据库信息系统就难以胜任了,因此需要研究和建立能处理非结构化数据的新型数据库。多媒体数据库的产生就是为了实现对多媒体对象的存储、处理、检索和输出等。

多媒体数据库的研究内容主要包括:多媒体数据模型,多媒体数据库系统(MDBMS)的体系结构,多媒体在数据库中的表示、存储、组织、访问、时空合成与同步,查询与索引机制,版本控制,用户接口等内容。

4. 主动数据库

主动数据库(Active Database,ADB)是在传统数据库基础上,结合人工智能技术和面向对象技术产生的数据库新技术。主动数据库的一个突出的思想是让数据库系统具有各种主动进行服务的功能,并以一种统一而方便的机制来实现各种主动性需求。主动数据库相对于传统的被动数据库而言,要想提供对紧急情况及时主动的反应能力,它需要在传统数据库系统的基础上,添加一个事件驱动的 ECA(Event-Condition-Action)规则库和事件监视器来实现。

主动数据库的研究内容主要包括主动数据库的数据模型和知识模型、执行模型、条件检测、事务调度、体系结构、系统效率等。

5. 知识数据库

知识数据库（Knowledge Database，KDB）是人工智能和数据库技术相结合的产物，是一种智能数据库技术。知识数据库把知识从应用程序中分离出来，交由知识系统程序处理。其主要目标是对知识的存储与管理。

知识数据库的研究内容主要包括知识的表示和利用、数据语义智能表示系统、知识库管理系统等。此外，演绎数据库方面查询优化、自然语言接口等问题，对演绎和推理能力的扩充、把演绎数据库与面向对象数据库以及可扩充的数据库结合起来都是研究的热门课题。

6. 分布式数据库

分布式数据库（Distributed Database，DDB）是数据库技术与网络技术相结合的产物。它是由一组数据库组成，这些数据库分散在计算机网络的不同计算实体之中，网络中的每个结点都具有独立处理数据的能力，即使站点是自治的，可以执行局部应用，同时也可以通过网络通信系统执行全局应用。分布式数据库本质上是一种虚拟的数据库，它的各个组成部分都物理地存储在不同地理位置的不同数据库中。这也使得它适应了地理上分散的公司、团体和组织对于数据库应用的需求。

分布式数据库的研究内容主要包括分布式数据存储、分布式数据查询、分布式事务处理、分布式数据库体系结构等。

7. 移动数据库

移动数据库（Mobile Database）是指在移动计算环境中的分布式数据库，其数据在物理上分散而在逻辑上集中，它涉及数据库技术、分布式计算技术、移动通信技术等多个学科领域。从数据库技术发展过程来看，计算环境和数据库技术基本保持着一种同步发展的态势，互相影响、互相促进。移动计算是建立在移动环境上的一种新型计算技术，其作用在于将有用、准确、及时的信息与中央信息系统相互作用，分担中央信息系统的计算压力，使信息能够提供给在任何时间、任何地点都需要它的用户。因此，移动计算需要数据库具有移动性和位置相关性、频繁断接性、网络条件多样性等特点，这正是移动数据库相对于传统数据库所具有的优势。

移动数据库的研究内容主要包括复制与缓存技术、数据广播、移动查询技术、移动事务的处理、移动代理技术、数据同步与发布的管理以及移动对象管理技术等。

8. Web 数据库

Web 数据库（Web Database，WDB）是 Web 技术与数据库相结合的产物。它使数据库系统成为 Web 的重要有机组成部分，从而实现数据库与网络技术的无缝结合。这一结合不仅把 Web 与数据库的所有优势集合在了一起，而且充分利用了大量已有数据库的信息资源。在众多新技术应用中，推动数据库研究进入新纪元的无疑是 Internet 的发展。信息的本质和来源在不断变化，每个人都意识到 Internet、Web、自然科学和电子商务是信息和信息处理的巨大源泉，因此这也成为 Web 数据库在应用领域发展的主要驱动力。Web 数据库由数据库服务器（Database Server）、中间件（Middle Ware）、Web 服务器（Web Server）、浏览器（Browser）四部分组成。Web 数据库的体系结构有 C/S 结构、B/S 结构以及多层体系结构。

Web 数据库的研究内容主要包括 Web 数据库的访问、Web 信息检索、动态 Web 数据库，Internet 中的数据管理的深度和广度两方面等都是研究的热点。

本节介绍了数据库技术的发展历程。数据库技术是当代计算机科学的重要分支,也一直是计算机科学的一个重点热门研究领域。数据库技术从诞生到现在,在半个世纪的时间里,形成了坚实的理论基础、成熟的商业产品和广泛的应用领域。

1.5.4 国产数据库的发展

数据库管理系统属于核心基础软件,支撑着各类应用管理系统,从发展国产软件产业角度来看,国产数据库软件的研发和生产可以促进国内技术的创新和发展,提高国内企业的竞争力;从保障国家信息安全的角度来看,发展国产数据库软件可以保证数据的安全可控,避免数据泄露和被窃取的风险。国内典型的数据库产品有达梦数据库、南大通用数据库、人大金仓数据库、神通数据库、华为 openGauss 数据库等。

1. 达梦数据库

达梦数据库管理系统(简称 DM)是武汉达梦数据库股份有限公司(简称达梦公司)推出的、具有完全自主知识产权的高性能数据库管理系统。1988 年,达梦公司成功研发出我国第一个自主版权的数据库管理系统原型 CRDS。经过三十多年的技术积累与发展,达梦公司取得了技术上的核心突破,于 2019 年发布了达梦数据库管理系统的最新版本 8.0(简称 DM8)。DM8 是新一代大型通用关系数据库,采用全新的体系架构,全面支持 SQL 标准和主流编程语言接口/开发框架。DM8 针对可靠性、高性能、海量数据处理和安全性做了大量的研发、改进工作,其行列融合存储技术在兼顾 OLAP(联机分析处理)和 OLTP(联机事务处理)的同时,满足 HTAP(混合事务/分析处理)混合应用场景。目前,达梦数据库产品已成功应用于我国公安、安全、财政金融、电力、水利、电信、审计、交通、信访、电子政务、税务、国土资源、制造业、消防、电子商务、教育等多个行业和领域。

2. 南大通用数据库

南大通用数据技术有限公司推出了自主品牌数据库产品 GBase。最新的 GBase 系列产品包括新型分析型数据库 GBase 8a、分布式并行数据库集群 GBase 8a Cluster、高端事务型数据库 GBase 8t、高速内存数据库 GBase 8m/AltiBase、可视化商业智能 GBaseBI、大型目录服务体系 GBase 8d、硬加密安全数据库 GBase 8s。其中,GBase 8a 是国内第一个基于列存的新型分析型数据库;GBase 8a Cluster 是国内第一款分布式并行数据库集群;GBase 8t 是国内第一款与世界技术同级的国产事务型通用数据库系统;GBase BI 是国内可视化商业智能的领先产品;GBase 8d 是国内第一品牌的目录服务器;GBase 8s 是国内第一款采用硬件加密技术获得国家密码管理局资质的安全数据库;GBase 8m 是事务处理性能在业界领先的数据库。目前,南大通用数据库已经为金融、保险、统计、审计、交通运输、电信、互联网、电力、安全敏感部门、军事部门、政务、能源等领域的用户提供了产品和服务。

3. 人大金仓数据库

人大金仓数据库管理系统(简称金仓数据库或 KingbaseES)是北京人大金仓信息技术股份有限公司自主研制开发的、具有自主知识产权的通用关系数据库管理系统。金仓数据库是面向全行业、全客户关键应用的企业级大型通用数据库管理系统,适用于联机事务处理、查询密集型数据仓库、要求苛刻的互联网应用等场景,提供全部应用开发及系统管理功能,提供性能增强特性,可支持主备集群、读写分离集群、多活共享存储集群等全集群架构,具有高性能、高安全、高可用、易使用、易管理、易维护的特点,支持所有国内外主流 CPU、操作系统与云平台部署。金仓数据库的最新版本为 KingbaseES V8，该版本具有更高的可靠性、可用性、兼容性和更好的性能，并且针对不同类型的客户需求，设计并实现了企业版、标准版、专业版等多种版本。目前，金仓数据库在电子政务、电子党务、国防军工、金融、保险、电力、财务、交通、审计、互联网、卫生、农业等领域取得广泛应用。

4. 神通数据库

神通数据库是天津神舟通用数据技术有限公司自主研制并拥有自主知识产权的一款国产数据库管理系统。神通数据库具有通用性、高性能、高安全、高可靠、高可用等特性，根据不同业务场景需求提供标准版、企业版、安全版等多种版本；具备共享存储高可用、读写分离等多种部署模式。系统支持 SQL 通用数据库查询语言，提供标准的 ODBC、JDBC、OLEDB/ADO 和.Net Provider 等数据访问接口；具有完善的数据日志和故障恢复机制以及灵活的自动备份功能；能够实现对数据访问、存储、传输以及权限等方面的安全管理等功能。目前，神通数据库已广泛应用于政府、军工、金融、电信、航天、邮政、能源、互联网、交通运输、制造业、教育、医疗、农林水利、环保、烟草、物流、税务、审计、城建、文化、旅游、服务业等领域。

5. 华为 openGauss 数据库

2019 年，华为公司宣布将其数据库产品开源，开源后命名为 openGauss。openGauss 是一款软硬协同、全栈自主、支持主备部署的高可用关系数据库，提供面向多核架构的极致性能、全链路的业务、数据安全、基于 AI 的调优和高效运维的能力。openGauss 具有多种存储模式，支持复合业务场景；引入了提供原地更新的存储引擎；采用 NUMA 化数据结构，支持高性能；支持全密态计算、账本数据库等安全特性，提供全方位端到端的数据安全保护。目前，openGauss 数据库已广泛应用于政府、金融、运营商、电力、制造业、医疗、教育、游戏等领域。

小结

本章对数据库的基本概念、数据模型、数据库系统的体系结构以及数据管理技术的发展阶段和发展趋势进行了阐述。

数据是描述事物的符号记录。数据库是指长期存储在计算机内的、有组织、可共享的数据集合。数据库管理系统是位于用户与操作系统之间的一层数据管理软件。数据库系统是指在计算机系统中引入数据库后的系统。

数据模型是对现实世界的抽象。数据模型的组成要素有数据结构、数据操作以及完整性约束条件。概念模型是以用户的观点来对数据和信息建模。最常用的数据模型主要有层次模型、网状模型、关系模型等。

数据库系统体系结构从数据库管理系统角度看数据库系统内部的模式结构，通常采用三级模式结构：外模式、模式和内模式。三级模式之间的两级映像，即外模式/模式映像和模式/内模式映像，保证了数据库系统中的数据能够具有较高的逻辑独立性和物理独立性。从数据库最终用户角度看数据库系统外部的体系结构，可以分为单用户结构、主从式结构、分布式结构、客户机/服务器结构和浏览器/服务器结构等。

数据管理技术发展大致经历了人工管理阶段、文件系统阶段和数据库系统阶段。数据库技术已从最早的第一代数据库系统、第二代数据库系统发展到新一代数据库系统。新一代数据库很多都是数据库技术与新技术相结合的产物。最后对数据库发展趋势进行了展望。

通过对本章的学习,读者应该对数据库系统有一个大致的了解,为后面的学习打下一个良好的基础。

习题

一、单项选择题

1. 下面关于数据库的基本概念的描述中,(　　)是不正确的。
   A. 数据是数据库中存储的基本对象
   B. 数据库是指长期存储在计算机内的、有组织的、不可共享的数据集合
   C. DBMS 是位于用户与操作系统之间的一层数据管理软件
   D. 数据库系统是指在计算机系统中引入数据库后的系统

2. 下面关于数据模型的组成要素的描述中,(　　)是不正确的。
   A. 数据结构是对系统静态特性的描述
   B. 数据操作是对系统动态特性的描述
   C. 数据操作是所研究的对象类型的集合
   D. 数据的约束条件是一组完整性规则的集合

3. 下列关于数据库管理系统所包含的主要功能的描述中,(　　)是不正确的。
   A. 数据定义功能　　　　　　　　　B. 数据操纵功能
   C. 数据库的运行管理　　　　　　　D. 数据控制功能

4. 关系模型的数据结构是(　　)。
   A. 树　　　　　B. 二维表　　　　　C. 队列　　　　　D. 图

5. 模式实际上是数据库数据在逻辑级上的视图,一个数据库有(　　)模式。
   A. 1个　　　　　B. 2个　　　　　C. 3个　　　　　D. 多个

6. 要保证数据库的数据独立性,需要修改的是(　　)。
   A. 模式与内模式　　　　　　　　　B. 模式与外模式
   C. 三层模式之间的二级映像　　　　D. 三层模式

7. 在关系数据库系统中,当关系的型改变时,用户程序也可以不变,这是(　　)。
   A. 数据的物理独立性　　　　　　　B. 数据的逻辑独立性
   C. 数据的位置独立性　　　　　　　D. 数据的存储独立性

8. 在 DBS 中,最接近物理存储设备一级的结构称为(　　)。
   A. 外模式　　　　　　　　　　　　B. 概念模式
   C. 用户模式　　　　　　　　　　　D. 内模式

9. 下列关于数据库特点的描述错误的是(　　)。
   A. 共享性高　　　　　　　　　　　B. 冗余度大
   C. 数据结构化　　　　　　　　　　D. 数据独立性高

10. 数据库系统与文件系统的本质区别是(　　)。

A. 数据的共享性　　　　　　　　B. 数据的冗余度低

C. 数据的结构化　　　　　　　　D. 数据的独立性

二、简答题

1. 结合实际，谈谈身边应用到数据库技术的地方。

2. 什么是数据、数据库、数据库管理系统以及数据库系统？

3. 什么是数据模型？数据模型的组成要素是什么？

4. 试述层次模型、网状模型以及关系模型的特点，并各举一个实例。

5. 试述数据库系统的三级模式结构，并分别解释外模式、模式和内模式。

6. 简述数据库系统数据与程序的逻辑独立性和物理独立性。

7. 试述数据库系统的两级映像的功能和作用。

8. 从数据库最终用户角度看，数据库系统的外部体系结构主要分为哪几类结构？其各自的特点是什么？

9. 数据管理技术经历了哪几个阶段？各个阶段的特点是什么？

10. 新一代数据库技术有哪些？试述数据库技术的发展趋势。

关系数据库

目前关系数据库是数据库应用的主流,许多数据库管理系统的数据模型都是基于关系数据模型开发的,因此,本章为读者介绍关系数据库的基本知识和理论。

2.1 关系数据库概述

关系数据库是建立在关系数据模型基础上的数据库,借助于集合代数等概念和方法来处理数据库中的数据。从 20 世纪 70 年代末第一款关系数据库实验系统 System R 推出之后,关系数据库很快成为数据库市场的主流。20 世纪 80 年代以来,计算机厂商推出的数据库管理系统几乎都支持关系模型。关系数据库系统的研究和开发取得了辉煌的成就,成为最重要、应用最广泛的数据库系统。这也促进了数据库领域的研究工作大都以关系模型为基础。

第 1 章初步介绍了关系模型及其基本术语,本章将深入地介绍关系模型。按照数据模型的三个要素,关系模型由关系数据结构、关系数据操作和关系完整性约束三部分组成。下面将对这三部分内容分别进行介绍。

2.2 关系数据结构

从数据库的演变进程来看,关系数据库获得了巨大成功。从当前数据库应用来看,关系数据库产品居于主导地位。它获得成功的一个非常重要的原因是关系代数理论作为其坚实的基础。关系模型的数据结构就是关系,现实世界的实体以及实体间的各种联系均用关系来表示。下面就从集合论角度给出关系数据结构的形式化定义。

2.2.1 关系

1. 域

定义 2.1 域是一组具有相同数据类型的值的集合,可以理解为表格中的一个列的取值范围。

例如,可以定义学历域和年龄域如下。

学历:{小学,初中,高中,中专,大专,本科,研究生}。

年龄:大于 0 小于 150 的整数。

以上两个例子都是域,其中,学历和年龄都是域名。

2. 笛卡儿积

定义 2.2 给定一组域 $D_1, D_2, \cdots, D_n$,这些域中可以有相同的,也可以完全不同,则 $D_1, D_2, \cdots, D_n$ 的笛卡儿积为:

$$D_1 \times D_2 \times \cdots \times D_n = \{(d_1, d_2, \cdots, d_n) \mid d_i \in D_i, i = 1, 2, \cdots, n\}$$

说明:

每一个元素 $(d_1, d_2, \cdots, d_n)$ 叫作一个 n 元组,或简称为元组。

元素中的每一个值 d_i 叫作一个分量。

若 $D_i(i = 1, 2, \cdots, n)$ 为有限集,其基数为 $m_i(i = 1, 2, \cdots, n)$,则 $D_1 \times D_2 \times \cdots \times D_n$ 的基数 M 为:

$$M = m_1 \times m_2 \times \cdots \times m_n$$

【例 2-1】 设域 $D_1 = \{1, 2, 3\}$,域 $D_2 = \{A, B\}$,求 D_1 与 D_2 的笛卡儿积并求出笛卡儿积的基数。

$D_1 \times D_2 = \{(1, A), (1, B), (2, A), (2, B), (3, A), (3, B)\}$,笛卡儿积的基数为 $3 \times 2 = 6$,写成二维表的形式如图 2-1 所示。

3. 关系

笛卡儿积中许多元组无实际意义,从中取出有实际意义的元组便构成关系。

定义 2.3 $D_1 \times D_2 \times \cdots \times D_n$ 的子集叫作在域 $D_1, D_2, \cdots, D_n$ 上的关系,表示为: $R(D_1, D_2, \cdots, D_n)$。

这里 R 表示关系的名字,n 是关系的目或度(Degree)。例如:

当 $n = 1$ 时,称该关系为一元关系。

当 $n = 2$ 时,称该关系为二元关系。

例如,在图 2-1 中 $D_1 \times D_2$ 的笛卡儿积中抽出一个子集如图 2-2 所示,这个子集就是 $D_1 \times D_2$ 上的一个关系。

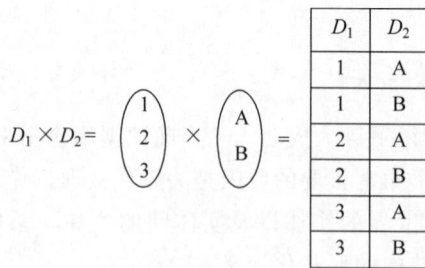

D_1	D_2
1	A
1	B
2	A
2	B
3	A
3	B

图 2-1 笛卡儿积

D_1	D_2
1	A
1	B
2	A

图 2-2 $D_1 \times D_2$ 上的一个关系

说明:

关系是笛卡儿积的子集,所以关系也是一个二维表,表的每行对应一个元组,表的每列对应一个域。

由于域可以相同,为了加以区分,必须对每列起一个名字,称为属性(Attribute),n 目关系必有 n 个属性。

关系中的每行是关系中的元组,通常用 t 表示。

能唯一标识关系中一个元组的某一属性组称为候选码。

候选码可能不止一个,选定其中一个作为主码。候选码的诸属性称为主属性,不存在于

任何候选码中的属性称为非主属性。

在最简单的情况下，候选码只包含一个属性。在最极端的情况下，关系模式的所有属性是这个关系模式的候选码，称为全码(All Key)。

一般来说，$D_1,D_2,\cdots,D_n$ 的笛卡儿积是没有实际意义的，只有它的某个真子集才有实际意义。

【例 2-2】 设有以下三个域：

$D_1=$顾客的集合｛张丽,万欣,陈浩｝

$D_2=$供应商的集合｛蒙牛,伊利,雀巢｝

$D_3=$商品的集合｛牛奶,咖啡｝

其中，张丽购买了蒙牛的牛奶，万欣购买了伊利的牛奶，陈浩购买了雀巢的咖啡。

(1) 求 D_1、D_2、D_3 的笛卡儿积。

(2) 构造一个"销售"关系。

首先求出笛卡儿积 $D_1 \times D_2 \times D_3$，见表 2-1。

表 2-1 $D_1 \times D_2 \times D_3$

顾　客	供　应　商	商　品
张丽	蒙牛	牛奶
张丽	蒙牛	咖啡
张丽	伊利	牛奶
张丽	伊利	咖啡
张丽	雀巢	牛奶
张丽	雀巢	咖啡
万欣	蒙牛	牛奶
万欣	蒙牛	咖啡
万欣	伊利	牛奶
万欣	伊利	咖啡
万欣	雀巢	牛奶
万欣	雀巢	咖啡
陈浩	蒙牛	牛奶
陈浩	蒙牛	咖啡
陈浩	伊利	牛奶
陈浩	伊利	咖啡
陈浩	雀巢	牛奶
陈浩	雀巢	咖啡

然后按照销售的含义在 $D_1 \times D_2 \times D_3$ 中取出有意义的子集构成销售关系，见表 2-2，可表示为：销售(顾客,供应商,商品)。

表 2-2 销售关系

顾　客	供　应　商	商　品
张丽	蒙牛	牛奶
万欣	伊利	牛奶
陈浩	雀巢	咖啡

4. 关系的性质

由于关系可以表现为二维表，因此可以通过二维表来理解关系的性质。

（1）关系中每个属性值是不可分解的。也就是表中元组分量必须是原子的，不存在表中有表的情况。例如，如表 2-3 所示的这张表就不是关系，因为表中存在元组的"价格"分量不是原子的。

表 2-3　非关系的表

商　　品	供　应　商	价　　格	
		原价	折后价
纯牛奶	蒙牛	65	50
飘柔洗发水	宝洁	20	18
奶茶	优乐美	3.5	3

这个性质也是关系模型对关系的最基本的要求，即关系的分量必须是不可分的数据项，换言之，不允许表中有表。

（2）表中各列取自同一个域，因此一列中的各个分量具有相同性质。

（3）不同的列可以来自同一个域，其中的每一列为一个属性，不同的属性要给予不同的属性名。

（4）列的次序可以任意交换，不改变关系的实际意义。由于此性质，在很多实际关系数据库产品中增加新属性时，永远是插入到最后一列。

（5）表中的行叫元组，代表一个实体，实体应该是可以区分的，因此表中不允许出现完全相同的两行。

（6）行的次序无关紧要，可以任意交换，不会改变关系的意义。

2.2.2　关系模式

在数据库中要区分型和值。关系数据库中，关系模式是型，关系是值。关系模式是对关系的描述，那么一个关系需要描述哪些方面呢？

关系是元组的集合，因此关系模式必须指出这个元组集合的结构，即它由哪些属性构成、这些属性来自哪些域，以及属性与域之间的映像关系。

现实世界随着时间在不断地变化，因而在不同的时刻关系模式的关系也会有所变化。但是，现实世界的许多已有事实和规则限定了关系模式所有可能的关系必须满足一定的完整性约束条件。这些约束或者通过对属性取值范围的限定，或者通过属性值间的相互关联反映出来。例如，如果两个元组的主码相等，那么元组的其他值也一定相等，因为主码唯一标识一个元组，主码相等就标识这是同一个元组。关系模式应当刻画出这些完整性约束条件。

定义 2.4　关系的描述称为关系模式。它可以形式化地表示为

$$R(U, D, \text{DOM}, F)$$

其中，R 为关系名，U 为组成该关系的属性名集合，D 为属性组 U 中属性所来自的域，DOM 为属性向域的映像集合，F 为属性间数据的依赖关系集合。

属性间的依赖将在第 6 章讨论，而域名及属性向域的映像常常直接说明为属性的类型、长度。因此，在本章只关心关系名（R）和属性名集合（U），将关系模式简记为

$$R(U)$$

或

$$R(A_1, A_2, \cdots, A_n)$$

其中,R 为关系名,$A_1, A_2, \cdots, A_n$ 为属性名。

关系实际上是关系模式在某一时刻的状态或内容。也就是说,关系模式是型,关系是它的值。关系模式是静态的、稳定的,而关系是动态的、随时间不断变化的,因为关系操作在不断地更新着数据库中的数据。但实际工作中,人们常常把关系模式和关系统称为关系。读者可以从上下文中加以区别。

2.2.3 关系数据库

关系数据库是基于关系模型的数据库。在关系模型中,实体及实体间的联系都是用关系来表示的。在一个给定的现实世界应用领域中,所有实体及实体之间联系所形成关系的集合就构成了一个关系数据库。

对于关系数据库也要分清型和值的概念。关系数据库的型即数据库的描述(关系模式)。它包括若干域的定义以及在这些域上定义的若干关系模式。关系数据库的值是这些关系模式在某一时刻对应的关系集合。数据库的型也称为数据库的内容。数据库的值也称为数据库的外延。关系模式是稳定的,而关系是随时间不断变化的,因为数据库中的数据在不断更新。因此,在数据库中,关系模式是型,关系是值,二者通常统称为关系数据库。

2.3 关系数据操作

关系数据操作是描述在关系数据结构上的操作类型与操作方式,是对系统动态行为的描述。关系数据操作一般分为数据查询和数据操纵(更新)两大类。数据查询操作是对数据库进行各种检索,包括选择、投影、连接、除、并、差、交、笛卡儿积等查询操作。其中,基本操作有选择、投影、并、差、笛卡儿积。数据操纵操作也称为数据更新,分为数据删除、数据插入和数据修改三种基本操作。

关系操作的特点是集合操作方式,即操作的对象和结果都是集合,这种方式也称为一次一集合的方式。而非关系数据模型的数据操作方式则为一次一记录的方式。

数据库的操作是通过语言来实现的。关系数据库抽象层次上的关系查询语言可分为三类:关系代数、关系演算和 SQL,它们都是非过程化的查询语言。关系代数用对关系的运算来表达查询要求,关系演算则用谓词来表达查询要求。而 SQL 则是具有关系代数和关系演算双重特点的语言。它不仅具有丰富的查询功能,而且具有数据定义和数据控制功能,是集查询、数据定义语言、数据操纵语言和数据控制语言(DCL)于一体的关系数据语言。它是关系数据库的标准语言。

2.4 关系的完整性

关系的完整性规则是对关系的某种约束条件。关系模型中有三类完整性约束:实体完整性、参照完整性和用户定义的完整性。其中,实体完整性和参照完整性是关系的两个不变性,是关系模型必须满足的完整性约束条件,应该由关系系统自动支持。用户定义的完整性是某一具体应用领域中要遵循的完整性约束条件。

2.4.1 实体完整性

实体完整性规则：若属性(指一个或一组属性)A 是基本关系 R 的主属性,则 A 不能取空值。

所谓空值就是"不知道""不存在""无意义"的值。现实世界中的一个实体集就是一个基本关系,如商品的集合就是一个实体,对应商品关系。实体是可区分的,因此关系数据库中每个元组应该是可区分的,是唯一的。相应地,关系模型以主码作为唯一性标识。主码中的属性即主属性不能取空值。如果主属性取空值,就说明存在某个不可标识的实体,即存在不可区分的实体。所以,如果主码由若干属性组成,则所有这些主属性不能取空值,从而实体完整性保证了实体的可区分性。另外,现实世界中实体的可区分性在关系中是以主码的唯一性来保障的,所以主属性不能取空值。因此,实体完整性能够保证实体的唯一性。

2.4.2 参照完整性

2 实体完整性

现实世界中,万事万物是相互联系、相互依存的,实体与实体之间也往往存在某种联系。在关系模型中实体与实体间的联系都是用关系来描述的,这就存在着关系与关系之间的引用。先看以下例子。

【例 2-3】 校园超市中的商品实体和供应商实体可以用下面的关系来表示,其中,主码用下画线标识。

商品(<u>商品编码</u>,供应商编码,商品分类,商品名,条形码,进价,售价,数量,单位,备注)

供应商(<u>供应商编码</u>,供应商名,地址,联系人,电话)

2 参照完整性

这两个关系之间存在着属性的引用,即商品关系引用了供应商关系的主码"供应商编码"。显然,商品关系中的"供应商编码"值必须是确实存在的供应商的编码,即供应商关系中有该供应商的记录。换言之,商品关系中的某个属性的取值需要参照供应商关系的属性取值。

【例 2-4】 学生、商品、学生与商品之间的多对多联系可以用下面的三个关系表示。

学生(<u>学号</u>,姓名,出生年份,性别,学院,专业,微信号)

商品(<u>商品编码</u>,供应商编码,商品分类,商品名,条形码,售价,数量,单位,备注)

销售(<u>商品编码</u>,<u>学号</u>,销售时间,数量)

这三个关系之间也存在着属性的引用,即销售关系引用了学生关系的主码"学号"和商品关系的主码"商品编码"。同样,销售关系中的"学号"值必须是确实存在的学生的学号,即学生关系中有该学生的记录;销售关系中的"商品编码"值也必须是确实存在的商品的商品编码,即商品关系中有该商品的记录。换言之,销售关系中某些属性的取值需要参照其他关系的属性取值。

上面的例子说明关系与关系之间存在着相互引用、相互约束的情况。下面先引入外码的概念,然后给出表达关系之间相互引用约束的参照完整性的定义。

定义 2.5 设 F 是基本关系 R 的一个或一组属性,但不是关系 R 的码,K 是基本关系 S 的主码。如果 F 与 K 相对应,则称 F 是 R 的外码,并称基本关系 R 为参照关系,基本关

系 S 为被参照关系或目标关系。R 和 S 不一定是不同的关系。这里，目标关系 S 的主码 K 和参照关系 R 的外码 F 必须定义在同一个（或同一组）域上。

在例 2-3 中，商品关系的"供应商编码"属性与供应商关系的主码"供应商编码"相对应，因此"供应商编码"属性是商品关系的外码。这里供应商关系为被参照关系，商品关系为参照关系。

在例 2-4 中，销售关系的"商品编码"属性与商品关系的主码"商品编码"相对应，销售关系的"学号"与学生关系的"学号"相对应，因此"商品编码"和"学号"属性是销售关系的外码。这里商品关系和学生关系均为被参照关系，销售关系为参照关系。

外码并不一定要与相应的主码同名。不过在实际应用中，为了便于识别，当外码与相应的主码属于不同关系时，往往给它们取相同的名字。参照完整性规则就是定义外码与主码之间的引用规则。

参照完整性规则：若属性（或属性组）F 是基本关系 R 的外码，它与基本关系 S 的主码 K 相对应（基本关系 R 和 S 不一定是不同的关系），则对于 R 中每个元组在 F 上的值必须为：或者取空值（F 的每个属性值均为空值），或者等于 S 中某个元组的主码值。

例如，对于例 2-3，商品关系中每个元组的"供应商编码"属性只能取下面两类值。

(1) 空值，表示该商品的供应商还未确定。

(2) 非空值，这时该值必须是供应商关系中某个元组的"供应商编码"值，表示该商品不可能由一个不存在的供应商供货。即被参照关系"供应商"中一定存在一个元组，它的主码值等于该参照关系"商品"中的外码值。

然而，并不是所有的外码都可以取空值。例如对于例 2-4，按照参照完整性规则，"商品编码"和"学号"属性也可以取两类值：空值或目标关系中已经存在的值。但由于"商品编码"和"学号"是销售关系中的主属性，按照实体完整性规则，它们均不能取空值，因此销售关系中的"商品编码"和"学号"属性实际上只能取相应被参照关系中已经存在的主码值。

2.4.3　用户定义的完整性

实体完整性和参照完整性分别定义了对主码的约束和对外码的约束，适用于任何关系数据库系统。此外，不同的关系数据库系统根据其应用环境不同，往往还需要一些特殊的约束条件，体现具体领域中的语义约束，被称为用户定义的完整性。

用户定义的完整性：针对某一具体应用环境，给出关系数据库的约束条件，这些约束条件就是反映某一具体应用所涉及的数据必须满足的语义要求。

例如，某个属性必须取唯一值、某个非主属性不能取空值、学生的性别属性取值只能是"男"或者"女"等。

对于这类完整性，关系模型只提供定义和检验这类完整性的机制，以使用户能够满足自己的需求，而关系模型自身并不去定义任何这类完整性规则。

2 用户定义的完整性

2.5　关系代数

关系代数是一种抽象的查询语言，它包括一个运算集合，这些运算的输入是一个或两个关系，得到的输出结果是一个新关系。

关系代数的运算按运算符的不同可分为传统的集合运算和专门的关系运算两类。

其中，传统的集合运算将关系看成元组的集合，其运算是从关系的"水平"方向即行的角度来进行的。而专门的关系运算不仅涉及行而且涉及列。

2.5.1　传统的集合运算

传统的集合运算主要包括并、交、差、广义笛卡儿积这四种运算。

1. 并

如果 R 和 S 都是关系，具有相同的目 n，且相应的属性取自同一个域，则 R 与 S 的并是由属于 R 或属于 S 的元组组成，其结果仍为 n 目关系，用 $R \cup S$ 表示集合并运算。记作：

$$R \cup S = \{t \mid t \in R \vee t \in S\}$$

集合并运算就是把两个关系中所有的元组集中在一起，形成一个新的关系。图 2-3 的深色部分表示了 $R \cup S$ 的运算结果。

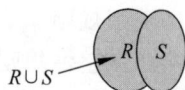

【例 2-5】　有关系 R 和 S，如表 2-4 和表 2-5 所示，求 $R \cup S$。

$R \cup S$ 如表 2-6 所示。

图 2-3　$R \cup S$ 的运算结果

表 2-4　关系 R

X	Y
x_1	y_1
x_2	y_2

表 2-5　关系 S

X	Y
x_3	y_4
x_2	y_2

表 2-6　$R \cup S$

X	Y
x_1	y_1
x_2	y_2
x_3	y_4

2. 交

如果 R 和 S 都是关系，具有相同的目 n，且相应的属性取自同一个域，则 R 与 S 的交是由既属于 R 又属于 S 的元组组成，其结果仍为 n 目关系，用 $R \cap S$ 表示集合交运算。记作：

$$R \cap S = \{t \mid t \in R \wedge t \in S\}$$

集合交运算就是在最后的关系中，包含两个集合中共同的元组。图 2-4 的阴影部分表示了 $R \cap S$ 的运算结果。

【例 2-6】　如表 2-4 和表 2-5 所示的关系 R 和 S，求 $R \cap S$。

$R \cap S$ 如表 2-7 所示。

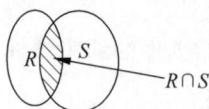

图 2-4　$R \cap S$ 的运算结果

表 2-7　$R \cap S$

X	Y
x_2	y_2

3. 差

如果 R 和 S 都是关系，具有相同的目 n，且相应的属性取自同一个域，则 R 与 S 的差表示由属于 R 但不属于 S 的元组组成，其结果仍为 n 目关系，用 $R-S$ 表示关系 R 和 S 的差。记作：

$$R-S = \{t \mid t \in R \wedge t \notin S\}$$

图 2-5 的深色部分表示了 $R-S$ 的运算结果。

【例 2-7】　如表 2-4 和表 2-5 所示的关系 R 和 S，求 $R-S$。

$R-S$ 如表 2-8 所示。

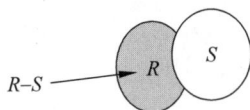

图 2-5 $R-S$ 的运算结果

表 2-8 $R-S$

X	Y
x_1	y_1

4. 广义笛卡儿积

如果 R 和 S 都是关系,分别是 n 目和 m 目,则 R 和 S 的广义笛卡儿积是一个 $(n+m)$ 列的元组的集合。元组的前 n 列是关系 R 的一个元组,后 m 列是关系 S 的一个元组。如果 R 有 k_1 个元组,S 有 k_2 个元组,则关系 R 和关系 S 的广义笛卡儿积有 $k_1 \times k_2$ 个元组。记作:

$$R \times S = \{\widehat{\text{tr ts}} \mid \text{tr} \in R \wedge \text{ts} \in S\}$$

【例 2-8】 如表 2-4 和表 2-5 所示的关系 R 和 S,求 R 与 S 的广义笛卡儿积。

R 与 S 的广义笛卡儿积如表 2-9 所示。

表 2-9 R 与 S 的广义笛卡儿积

$R.X$	$R.Y$	$S.X$	$S.Y$
x_1	y_1	x_3	y_4
x_1	y_1	x_2	y_2
x_2	y_2	x_3	y_4
x_2	y_2	x_2	y_2

2.5.2 专门的关系运算

专门的关系运算包括选择、投影、连接、除等。为便于叙述,下面先引入几个记号。

(1) 设关系模式为 $R(A_1, A_2, \cdots A_n)$,它的一个关系设为 R。$t \in R$ 表示 t 是 R 的一个元组,$t[A_i]$ 则表示元组 t 中相应于属性 A_i 的一个分量。

(2) 若 $A = \{A_{i1}, A_{i2}, \cdots, A_{ik}\}$,其中,$A_{i1}, A_{i2}, \cdots, A_{ik}$ 是 $A_1, A_2, \cdots, A_n$ 中的一部分,则 A 称为属性列或域列,$t[A] = (t[A_{i1}], t[A_{i2}], \cdots, t[A_{ik}])$ 表示元组 t 在属性列 A 上诸分量的集合,$\widetilde{A}$ 则表示 $\{A_1, A_2, \cdots, A_n\}$ 中去掉 $\{A_{i1}, A_{i2}, \cdots, A_{ik}\}$ 后剩下的属性组。

(3) R 为 n 目的关系,S 为 m 目关系。$\text{tr} \in R$,$\text{ts} \in S$,$\widehat{\text{tr ts}}$ 称为元组的连串。它是一个 $n+m$ 列的元组,前 n 个分量为 R 中的一个 n 元组,后 m 个分量为 S 中的一个 m 元组。

(4) 给定一个关系 $R(X, Z)$,X 和 Z 为属性组,定义当 $t[X] = x$ 时,x 在 R 中的像集为:$Z_x = \{t[Z] \mid t \in R, t[X] = x\}$,表示 R 中属性组 X 上的值为 x 的诸元组在 Z 上分量的集合。

例如,关系 R 如表 2-10 所示。

表 2-10 关系 R

X	Z
x_1	z_1
x_2	z_2
x_1	z_3
x_1	z_5
x_2	z_6
x_3	z_4

x_1 在 R 中的像集 $Z_{x1} = \{z_1, z_3, z_5\}$。

x_2 在 R 中的像集 $Z_{x2} = \{z_2, z_6\}$。

x_3 在 R 中的像集 $Z_{x3} = \{z_4\}$。

下面给出这些专门的关系运算的定义。

1. 选择运算

选择运算又称为限制运算。它是在关系 R 中选择满足条件的元组,记作:

$$\sigma_C(R) = \{t \mid t \in R \wedge C(t) = '真'\}$$

选择运算是对单个关系 R 进行的运算,它将产生一个包含关系 R 中部分元组的新关系。新关系中的元组部分满足指定的条件 C,该条件与关系 R 的属性有关。其中,C 是一个逻辑表达式,取逻辑值"真"或"假"。

设有一个校园超市数据库,包括商品关系 Goods、学生关系 Student 和销售关系 SaleBill,如图 2-6 所示,以下多个例子将基于这三个关系。

Goods

商品编码 GoodsNO	供应商编码 SupplierNO	商品分类 CategoryNO	商品名 GoodsName	进价 InPrice	售价 SalePrice	数量 Number	单位 Unit
GN0001	Sup001	CN001	优乐美奶茶	2.5	3.5	100	杯
GN0002	Sup002	CN001	雀巢咖啡	4	5.8	50	瓶
GN0005	Sup003	CN005	飘柔洗发水	15	19.8	65	瓶
GN0007	Sup005	CN007	小绵羊被套	120	150	28	套

Student

学号 SNO	姓名 SName	出生年份 BirthYear	性别 Gender	学院 College	专业 Major	微信号 WeiXin
S01	李明	1999	男	CS	IT	wx001
S02	徐好	1998	女	CS	MIS	wx002
S03	伍民	1996	男	CS	MIS	wx003
S04	闵红	1997	女	ACC	AC	wx004
S05	张小红	1997	女	ACC	AC	wx005

SaleBill

商品编码 GoodsNO	学号 SNO	销售时间 HappenTime	数量 Number
GN0001	S01	2018-06-09	3
GN0001	S02	2018-05-03	1
GN0001	S03	2018-04-07	1
GN0002	S02	2018-05-08	2
GN0002	S05	2018-06-26	2
GN0003	S05	2018-06-01	1

图 2-6 校园超市数据库

【例 2-9】 查询计算机学院(CS)的学生。

$$\sigma_{College = 'CS'}(Student)$$

其结果如表 2-11 所示。

表 2-11 来自 CS 学院学生的信息

SNO	SName	BirthYear	Gender	College	Major	WeiXin
S01	李明	1999	男	CS	IT	wx001
S02	徐好	1998	女	CS	MIS	wx002
S03	伍民	1996	男	CS	MIS	wx003

【例 2-10】 查询信息管理专业的女学生信息。

$$\sigma_{Major = 'MIS' \wedge Gender = '女'}(Student)$$

其结果如表 2-12 所示。

表 2-12　来自信息管理专业的女学生信息

SNO	SName	BirthYear	Gender	College	Major	WeiXin
S02	徐好	1998	女	CS	MIS	wx002

选择运算实际上是从关系 R 中选取使逻辑表达式 C 为真的元组。这是从行的角度进行的运算。这种运算方式示意如图 2-7 所示。

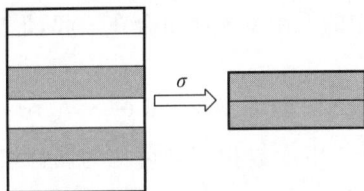

图 2-7　选择运算的运算方式示意

2. 投影运算

投影运算也是对单个关系 R 进行的运算,它将产生一个只有某些列的新关系。也就是说,投影是从 R 中选择出若干属性列组成新的关系。记作:

$$\pi_A(R) = \{t[A] \mid t \in R\}$$

其中,A 为 R 中的属性列。

【例 2-11】　查询商品的名称和售价。

$$\pi_{\text{GoodsName,SalePrice}}(\text{Goods})$$

结果如表 2-13 所示。

【例 2-12】　查询现有专业。

$$\pi_{\text{Major}}(\text{Student})$$

结果如表 2-14 所示。

表 2-13　商品名和售价

GoodsName	SalePrice
优乐美奶茶	3.5
雀巢咖啡	5.8
飘柔洗发水	19.8
小绵羊被套	150

表 2-14　专业

Major
IT
MIS
AC

投影操作是从列的角度进行的运算。它不仅涉及列,还涉及行。这种运算方式示意如图 2-8 所示。

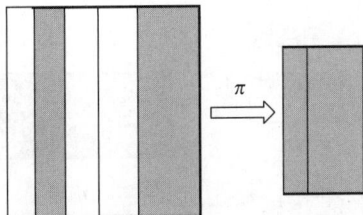

图 2-8　投影运算的运算方式示意

3. 连接运算

选择和投影运算都是对单个关系进行的运算。在通常情况下，需要从两个关系中选择满足条件的元组数据。连接运算就是这样一种运算形式。

连接可以分为 θ 连接、等值连接和自然连接。

1）θ 连接运算

如果 $A_1, A_2, \cdots, A_n$ 和 $B_1, B_2, \cdots, B_n$ 分别是在 R 和 S 关系上的可比属性，那么当且仅当 R 中的元组 r 在属性 $A_1, A_2, \cdots, A_n$ 上和 S 中的元组 s 在属性 $B_1, B_2, \cdots, B_n$ 上满足给定条件时，R 中的元组 r 和 S 中的元组 s 才能组合在一起，形成一个新的关系。这种运算形式称作 θ 连接，记作：

$$R \underset{A\theta B}{\bowtie} S = \{\widehat{\text{tr ts}} \mid \text{tr} \in R \wedge \text{ts} \in S \wedge \text{tr}[A]\theta\text{ts}[B]\}$$

其中，A 和 B 分别是关系 R 和 S 中度数相等且可比的属性组，θ 是比较运算符，可以为 $>$、$<$、$\geqslant$、$\leqslant$、$\neq$。

θ 连接运算步骤可分为以下两步。

（1）求 $R \times S$。

（2）选择 R 中属性 A 和 S 中属性 B 满足条件的元组组成新关系即为连接运算的结果。

【例 2-13】 设有关系 R 和 S 如表 2-15 和表 2-16 所示，求 $R \underset{R.Y>S.Y}{\bowtie} S$。

表 2-15　关系 R

X	Y
x_1	1
x_1	3
x_2	5
x_3	7

表 2-16　关系 S

Y	Z
2	z_1
3	z_2
7	z_5

结果如表 2-17 所示。

表 2-17　例 2-13 的运算结果

X	$R.Y$	$S.Y$	Z
x_1	3	2	z_1
x_2	5	2	z_1
x_2	5	3	z_2
x_3	7	2	z_1
x_3	7	3	z_2

θ 连接操作是从行的角度进行运算，其运算方式示意如图 2-9 所示。

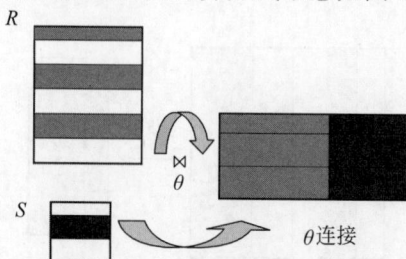

图 2-9　θ 连接运算的运算方式示意

2）等值连接运算

θ 为"＝"的连接运算称为等值连接。关系 R 与 S 的等值连接是从 R 和 S 的广义笛卡儿积 $R \times S$ 中选取 A 与 B 等值的那些元组形成的关系。

3）自然连接运算

如果 $A_1, A_2, \cdots, A_n$ 是在 R 和 S 关系上都有公共属性，那么当且仅当 R 中的元组 r 和 S 中的元组 s 在属性 $A_1, A_2, \cdots, A_n$ 上都完全一致时，R 中的元组 r 和 S 中的元组 s 才能组合在一起，形成一个新的关系。这种运算形式称为自然连接运算。

自然连接运算也可以说是一种特殊的等值连接，它要求两个关系中进行比较的分量必须是相同的属性组，并且在结果中把重复的属性列去掉。即若 R 和 S 具有相同的属性组 A，则自然连接可记作：

$$R \bowtie S = \{\widehat{tr\ ts} \mid tr \in R \wedge ts \in S \wedge tr[A] = ts[A]\}$$

如果自然连接中元组 r 和元组 s 成功地匹配，那么成对的结果元组称为连接元组。在连接元组中，每一个分量都对应着关系 R 和 S 的并集中的一个属性。连接元组在关系 R 的每一个属性上和元组 r 一致，而在关系 S 的每一个属性上和元组 s 一致。

自然连接运算步骤可分为以下三步。

（1）求 $R \times S$。

（2）选择与公共属性 A 相等的元组组成新关系。

（3）在新关系中去掉重复的属性即为所求。

【例 2-14】 求例 2-13 中关系 R 和 S 的等值连接和自然连接。

例 2-14 运算结果如表 2-18 和表 2-19 所示。

表 2-18 $R \underset{R.Y=S.Y}{\bowtie} S$

X	$R.Y$	$S.Y$	Z
x_1	3	3	z_2
x_3	7	7	z_5

表 2-19 $R \bowtie S$

X	Y	Z
x_1	3	z_2
x_3	7	z_5

自然连接需要取消重复列，所以是同时从行和列的角度进行运算，其运算方式示意如图 2-10 所示。

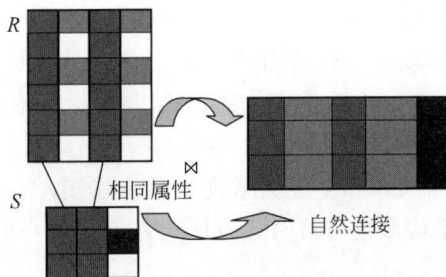

图 2-10 自然连接运算的运算方式示意

4. 除运算

除运算也是两个关系之间的运算。设有关系 $R(X,Y)$ 和 $S(Y,Z)$,其中,X、Y、Z 可以是单个属性或属性集,则 $R \div S$ 得到一个新的关系 $P(X)$,$P(X)$ 由 R 中某些 X 属性值构成,这些属性值满足:元组在 X 上分量值 x 的像集 Y_x 包含 S 在 Y 上投影的集合。记作:

$$R \div S = \{r \cdot X \mid r \in R \land Y_x \supseteq S\}$$

【例 2-15】 设有两个关系 R 和 S 如表 2-20 和表 2-21 所示,求 $R \div S$。

根据表 2-20 中数据,R 中的 SNO 可以取四个值{S01,S02,S03,S05}。其中:

S01 的像集为:{GN0001}

S02 的像集为:{GN0001,GN0002}

S03 的像集为:{GN0001}

S05 的像集为:{GN0002,GN0005}

而 S 在 GoodsNO 上的投影为:{GN0001,GN0002}

显然,只有 S02 的像集(GoodsNO)$_{S02}$ 包含 S 在(GoodsNO)上的投影,所以 $R \div S =$ {S02},其结果如表 2-22 所示。

表 2-20 关系 R

GoodsNO	SNO
GN0001	S01
GN0001	S02
GN0001	S03
GN0002	S02
GN0002	S05
GN0003	S05

表 2-21 关系 S

GoodsNO
GN0001
GN0002

表 2-22 例 2-15 的运算结果

SNO
S02

例 2-15 中 $R \div S$ 的含义表示至少购买了 GN0001 和 GN0002 号商品的学生学号。

2.5.3 关系代数检索实例

以下再以校园超市数据库为例,介绍关系代数检索的实例。

【例 2-16】 查询购买了 GN0001 商品的学生学号。

$$\pi_{SNO}(\sigma_{GoodsNO='GN0001'}(SaleBill)) = \{S01,S02,S03\}$$

本例先对销售关系做选择运算,选出购买了 GN0001 的销售信息,然后做投影运算得到学生学号。

【例 2-17】 查询购买了 GN0001 商品的学生姓名。

$$\pi_{SName}(\sigma_{GoodsNO='GN0001'}(SaleBill) \bowtie Student) = \{李明,徐好,伍民\}$$

本例首先求出购买了 GN0001 的销售信息,然后与学生关系进行自然连接,得到了一个新关系,再对该新关系进行投影,得到学生的姓名。

例 2-17 也可以先对销售关系和学生关系进行自然连接,然后进行选择运算,最后投影得到结果。这说明利用关系代数进行检索的表达式并不是唯一的,可以选择一种最优的方式,这是查询优化讨论的内容。

【例 2-18】 查询购买了优乐美奶茶或雀巢咖啡的学生姓名。

$$\pi_{SName}(\sigma_{GoodsName='优乐美奶茶' \lor GoodsName='雀巢咖啡'}(Goods \bowtie SaleBill) \bowtie Student)$$
$$= \{李明,徐好,伍民,张小红\}$$

本例是首先将商品关系和销售关系进行自然连接,并做选择运算,得到一个新关系,包括商品名为"优乐美奶茶"或者"雀巢咖啡"的商品信息和相应的销售信息,然后将新关系与学生关系做自然连接,可以求得购买了这两种产品的学生基本信息,最后做投影运算得到这些学生的姓名。

【例 2-19】 查询没有购买任何商品的学生信息。

$$Student \bowtie (\pi_{SNO}(Student) - \pi_{SNO}(SaleBill))$$
$$= \{(S04,闵红,1997,女,ACC,AC,wx004)\}$$

本例先分别对学生关系和销售关系的学号进行投影,再通过一个差运算得到没有购买任何商品的学号,最后将这些学号所构成的新关系与学生关系进行自然连接,即得到了没有购买任何商品的学生的信息。

【例 2-20】 查询购买了所有类别为 CN001 的商品的学生信息。

$$Student \bowtie (\pi_{GoodsNO,SNO}(SaleBill) \div \pi_{GoodsNO}(\sigma_{CategoryNO='CN001'}(Goods)))$$

本例首先对商品关系进行选择运算得到所有类别为 CN001 的商品的信息,并通过投影运算得到这些商品的商品编码,然后对销售关系在商品编码和学号上进行投影后,对这个由 CN001 类别的商品编码组成的新关系进行除运算,表示求购买了所有这些产品的学号,最后将其与学生关系进行自然连接运算,即得到了购买了所有类别为 CN001 的商品的学生信息。

本节介绍了关系代数中传统的集合并、交、差、广义笛卡儿积运算和专门的选择、投影、连接与除的关系运算。关系代数中,这些运算经有限次复合后可以形成关系代数表达式。其中,并、差、广义笛卡儿积、选择和投影这五种运算为基本运算,其他三种运算均可以用这五种运算来表达。关系代数为后续课程 SQL 语句的介绍打下了理论基础。

小结

本章主要对关系数据库进行了概述,详细介绍了关系数据模型的组成要素,这也是本章的重点。关系数据模型的数据结构是关系,本章给出了关系的形式化定义,即关系是笛卡儿积的有限子集。关系数据模型的数据操作主要有查询、插入、删除、修改操作。关系数据模型的完整性约束主要有实体完整性约束、参照完整性约束、用户定义的完整性约束。其中,实体完整性和参照完整性是所有关系数据库都必须遵循的完整性约束条件,称为关系的两个不变性。用户定义的完整性则是根据具体应用领域的需求而必须满足的完整性约束条件。

关系代数是本章的另一个重点,主要包括传统的集合运算(并、交、差、广义笛卡儿积),以及专门的关系运算(选择、投影、连接和除运算)。本章对关系代数的各种运算进行了讲解,并通过实例一一详细介绍。

本章内容是关系数据库的最基本理论,是学习其他相关理论的基础。

习题

一、单项选择题

1. 设关系 R 和 S 的元组个数分别为 50 和 100，关系 T 是 R 与 S 的笛卡儿积，则 T 的元组个数是（   ）。

    A. 150   B. 10 000   C. 5000   D. 2500

2. 下面对于关系的叙述中，（   ）是不正确的。

    A. 关系中的每个属性是不可分解的

    B. 在关系中行的顺序是无关紧要的

    C. 在关系中列的顺序无所谓

    D. 两个元组可以完全相同

3. 下面关于关系和关系模式的叙述中，（   ）是正确的。

    A. 关系数据库中，关系是型，关系模式是值

    B. 关系模式是随时间不断变化的

    C. 关系是稳定的

    D. 关系是关系模式在某一时刻的状态或内容

4. 若属性 A 是基本关系 R 的主属性，则属性 A 不能取空值，这是（   ）。

    A. 实体完整性规则   B. 参照完整性规则

    C. 用户完整性规则   D. 自定义完整性规则

5. 关系数据库中，实现实体之间的联系是通过表与表之间的（   ）。

    A. 公共索引   B. 公共存储

    C. 公共元组   D. 公共属性

6. 根据外码的定义，外码必须为一个表的（   ）。

    A. 任意属性   B. 任意属性组

    C. 主码   D. 全部属性

7. 唯一值约束属于关系完整性约束条件中的（   ）。

    A. 实体完整性   B. 参照完整性

    C. 用户定义的完整性   D. 引用完整性

8. 在关系代数中，从两个关系的笛卡儿积中选取它们属性间满足一定条件的元组的操作，称为（   ）。

    A. 投影   B. 选择

    C. 自然连接   D. θ 连接

9. 关系代数操作中有五种基本操作，它们是（   ）。

    A. 并、差、交、连接和除

    B. 并、差、笛卡儿积、投影和选择

    C. 并、交、连接、投影和选择

    D. 并、差、交、投影和选择

10. 如果用其他运算来重新定义自然连接，应该使用（   ）。

A. 选择、投影   B. 选择、笛卡儿积

C. 投影、笛卡儿积   D. 选择、投影、笛卡儿积

二、简答题

1. 试述关系模型的三个组成部分。

2. 简述笛卡儿积和关系的联系与区别。

3. 简述关系、关系模式、关系数据库的联系与区别。

4. 关系模型的完整性规则有哪些？

5. 在参照完整性规则中，什么情况下外码的取值可以为空？

6. 两个关系的并、交、差运算有什么约束？

7. 选择运算是一种什么运算？它主要是从关系的什么角度进行的运算？

8. 投影运算是一种什么运算？它主要是从关系的什么角度进行的运算？

9. 简述各种 θ 连接的含义和用途。

10. 传统的集合运算与专门的关系运算有哪些？哪些是基本运算？哪些运算可以由其他运算推导出来？

三、综合题

1. 有关系 R 和 S 如表 2-23 所示，求 $R \cup S$、$R \cap S$ 和 $R-S$。

表 2-23 R 和 S 的关系

R	
A	**B**
a_1	b_1
a_1	b_3
a_2	b_3
a_3	b_2

S	
A	**B**
a_1	b_1
a_1	b_2
a_2	b_3

2. 设职工参加社会团体关系如表 2-24～表 2-26 所示。其中，关系 R 表示职工信息表，关系 S 表示社团信息表，关系 RS 表示职工参加社团关系表。请用关系代数完成如下查询。

表 2-24   关系 R

职 工 号	姓 名	年 龄	性 别
1001	张晓	35	女
1002	周勇	28	男
1003	王飞	33	男
1004	孙易	30	男
1005	李佳	40	男

表 2-25   关系 S

编 号	名 称	负 责 人
S01	唱歌队	1001
S02	篮球队	1002
S03	排球队	1004
S04	桥牌队	1005

表 2-26 关系 *RS*

职 工 号	编 号	参 加 日 期
1001	S01	20050215
1002	S02	20050721
1003	S02	20051010
1003	S01	20050612
1004	S03	20050325
1003	S03	20050819
1005	S04	20060112

（1）查询所有职工的职工号和年龄。

（2）查询年龄小于 30 岁的职工姓名。

（3）查询所有社团的名称和负责人。

（4）查询至少参加了两个社团的职工号。

（5）查询参加了唱歌队或篮球队的职工号和姓名。

（6）查询参加了唱歌队和篮球队的职工号和姓名。

（7）查询 2006 年以前参加社团的职工编号。

（8）查询没有参加任何团体的职工情况。

（9）查询参加了全部社会团体的职工情况。

（10）查询参加了职工号为"1001"的职工所参加的全部社会团体的职工号。

## 第 3 章

SQL

SQL(Structured Query Language,结构化查询语言)是操作关系数据库的通用语言,它虽然名为查询语言,但不只支持数据库查询操作,其功能还包括数据定义、数据操纵、数据控制等。

SQL 成为国际标准语言以来,各数据库厂商纷纷推出各自的 SQL 软件或与 SQL 的接口软件。各数据库厂商附带的 SQL 软件产品对 SQL 的支持方案虽然很相似,但也存在一定的差异,本章主要介绍 MySQL 支持的 SQL。

3.1 SQL 概述

3.1.1 SQL 的产生与发展

IBM 公司的研究人员在 20 世纪 70 年代研究出 SQL 原型,命名为 SEQUEL(Structured English Query Language),并在 IBM 公司研制的关系数据库管理系统原型 System R 上应用成功。SQL 由于其简单易学、功能强大,被数据库厂商广泛采用,SQL 也因此发展迅速。1986 年 10 月,美国国家标准局(American National Standard Institute,ANSI)采用 SQL 作为关系数据库管理系统的标准语言,其标准随后被国际化标准组织(International Organization for Standardization,ISO)采纳为国际标准。

在此后的发展中,SQL 历经了 SQL 86、SQL 89、SQL 92、SQL 99、SQL 2003、SQL 2008、SQL 2011 等版本。SQL 标准的内容越来越多,也越来越复杂。如今,SQL 标准已经包括了 SQL 框架、SQL 调用接口、SQL 永久存储模块、SQL 宿主语言绑定、SQL 外部数据管理、XML 相关规范等内容。

3.1.2 SQL 的特点

SQL 是一个综合、功能强大又简单易学的语言,从数据库定义到数据库维护都提供了相应功能。其主要特点如下。

1. 一体化

不论使用 SQL 完成何种功能,其语法结构统一。这为数据库应用系统的开发提供了良好的使用环境。用户还可以在数据库系统投入使用后,根据需要修改模式而不影响数据库运行,从而使数据库系统具有良好的可扩展性。

2. 高度非过程化

用户只需要使用 SQL 语句提出"做什么",而不需要知道"怎么做"。中间的执行过程由数据库管理系统自动完成。这不但减轻了用户负担，而且提高了数据独立性。

3. 语言简洁

SQL 使用为数不多的命令，就能完成所有功能。SQL 的语法简单，接近英语语法，简单易学。

4. 多种使用方式

SQL 可以直接以命令形式使用，也可以嵌套在多种程序开发语言中使用。现在很多高级语言（例如 Java、C++、C♯）均提供了使用 SQL 的模块，可以方便地在程序开发语言中使用 SQL 操作数据库数据。

3.1.3 SQL 功能概述

SQL 的功能主要包括数据定义、数据查询、数据操纵、数据控制，各功能对应的命令如表 3-1 所示。

表 3-1 SQL 包含的功能及对应命令

SQL 功能	对 应 命 令
数据定义	CREATE、DROP、ALTER
数据查询	SELECT
数据操纵	INSERT、UPDATE、DELETE
数据控制	GRANT、REVOKE

数据定义功能用于定义、修改、删除数据库中的对象，这些对象包括表、视图、索引等。数据查询功能用于从数据库中获取满足查询条件的数据。数据操作功能包括添加、修改、删除数据等。数据控制用于管理数据库用户的操作权限，保证数据库的完整性与安全性。

3.2 数据定义

数据库中存在多种数据对象，包括数据库、表、视图、索引、触发器、存储过程、函数等。

3.2.1 数据库定义及维护

MySQL 会在磁盘中为每个数据库创建一个目录，所有属于该数据库的数据表都存放在这个目录下。

一旦创建了数据库，则在 SQL Server 资源管理器目录菜单中就会显示该数据库对象及其包含的数据表、视图等子项。

已建好的数据库 supermarket 示意如图 3-1 所示。

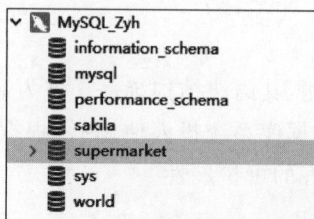

图 3-1 已建好的数据库 supermarket 示意

1. 数据库定义

数据库使用 CREATE DATABASE 语句实现，其一般格式如下：

```
CREATE {DATABASE | SCHEMA} [IF NOT EXISTS] db_name
[create_option] …

create_option: [DEFAULT] {
CHARACTER SET [ = ] charset_name
| COLLATE [ = ] collation_name
| ENCRYPTION [ = ] {'Y' | 'N'}
}
```

其中：(1) DATABASE | SCHEMA：创建的对象，DATABASE 表示数据库，SCHEMA 表示架构，是同义词。也就是说，无论用 DATABASE 或者是 SCHEMA 系统认为是一样的意思，因此，这两个选项二选一。

(2) db_name：新建数据库的名称。

(3) IF NOT EXISTS：同名数据库不存在时才会创建数据库。

(4) create_option：可选项。

DEFAULT：表示默认。

CHARACTER SET：字符集设置，需要指定字符集名称。字符集可以通过 show character set 命令查询。

COLLATE：排序规则设置，需要指定排序规则名称。排序规则名可以通过 show collation 命令查询。

ENCRYPTION：加密设置，需要指定加密选项。只有 Y（加密）和 N（不加密），默认为 N。

下面举例说明。

【例 3-1】 创建名为 test1 的数据库。

```
CREATE DATABASE test1
```

命令执行成功，导航窗格中会出现 test1 数据库，如图 3-2 所示。

如再执行一次上述命令，由于已经存在 test1 数据库，会得到如图 3-3 所示的错误提示，语句执行失败。

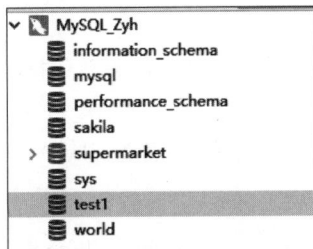

图 3-2　新建 test1 数据库

```
CREATE DATABASE test1
> 1007 - Can't create database 'test1'; database exists
> 时间: 0s
```

图 3-3　重复创建 test1 数据库失败

【例 3-2】 创建一个名为 test2 的数据库。代码如下：

```
CREATE DATABASE IF NOT EXISTS test2
```

执行结果如下：

```
CREATE DATABASE IF NOT EXISTS test2
> OK
> 时间: 0.002s
```

如再执行一次上述命令，会得到如下结果：

```
CREATE DATABASE IF NOT EXISTS test2
> OK
> 时间: 0.001s
```

虽然显示命令执行成功，但导航窗格中并没有出现重复的 test2 数据库，表示数据库并未创建。

2. 数据库维护

数据库建立好后，可以使用 ALTER DATABASE 语句对其进行维护。其语法格式如下：

```
ALTER {DATABASE | SCHEMA} [db_name]
    alter_option …

alter_option: {
  [DEFAULT] CHARACTER SET [ = ] charset_name
  | [DEFAULT] COLLATE [ = ] collation_name
  | [DEFAULT] ENCRYPTION [ = ] {'Y' | 'N'}
}
```

各参数的含义与数据库创建命令相同，此处不再赘述。

【例 3-3】 修改数据库 supermarket 的字符集。

```
ALTER DATABASE supermarket character set 'utf8mb4'
```

3. 数据库删除

使用 DROP DATABASE 语句删除数据库，其语法格式如下：

```
DROP {DATABASE | SCHEMA} [IF EXISTS] db_name
```

各参数的含义与数据库创建命令相同。

【例 3-4】 使用 DROP DATABASE 语句删除数据库 test2。

```
DROP DATABASE IF EXISTS test2
```

3.2.2 表定义及维护

表是关系数据库中的基本对象，关系数据库的数据均存储在表中。在关系数据库中，每个关系都对应一个表，一个数据库包含一个或多个表。

使用 InnoDB 存储引擎，MySQL 8.0 会为每一张表建立一个扩展名为 .ibd 的文件，用于存储表结构和数据。

数据库 supermarket 中的表如图 3-4 所示。

它们在磁盘中的结构如图 3-5 所示。

1. 表定义

使用 CREATE TABLE 语句定义基本表，其基本格式如下：

```
CREATE [TEMPORARY] TABLE [IF NOT EXISTS] tbl_name
(create_definition, …)
```

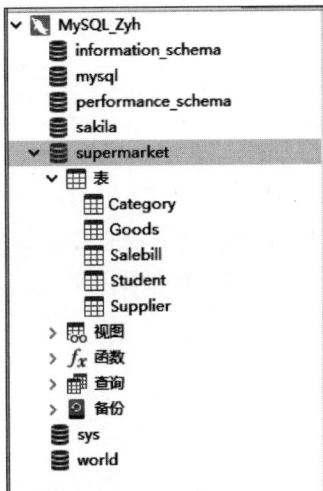

图 3-4 数据库 supermarket 中的表

图 3-5 数据库 supermarket 的文件存储结构

```
[table_options]
[partition_options]
```

其中:

(1) tbl_name:要定义的表名。

(2) TEMPORARY:创建临时表,临时表只在当前会话中可见,当前会话关闭时自动删除。

(3) create_definition:设置表的结构。

(4) table_options:设置表的属性。

(5) partition_options:分区选项。

例 3-5～例 3-9 展示了使用 create_definition 选项,较为简单地创建一个校园超市数据库各数据表的较完整的 SQL 语句。为便于查询,设每个学生购买某种商品最多一次。该数据库的应用情景假定校园超市的主要顾客是学生,其会员用户也假定为学生。该数据库包含学生表、商品表、销售表、商品种类和供应商表。本章后续例子也是基于这些数据表。

【例 3-5】 校园超市的顾客群体主要是学生,如下 SQL 代码实现了学生表的建立,字段含义依次是学号、姓名、出生年份、性别、学校、专业、微信号。

```
CREATE TABLE Student(
    SNO varchar(20) primary key,
```

```
    SName varchar(20),
    BirthYear int,
    Ssex varchar(2),
    College varchar(100),
    Major varchar(100),
    WeiXin varchar(100) unique
)
```

【例 3-6】 校园超市的商品表,字段含义依次是商品编号、供应商编号、商品种类编号、商品名、商品进价、售价、库存量、生产日期、保质期(月)。

```
CREATE TABLE Goods(
    GoodsNO varchar(20) primary key,
    SupplierNO varchar(20),
    CategoryNO varchar(20),
    GoodsName varchar(100),
    InPrice decimal(18,2),
    SalePrice decimal(18,2),
    Number int,
    ProductTime datetime,
    QGPeriod int,
    foreign key (CategoryNO) references Category (CategoryNO) on update cascade on delete cascade,
    foreign key (SupplierNO) references Supplier (SupplierNO) on update cascade on delete cascade
)
```

【例 3-7】 校园超市的商品种类表,字段含义依次是商品种类编号、商品名、商品描述。

```
CREATE TABLE Category(
    CategoryNO varchar(20) primary key,
    CategoryName varchar(100),
    Description varchar(500)
)
```

【例 3-8】 校园超市的供应商表,字段含义依次是供应商编号、供应商名、供应商地址、联系电话。

```
CREATE TABLE Supplier(
    SupplierNO varchar(20) primary key,
    SupplierName varchar(100),
    Address varchar(200),
    Telephone varchar(20)
)
```

【例 3-9】 校园超市的销售表,字段含义依次是商品编码、学号、销售时间、销售数量。

```
CREATE TABLE SaleBill(
    GoodsNO varchar(20),
    SNO varchar(20),
    HappenTime datetime,
    Number int,
    primary key(GoodsNO, SNO),
    foreign key(GoodsNO) references Goods (GoodsNO) on update cascade on delete cascade,
    foreign key(SNO) references Student(SNO) on update cascade on delete cascade
)
```

例 3-5 与例 3-6 代码中的 primary key 和 foreign key 为约束,为该列数据需满足的条件。其中 primary key 表示主键约束,foreign key 表示外键约束。primary key 写在了列 GoodsNO 的定义中,属于列级约束,表示该列需满足的条件;foreign key 写在了表定义中,属于表级约束,表示表需满足的条件。约束的详细内容和使用,见本节列的属性定义以及下一节约束的定义部分。

2. 数据类型

在定义表结构时,需要指明每个列的数据类型。每种数据库产品支持的数据类型并不相同,与标准 SQL 也存在差异。

数据的类型决定了数据表中存储数据的存储空间和对这些数据能进行的运算,存储空间决定了数据的存储范围和精度。

MySQL 定义了丰富的基本数据类型,包括字符数据类型、日期时间数据类型、数值数据类型等。

(1) 字符数据类型。

字符数据类型用于存储汉字、英文字母、数字符号和其他各种符号。MySQL 中的字符数据类型如表 3-2 所示。

表 3-2　MySQL 中的字符数据类型

数 据 类 型	大　　小	含　　义
char	0～255B	定长字符串
varchar	0～65 535B	变长字符串
tinytext	0～255B	变长字符串
text	0～65 535B	变长字符串
mediumtext	0～($2^{24}-1$)	变长字符串
longtext	0～($2^{32}-1$)	变长字符串

char 适合存储较短的字符串,或所有的值都接近同一个长度。使用 char 存储数据时,数据尾部的空格将被去掉。

varchar 用于存储可变长度的字符串。varchar 需要使用额外 1～2B 记录字符串的长度,如果列的最大长度小于或等于 255B,使用 1B;如果列长度大于 255B,使用 2B 表示长度。

四种 TEXT 类型用于存储文本数据,区别主要是数据的长度。

(2) 日期时间数据类型。

日期时间数据类型用于存储日期和时间数据。MySQL 中的日期时间数据类型如表 3-3 所示。

表 3-3　MySQL 中的日期时间数据类型

类　　型	大小/B	范　　围	格　　式	用　　途
date	3	1000-01-01～9999-12-31	YYYY-MM-DD	日期值
time	3	'-838:59:59'～'838:59:59'	HH:MM:SS	时间值
year	1	1901～2155	YYYY	年份
datetime	8	1000-01-01-00:00:00～9999-12-31-23:59:59	YYYY-MM-DD HH:MM:SS	日期+时间

续表

类　型	大小/B	范　　围	格　　式	用　　途
timestamp	4	1970-01-01-00:00:00.000000UTC～2038-1-19-03:14:07.999999UTC	YYYY-MM-DD　HH:MM:SS	时间戳（带时区的日期时间）

（3）数值数据类型。

数值数据类型用于存储数值型数据，MySQL 中的数值数据类型如表 3-4 所示。

表 3-4　MySQL 中的数值数据类型

类　型	大　　小	范围（有符号）	范围（无符号）	用途
tinyint	1B	(−128,127)	(0,255)	小整数
smallint	2B	(−32 768,32 767)	(0,65 535)	大整数
mediumint	3B	(−8 388 608,8 388 607)	(0,16 777 215)	大整数
int/integer	4B	(−2 147 483 648,2 147 483 647)	(0,4 294 967 295)	大整数
bigint	8B	(−9 223 372 036 854 775 808,9 223 372 036 854 775 807)	(0,18 446 744 073 709 551 615)	极大整数
float	4B	(−3.402 823 466E+38,−1.175 494 351E−38),0,(1.175 494 351E−38,3.402 823 466 351E+38)	0,(1.175 494 351E−38,3.402 823 466E+38)	单精度,浮点数
double	8B	(−1.797 693 134 862 315 7E+308,−2.225 073 858 507 201 4E−308),0,(2.225 073 858 507 201 4E−308,1.797 693 134 862 315 7E+308)	0,(2.225 073 858 507 201 4E−308,1.797 693 134 862 315 7E+308)	双精度,浮点数
decimal (M,D)	如果 M>D,则为 M+2,否则为 D+2	依赖于 M 和 D 的值	依赖于 M 和 D 的值	小数,定点数

（4）二进制数据。

二进制数据包括 xxxblob 和 xxxbinary。

xxxblob 用于存储二进制大对象，与 text 相似，包括 tinyblob、blob、mediumblob 和 longblob。

xxxbinary 包括 binary 和 varbinary 类型，类似于 char 和 varchar 类型，不同的是，它们存储的不是字符、字符串，而是二进制串。

（5）枚举。

enum 表示枚举数据类型。

它的范围要在创建表时显式指定，1～255 的枚举需要 1B 存储，256～65 535 的枚举需要 2B 存储。

例如，性别 enum('m','f')，定义了一个枚举数据列性别，允许的取值为 'm'（男）或 'f'（女）。

一个枚举类型数据最多可以有 65 535 个枚举项。

（6）集合。

set（集合）和 enum 类型非常类似，也是一个字符串对象，里面包含 0～64 个成员。

set 和 enum 最主要的区别在于 set 类型一次可以选择多个成员，而 enum 则只能选择一个。

例如，hobby set('读书','听音乐','打球','游泳')定义了一个集合数据列爱好，其允许的取值为'读书'、'听音乐'、'打球'、'游泳'中一个或某几个的组合。

一个集合类型数据最多包含 64 个元素值，占用空间 8B。

3. 列的参数定义

定义列时，除了指明列的列名及数据类型之外，还有一些属性可以设置。

列的属性定义格式如下：

```
col_name type [VISIBLE | INVISIBLE] [NOT NULL | NULL] [DEFAULT default_value] [AUTO_INCREMENT]
[UNIQUE [KEY] | [PRIMARY] KEY] [COMMENT 'string']
```

其中：

（1）col_name：列名。

（2）type：数据类型。

（3）VISIBLE|INVISIBLE：指定该列是否可见。默认为 VISIBLE，一张表至少有一个可见列。

（4）NOT NULL|NULL：指定该列是否允许为空。如果既不指定 NULL 也不指定 NOT NULL，列默认指定 NULL。

（5）DEFAULT default_value：为列指定默认值。如果没有为列指定默认值，则 MySQL 会自动分配一个。如果列可以取 NULL 作为值，则默认值是 NULL。

（6）AUTO_INCREMENT：设置该列为自增列，只有整型数值列才能设置此属性。AUTO_INCREMENT 的顺序从 1 开始，依次递增。每个表只能有一个 AUTO_INCREMENT 列，并且它必须被索引。

（7）UNIQUE：唯一。要求该列所有的值必须互不相同。可以是列级约束，用于约束单列；也可以是表级约束，表示多列复合约束。

（8）KEY：即 INDEX。

（9）PRIMARY KEY：主键，是一个唯一 KEY，一张表只能有一个。可以在列级定义，也可以在表级定义。

（10）COMMENT：列的备注，最多 1024 个字符。可以通过 SHOW CREATE TABLE 和 SHOW FULL COLUMNS 语句显示。

4. 表的参数定义

表的属性定义格式如下：

```
{ENGINE|TYPE} = engine_name
| AUTO_INCREMENT = value
| AVG_ROW_LENGTH = value
| [DEFAULT] CHARACTER SET charset_name [COLLATE collation_name]
| CHECKSUM = {0 | 1}
| COMMENT = 'string'
| CONNECTION = 'connect_string'
| MAX_ROWS = value
```

```
| MIN_ROWS = value
| PACK_KEYS = {0 | 1 | DEFAULT}
| PASSWORD = 'string'
| DELAY_KEY_WRITE = {0 | 1}
| ROW_FORMAT = {DEFAULT|DYNAMIC|FIXED|COMPRESSED|REDUNDANT|COMPACT}
| UNION = (tbl_name[,tbl_name]…)
| INSERT_METHOD = { NO | FIRST | LAST }
| DATA DIRECTORY = 'absolute path to directory'
| INDEX DIRECTORY = 'absolute path to directory'
```

其中：

（1）ENGINE 和 TYPE：用于为表指定存储引擎。

MySQL 的存储引擎如表 3-5 所示。

表 3-5 MySQL 的存储引擎

存 储 引 擎	说　明
ARCHIVE	档案存储引擎，适用于大量历史数据的存储和查询
BDB	带页面锁定的事务安全表，也称为 BerkeleyDB
CSV	值之间用逗号隔开的表
EXAMPLE	示例引擎
FEDERATED	可以访问远程表的存储引擎
InnoDB	带行锁定和外键的事务安全表。MySQL 默认的最常用的存储引擎
MEMORY/HEAP	表中的数据存储在内存中
MERGE	MyISAM 表的集合，作为一个表使用；也称为 MRG_MyISAM
MyISAM	二进制轻便式存储引擎，此引擎是 MySQL 所用的默认存储引擎
NDBCLUSTER	成簇表、容错表以存储器为基础的表，也称为 NDB

（2）AUTO_INCREMENT：用于设置具有 AUTO_INCREMENT 属性列的初始值。

（3）AVG_ROW_LENGTH：表中平均每行的字节数。

（4）[DEFAULT] CHARACTER SET：用于为表指定一个默认字符集。

（5）COLLATE：用于为表指定一个默认排序规则。

（6）CHECKSUM：如果该项设置为 1，则表示 MySQL 随时对表的所有行进行实时检验求和（也就是，表变更后，MySQL 自动更新检验求和）。

（7）COMMENT：表的注释，最长 60 个字符。

（8）CONNECTION：用于访问 FEDERATED 表的连接字符串。

（9）MAX_ROWS：准备存储在表中的行数的最大值。

（10）MIN_ROWS：准备存储在表中的行数的最小值。

（11）PACK_KEYS：压缩索引。如果希望索引更小，则此选项设置为 1。

（12）PASSWORD：本选项不再有效。

（13）DELAY_KEY_WRITE：如果想要延迟对关键字的更新，等到表关闭后再更新，则把此项设置为 1（仅限于 MyISAM）。

（14）ROW_FORMAT：定义各行应如何存储。

（15）UNION：当想要把一组相同的表当作一个表使用时，采用 UNION。UNION 仅适用于 MERGE 表。

（16）INSERT_METHOD：如果要在 MERGE 表中插入数据，则必须用 INSERT_

METHOD 指定应插入行的表。INSERT_METHOD 选项仅用于 MERGE 表。

（17）DATA DIRECTORY，INDEX DIRECTORY：通过使用 DATA DIRECTORY＝
'directory'或 INDEX DIRECTORY＝'directory'来指定存储引擎放置表格数据文件和索引
文件的绝对路径。

5．表的分区

MySQL 的数据表是存放在磁盘上的一个文件，如果一张表的数据量太大，则查找数据
就会变得很慢。

可以利用分区功能，在物理上将这一张表对应的数据文件分割成许多个小块，这样在查
找一条数据时，不用全部查找，只要知道这条数据在哪一块，就在那一块查找。

表分区是指根据一定规则，将数据库中的一张表分解成多个更小的容易管理的部分。
从逻辑上看，只有一张表，但是底层却由多个物理分区组成。

如果表含有主键，则分区列必须包含在主键中。

下面详细讲解分区的使用。

（1）创建 RANGE 分区。

RANGE 分区是根据分区键值的范围，将数据行存储到表的不同分区中，多个分区的范
围要连续，但不能重叠。

【例 3-10】

```
create table test(
a int primary key,
b int
)engine = InnoDB default charset = utf8
partition by range(a)(
    partition p0 values less than (10),
    partition p1 values less than (20),
    partition p2 values less than (30),
    partition p3 values less than MAXVALUE
);
```

说明：创建 test 表，具有 a、b 两列，并按列 a 的值建立分区，a＜10 的数据放入 p0 分区；
10≤a＜20 的数据放入 p1 分区；20≤a＜30 的数据放入 p2 分区；30≤a 的数据放入 p3
分区。

（2）创建 LIST 分区。

类似于 RANGE 分区，区别在于 LIST 分区是匹配一个离散值集合中的某个值来进行
选择。

【例 3-11】

```
create table test2(
    a int,
    b int
)
partition by list(a)(
    partition p0 values in (1,3,5,7,9),
    partition p1 values in (2,4,6,8,10)
);
```

说明：创建 test2 表，具有 a、b 两列，并按列 a 的值建立分区，a 是 10 以内的奇数的数据

行放入 p0 分区；a 是 10 以内的偶数的数据行放入 p1 分区。

（3）创建 Hash 分区。

Hash 分区主要用于确保数据在预先确定数目的分区中平均分布，Hash 函数括号内只能是整数列或返回确定整数的函数。

【例 3-12】

```
create table test2(
    a int,
    b int
)
partition by hash(a)
partitions 4;                    /*分区的数量*/
```

说明：示例代码中的最后一行的 4，表示分区的数量，如果没有 partitions 子句，那么分区的数量将默认为 1。

Hash 分区也存在与传统 Hash 分表一样的问题，可扩展性差。MySQL 也提供了一个类似于一致 Hash 的分区方法——线性 Hash 分区，只需要在定义分区时添加 linear 关键字。

【例 3-13】

```
create table test3(
    a int,
    b int
)
partition by linear hash(a)
partitions 4;
```

线性哈希与常规哈希的区别在于，线性哈希使用的一个线性的 2 的幂（powers-of-two）运算法则，而常规哈希使用的是求哈希函数值的模数。

（4）创建 Key 分区。

Key 分区与 Hash 分区很相似，只是 hash 函数不同，定义时把 Hash 关键字替换成 Key 即可，同样 Key 分区也有线性 Key 分区。

【例 3-14】

```
create table test4(
    a int,
    b int
)
partition by key(a)
partitions 4;
```

当表存在主键或唯一索引时可省略 key 函数括号内的列名，MySQL 将按照主键——唯一索引的顺序查找，当找不到唯一索引时会报错。

6. 表的复制

1）复制表结构

使用 CREATE TABLE…LIKE，可以根据一个表的定义创建一个空表，包括原始表中定义的任何列属性和索引，格式如下：

```
CREATE TABLE newtblname LIKE oldtblname;
```

使用 LIKE 时注意以下几点：

（1）仅适用于基本表，不适用于视图。

（2）目标表保留原始表中生成的列信息。

（3）目标表保留原始表中的表达式默认值。

（4）目标表保留原始表的检查约束，除了生成所有约束名称。

（5）不保留原始表的任何外键。

【例 3-15】 复制一张名为 Goods_temp、与 Goods 表具有相同的结构但不包含数据的空表。

```
CREATE TABLE Goods_temp LIKE Goods
```

表 Goods_temp 与表 Goods 的对比如图 3-6～图 3-13 所示。

字段	索引	外键	触发器	选项	注释	SQL 预览				
名			类型	长度	小数点	不是 null	虚拟	键	注释	
GoodsNO			varchar	20		☑	☐	🔑1		
SupplierNO			varchar	20		☐	☐			
CategoryNO			varchar	20		☐	☐			
GoodsName			varchar	100		☐	☐			
InPrice			decimal	18	2	☐	☐			
SalePrice			decimal	18	2	☐	☐			
Number			int			☐	☐			
ProductTime			datetime			☐	☐			
QGPeriod			int			☐	☐			

图 3-6　Goods_temp 表的结构

字段	索引	外键	触发器	选项	注释	SQL 预览				
名			类型	长度	小数点	不是 null	虚拟	键	注释	
GoodsNO			varchar	20		☑	☐	🔑1		
SupplierNO			varchar	20		☐	☐			
CategoryNO			varchar	20		☐	☐			
GoodsName			varchar	100		☐	☐			
InPrice			decimal	18	2	☐	☐			
SalePrice			decimal	18	2	☐	☐			
Number			int			☐	☐			
ProductTime			datetime			☐	☐			
QGPeriod			int			☐	☐			

图 3-7　Goods 表的结构

字段	索引	外键	触发器	选项	注释	SQL 预览			
名			字段			索引类型	索引方法	注释	
SupplierNO			`SupplierNO`			NORMAL	BTREE		
CategoryNO			`CategoryNO`			NORMAL	BTREE		

图 3-8　Goods_temp 表的索引

字段	索引	外键	触发器	选项	注释	SQL 预览			
名			字段			索引类型	索引方法	注释	
SupplierNO			`SupplierNO`			NORMAL	BTREE		
CategoryNO			`CategoryNO`			NORMAL	BTREE		

图 3-9　Goods 表的索引

字段	索引	外键	触发器	选项	注释	SQL 预览			
名		字段		被引用的模式		被引用的表（父）	被引用的字段	删除时	更新时

图 3-10　Goods_temp 表的外键

字段	索引	外键	触发器	选项	注释	SQL 预览			
名		字段		被引用的模式		被引用的表（父）	被引用的字段	删除时	更新时
goods_ibfk_1		SupplierNO		supermarket		supplier	SupplierNO	CASCADE	CASCADE
goods_ibfk_2		CategoryNO		supermarket		category	CategoryNO	CASCADE	CASCADE

图 3-11　Goods 表的外键

GoodsNO	SupplierNO	CategoryNO	GoodsName	InPrice	SalePrice	Number	ProductTime	QGPeriod
	(N/A)	(N/A)	(N/A)	(N/A)	(N/A)	(N/A)	(N/A)	(N/A)

图 3-12　Goods_temp 表的数据

GoodsNO	SupplierNO	CategoryNO	GoodsName	InPrice	SalePrice	Number	ProductTime	QGPeriod
GN001	Sup001	CN001	麦士威尔冰咖啡	5.79	7.8	20	2021-02-08 00:00:00	18
GN002	Sup002	CN001	捷荣三合一咖啡	12.3	17.3	15	2022-10-08 00:00:00	18
GN003	Sup002	CN001	力神咖啡	1.81	2.7	30	2023-05-06 00:00:00	18
GN004	Sup001	CN001	麦士威尔小三合一咖啡	8.12	10.8	20	2022-05-06 00:00:00	18
GN005	Sup003	CN001	雀巢香滑咖啡饮料	1.99	2.7	3	2023-01-01 00:00:00	18
GN006	Sup003	CN001	雀巢听装咖啡	84.21	113.7	6	2023-05-06 00:00:00	18
GN007	Sup004	CN002	夏士莲丝质柔顺洗发水	25.85	35.7	30	2023-03-08 00:00:00	36
GN008	Sup005	CN002	飞逸清新爽洁洗发水	20.47	30	50	2023-03-09 00:00:00	36
GN009	Sup005	CN002	力士柔亮洗发水(中/干)	22.65	32.3	20	2022-12-08 00:00:00	36
GN010	Sup005	CN002	风影去屑洗发水	22.98	34.2	6	2022-10-07 00:00:00	36
GN011	Sup006	CN005	小绵羊被卷	120	150	28	2022-11-22 00:00:00	60
GN012	Sup006	CN005	小绵羊枕头	60	100	50	2023-05-20 00:00:00	60
GN013	Sup006	CN005	小绵羊床单	50	130	45	2022-05-20 00:00:00	60
GN014	Sup009	CN005	棉麻大豆空调被	30	120	45	2022-11-20 00:00:00	24
GN015	Sup009	CN005	纯手工蚕丝被	100	580	100	2023-05-13 00:00:00	24

图 3-13　Goods 表的数据

由上述几幅图可知：

（1）Goods_temp 表复制了 Goods 表的结构、索引及约束。

（2）Goods_temp 表没有复制 Goods 表的外键。

（3）Goods_temp 表没有复制 Goods 表中的数据。

2）复制表的数据

如果需要复制原始表的数据，则可使用 AS SELECT 或者 AS TABLE tablename 来实现，格式如下：

```
CREATE TABLE new newtblname tbl AS SELECT * FROM oldtblname _tbl;
```

或者

```
CREATE TABLE new newtblname tbl AS TABLE oldtblname _tbl;
```

【例 3-16】　复制表 Student 中所有的数据到 Stu_temp 表。

```
CREATE TABLE Stu_temp AS TABLE Student
```

结果如图 3-14 所示。

SNO	SName	BirthYear	Ssex	College	Major	WeiXin
S01	李明	2005	男	CS	IT	wx001
S02	徐好	2004	女	CS	MIS	wx002
S03	伍民	2002	男	CS	MIS	wx003
S04	闵红	2003	女	ACC	AC	wx004
S05	张小红	2003	女	ACC	AC	wx005
S06	张舒	2005	男	CS	MIS	wx006
S07	王民为	2003	男	CS	MIS	wx007
S08	李士任	2005	男	ACC	AC	wx008

图 3-14　Stu_temp 表中的数据

【例 3-17】　复制表 Student 中的部分数据到 Stu_temp2 表。

CREATE TABLE Stu_temp2 AS SELECT Sno,Sname,Ssex FROM Student WHERE Ssex = '男'

说明：将 Student 表中的男生的学号、姓名和性别复制到 Stu_temp 中。

结果如图 3-15 所示。

Sno	Sname	Ssex
S01	李明	男
S03	伍民	男
S06	张舒	男
S07	王民为	男
S08	李士任	男

图 3-15　Stu_temp2 表中的数据

关于 SELECT 语句的用法将在后续章节中讲述。

数据复制只是用原始表中的全部或部分数据填充新表，并不会复制表的主键、索引、约束等内容。

7. 表维护

表建好后，可以使用 ALTER TABLE 语句修改表的属性，其基本格式如下：

```
ALTER TABLE <表名>
{ ADD [COLUMN] <列名> <数据类型> [约束条件] [FIRST|AFTER 已存在的列名]
| CHANGE [COLUMN] <旧列名> <新列名> <新列数据类型>
| ALTER [COLUMN] <列名> { SET DEFAULT <默认值> | DROP DEFAULT }
| MODIFY [COLUMN] <列名> <类型>
| DROP [COLUMN] <列名>
| RENAME [TO] <新表名>
|[DEFAULT] CHARACTER SET <字符集名> [DEFAULT] COLLATE <校对规则名>;}
```

3 表维护

【例 3-18】　在"商品种类"表中增加一列，用于存放描述商品大类的数据，例如牙刷属于日用品类。

ALTER TABLE Category ADD COLUMN Cat_CategoryNO varchar(20)

说明：Cat_CategoryNO 列会增加在 Category 表的最后一列。

ALTER TABLE Category ADD COLUMN Cat_CategoryNO varchar(20) FIRST

说明：Cat_CategoryNO 列会增加在 Category 表的第一列。

ALTER TABLE Category ADD COLUMN Cat_CategoryNO varchar(20) AFTER CategoryName

说明：Cat_CategoryNO 列会增加在 CategoryName 列之后。

【例 3-19】 将例 3-17 中新加列的数据类型改为 char(20)。

```
ALTER TABLE Category MODIFY Cat_CategoryNO char(20)
```

【例 3-20】 将 Category 表中 Cat_CategoryNO 列改名为 C_CatNO。

```
ALTER TABLE Category CHANGE Cat_CategoryNO C_CatNO char(20)
```

说明：如果数据类型不变，则将原列的数据类型写到 CHANGE 子句的新列数据类型；如果需要修改数据类型，则在新列数据类型处写入新的数据类型。

【例 3-21】 将 Category 表中的 C_CatNO 列删除。

```
ALTER TABLE Category DROP C_CatNO
```

【例 3-22】 将表 Category 的表名改为 Categ。

```
ALTER TABLE Category RENAME TO Categ
```

【例 3-23】 修改表 Categ 的字符集。

```
ALTER TABLE Categ CHARACTER SET gb2312 COLLATE gb2312_chinese_ci
```

8. 删除表

格式如下：

```
DROP TABLE [IF EXISTS] tablename1,tablename2,tablename3, …
```

【例 3-24】 假设当前数据库有表 test1，使用 DROP TABLE 语句删除该表，语句如下：

```
DROP TABLE test1
```

3.2.3 完整性定义及维护

数据库完整性是指数据的正确性与相容性。前者要求数据符合现实语义、反映实际情况，后者要求在不同的关系中的相关数据符合逻辑。

约束(Constraint)是强制加在表上的一些规定，作用就是为了保证数据的完整性。

1. 约束的种类

MySQL 中的约束分为以下几类。

(1) PRIMARY KEY：主键(非空且唯一)约束。

(2) UNIQUE：唯一键约束，规定某列数据不能重复。

(3) FOREIGN KEY：外键约束。

(4) NOT NULL：非空约束，规定某列数据不能为空。

(5) CHECK：检查约束(MySQL 8.0 之后才支持)。

(6) DEFAULT：默认值约束。

(7) AUTO_INCREMENT：自增，是键约束字段的一个额外属性。

其中，主键约束对应实体完整性，外键约束对应参照完整性，其余约束对应用户自定义完整性。

2. 建表时定义约束

下面以一个例子来说明建表时各种约束的添加方法。

【例 3-25】 创建 Goods_Examp 表，注意各种约束的写法。

```
CREATE TABLE Goods_Examp (
    GoodsNO char(6),
    Assisted_Id int UNIQUE AUTO_INCREMENT,
    SupplierNO char(6),
    CategoryNO char(5),
    GoodsName varchar(50),
    InPrice float NOT NULL DEFAULT 20,
    SalePrice float CHECK(SalePrice < 20 AND SalePrice > 10),
    Number int,
    ProductTime datetime,
    QGPeriod int,
    PRIMARY KEY(GoodsNO),
    foreign key (SupplierNO) references Supplier (SupplierNO) on update cascade on delete
cascade,
    foreign key (CategoryNO) references Category (CategoryNO) on update cascade on delete
cascade,
    UNIQUE(GoodsName, Number),
    CONSTRAINT chk_1 CHECK(QGPeriod IS NOT NULL AND QGPeriod > = 0)
)
```

可以为约束定义约束名,如果约束名省略,则系统会自动命名约束。上述创建 Goods_ Examp 表代码的最后一个 CHECK 约束,就是利用了 CONSTRAINT 关键字定义了 CHECK 约束的约束名为 chk_1。

3. 向已有表增加约束

向已有表增加约束的基本语法格式如下:

```
ALTER TABLE table_name addexpression
```

其中,addexpression 是增加约束的具体内容,参考写法见以下例子。

【例 3-26】 对 Goods 表的 InPrice 列增加非空约束。

```
ALTER TABLE Goods MODIFY InPrice float NOT NULL
```

【例 3-27】 对 Goods 表的 InPrice 列增加 DEFAULT 约束。

```
ALTER TABLE Goods MODIFY InPrice float DEFAULT 20
```

注意,上述代码会清除 InPrice 列的所有其他约束,然后增加默认值 20 的约束。

如果 InPrice 列需同时具有非空和默认值约束,可参考例 3-27 的写法。

【例 3-28】 对 Goods 表的 InPrice 列增加 DEFAULT 约束。

```
ALTER TABLE Goods ALTER InPrice SET DEFAULT 20
```

【例 3-29】 对 Goods 表的 InPrice 列增加 UNIQUE 约束。

```
ALTER TABLE Goods_Examp2 ADD UNIQUE(InPrice)
```

【例 3-30】 对 Goods 表的 SupplierNO 列增加外键约束。

```
ALTER TABLE Goods ADD CONSTRAINT fk_Goods_Supplier FOREIGN KEY(SupplierNO) REFERENCES Supplier
(SupplierNO) on update cascade on delete cascade
```

【例 3-31】 对 Goods 表的 GoodsName、Number 列增加 UNIQUE 约束。

```
ALTER TABLE Goods ADD CONSTRAINT Unq_gname_gnum UNIQUE(GoodsName, Number)
```

【例 3-32】 对 Goods 表增加 CHECK 约束。

```
ALTER TABLE Goods ADD CONSTRAINT chk_2 CHECK(QGPeriod IS NOT NULL AND QGPeriod>=0)
```

【例 3-33】 对 Goods 表的 SalePrice 列增加 AUTO_INCREMENT 属性。

```
ALTER TABLE Goods MODIFY SalePrice float AUTO_INCREMENT
```

4. 删除约束

删除约束的基本语法格式如下:

```
ALTER TABLE table_name deleteexpression
```

其中,deleteexpression 为删除约束的具体内容,参考写法见以下例子。

【例 3-34】 删除 Goods 表的主键约束。

```
ALTER TABLE Goods DROP PRIMARY KEY
```

【例 3-35】 删除 Goods 表的外键约束。

```
ALTER TABLE Goods DROP FOREIGN KEY fk_Goods_Supplier
```

其中,fk_Goods_Supplier 为外键约束的名字。

【例 3-36】 删除 Goods 表 GoodsName、Number 列上的 UNIQUE 约束。

```
ALTER TABLE Goods DROP INDEX Unq_gname_gnum
```

其中,Unq_gname_gnum 为约束(索引)的名字。

【例 3-37】 删除 Goods 表 InPrice 列上的 NOT NULL 和 DEFAULT 约束。

```
ALTER TABLE Goods MODIFY InPrice float
```

使用 MODIFY 也可以去掉 AUTO_INCREMENT 属性。

【例 3-38】 删除 Goods 表上的 CHECK 约束 chk_2。

```
ALTER TABLE Goods DROP CHECK chk_2
```

说明:使用 SHOW CREATE TABLE 表名;命令可以查看表的结构及约束。

3.2.4 索引定义及维护

通常在数据库中会存储大量的数据,索引是提高查询速度的重要手段。在 MySQL 中,索引是帮助其高效获取数据的数据及数据结构。

索引与图书目录类似,查找书本内容,可以在目录中直接查看该内容在书本中的页数,直接跳到该页即可,而不需要查阅整本书。

索引是一个单独的、存储在磁盘上的数据结构,里面按照特定的顺序(一般采用 B+树结构)记录了数据字段和实际数据存储位置,使用索引可以快速找出数据。

所有 MySQL 列类型都可以被索引,对相关列使用索引是提高查询速度的最佳途径。

如果对 Student 表建立 Sno 列上的索引,属性 Sno 就是索引关键字,其后存储的是该 Sno 值对应元组的存储地址,如图 3-16 所示,箭头表示指针。

索引虽然会加快查询速度,但索引表本身会占用用户数据库空间,在对数据进行插入、更新、删除时,维护索引也会增加时间成本。因此,是否建立索引需要综合考虑。

1. 索引的分类及使用

索引可分为聚簇索引、主键索引、唯一索引、普通索引、全文索引等。

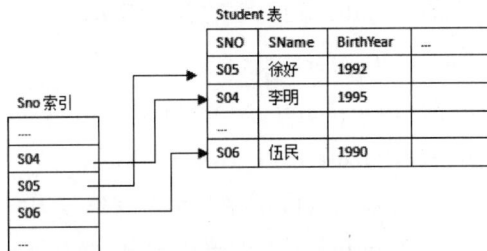

图 3-16　索引表与数据对应关系示意

1）聚簇索引

使用聚簇索引,数据的物理存放顺序与索引顺序是一致的,索引的顺序就是数据存放的顺序,数据库会将数据表中的数据按照索引关键字的顺序在磁盘上重新存储,所以,一张表只能有一个聚簇索引。

聚簇索引的查询速度会高于其余索引。

在 MySQL 中,聚簇索引不用创建,如果表有主键,那么主键就是聚簇索引;如果表没有设置主键,则会选择表中的一个唯一且非空的索引来作为聚簇索引;如果表中上述都没有,就会自动创建隐式主键来作为聚簇索引。

2）主键索引

当某一列被指定为主键后,这一列就会默认增加主键索引,也就是说,给一个列增加主键属性就是增加主键索引。

主键索引的创建与删除与主键约束的创建与删除类似。

3）唯一索引

唯一索引类似于普通索引,不同的是要求索引列的值必须是唯一的,但允许空值。如果是复合索引,则列值的组合必须是唯一的。

如果列上存在重复数据,则创建唯一索引会报错。

创建唯一索引的基本语法格式如下:

`CREATE UNIQUE INDEX 索引名称 ON 表名(字段 1 [ASC|DESC],字段 2 [ASC|DESC]…)`

其中,ASC 表示升序,DESC 表示降序,默认为升序。

MySQL 8.0 之前的版本不支持降序索引。

【例 3-39】　在 Goods 表的 GoodsName 列上创建唯一索引。

`CREATE UNIQUE INDEX idx_GoodsName on Goods(GoodsName)`

其中,idx_GoodsName 是唯一索引的名字。

【例 3-40】　删除 Goods 表上的唯一索引 idx_GoodsName。

`DROP INDEX idx_GoodsName ON Goods`

4）普通索引

MySQL 中的基本索引类型,没有限制,允许在定义索引的列中插入重复值和空值,目的只是进行更快的数据查询。

创建普通索引的基本语法格式如下:

`CREATE INDEX 索引名称 ON 表名(字段 1 [ASC|DESC],字段 2 [ASC|DESC]…)`

【例 3-41】 在 Goods 表的 Number 列上创建普通索引。

```
CREATE INDEX idx_Number ON Goods(Number)
```

【例 3-42】 在 Goods 表的 GoodsName、Number、SalePrice 列上创建多列复合索引。

```
CREATE INDEX idx_multi ON Goods(GoodsName,Number,SalePrice)
```

对于多列复合索引,只有当查询的 where 子句中包含第一列时,索引才会启用。

【例 3-43】 删除 Goods 表 Number 列上的普通索引 idx_Number。

```
DROP INDEX idx_Number ON Goods
```

5) 全文索引

全文索引用于查找文本中的关键词,它更像是一个基于相似度查询的搜索引擎,只能为 char、varchar 和 text 列创建全文索引。

全文索引比较适合于大型数据集。全文索引需配合 match against 使用。

2. 建立索引的注意事项

(1) 主键所在的数据列一定要建立索引。

(2) 包含外键的数据列一点要建立索引。

(3) 经常查询的数据列建立索引。

(4) 需要为在指定范围内进行频繁查询的数据列建立索引。

(5) 为经常使用 where 子句进行查询的数据列建立索引。

(6) 经常出现在 ORDER BY、GROUP BY、DISTINCT 后面的字段,建立索引。

(7) 查询中很少涉及的列、重复值比较多的列不要建立索引。

(8) 经常存取的列不要建立索引。

(9) 不要在列上使用函数和进行运算,否则会引起索引失效。

(10) 尽量避免使用 or 来连接条件,会导致索引失效。

(11) in 使用索引,not in 使索引失效。

(12) 尽量使用复合索引。

(13) is NULL、is not NULL 有时会使索引失效。

(14) 全值匹配查询,索引生效,执行效率高。

注: MySQL 对关键字的大小写不敏感,因此用大写或小写均可。

3.3 数据查询

将数据表中满足条件的数据提取出来,称为数据查询。

数据查询是数据库中使用最多的操作,MySQL 中使用 SELECT 语句进行数据查询,其一般格式如下:

```
SELECT [ALL | DISTINCT | DISTINCTROW] select_expr[, select_expr]…
[into_option] FROM table_references [PARTITION partition_list]
[WHERE where_condition]
[GROUP BY col_name | expr] [HAVING where_condition]
[WINDOW window_name…]
[ORDER BY col_name | expr [ASC | DESC]]
LIMIT
```

其中：

SELECT 子句：查询行。

FROM 子句：指定数据来源，可以是表、视图等。

WHERE 子句：用于筛选满足条件的元组。

GROUP BY 子句：将查询结果进行分组。

HAVING 子句：用于在分组中筛选满足条件的组进行显示。

ORDER BY 子句：对查询结果排序。

LIMIT 子句：对结果进行分页。

WINDOW 子句：窗口语句。

本节的查询均基于 3.2.2 节定义的校园超市数据库。

各表的示例数据如图 3-17～图 3-21 所示，各表字段含义见 3.2.2 节的数据表定义。

GoodsNO	SupplierNO	CategoryNO	GoodsName	InPrice	SalePrice	Number	ProductTime	QGPeriod
GN001	Sup001	CN001	麦士威尔冰咖啡	5.79	7.8	20	2021-02-08 00:00:00	18
GN002	Sup002	CN001	捷荣三合一咖啡	12.3	17.3	15	2022-10-08 00:00:00	18
GN003	Sup002	CN001	力神咖啡	1.81	2.7	30	2023-05-06 00:00:00	18
GN004	Sup001	CN001	麦士威尔小三合一	8.12	10.8	20	2022-05-06 00:00:00	18
GN005	Sup003	CN001	雀巢香滑咖啡饮料	1.99	2.7	3	2023-01-01 00:00:00	18
GN006	Sup003	CN001	雀巢听装咖啡	84.21	113.7	6	2023-05-06 00:00:00	18
GN007	Sup004	CN002	夏士莲丝质柔顺洗发	25.85	35.7	30	2023-03-08 00:00:00	36
GN008	Sup005	CN002	飞逸清新爽洁洗发水	20.47	30	50	2023-03-09 00:00:00	36
GN009	Sup005	CN002	力士柔亮洗发水(中)	22.65	32.3	20	2022-12-08 00:00:00	36
GN010	Sup005	CN002	风影去屑洗发水	22.98	34.2	6	2022-10-07 00:00:00	36
GN011	Sup006	CN005	小绵羊被卷	120	150	28	2022-11-22 00:00:00	60
GN012	Sup006	CN005	小绵羊枕头	60	100	50	2023-05-20 00:00:00	60
GN013	Sup006	CN005	小绵羊床单	50	130	45	2022-05-20 00:00:00	60
GN014	Sup009	CN005	棉麻大豆空调被	30	120	45	2022-11-20 00:00:00	24
GN015	Sup009	CN005	纯手工蚕丝被	100	580	100	2023-05-13 00:00:00	24

图 3-17　Goods 表数据

SNO	SName	BirthYear	Ssex	College	Major	WeiXin
S01	李明	2005	男	CS	IT	wx001
S02	徐好	2004	女	CS	MIS	wx002
S03	伍民	2002	男	CS	MIS	wx003
S04	闵红	2003	女	ACC	AC	wx004
S05	张小红	2003	女	ACC	AC	wx005
S06	张舒	2005	男	CS	MIS	wx006
S07	王民为	2003	男	CS	MIS	wx007
S08	李士任	2005	男	ACC	AC	wx008

图 3-18　Student 表数据

CategoryNO	CategoryName	Description
CN001	咖啡	速溶咖啡，罐装咖啡，咖啡粉
CN002	洗发水	袋装、瓶装洗发水
CN003	方便面	袋装、碗装方便面
CN005	床上用品	被套、枕套、床单

图 3-19　Category 表数据

SupplierNO	SupplierName	Address	Telephone
Sup001	卡夫食品(中国)有限公司广州	广东佛山	12348768900
Sup002	东莞市南城久润食品贸易部	广东东莞	13248768901
Sup003	重庆飞鹤食品贸易公司	重庆解放碑	12648768901
Sup004	重庆南山日化品贸易公司	重庆南坪	11648768903
Sup005	重庆媚云日化贸易公司	重庆北碚	19648768903
Sup006	重庆中渝纺织贸易公司	重庆渝北	13948765902
Sup007	重庆洁净日化贸易公司	重庆南坪	13877865502
Sup008	重庆斑布日化贸易公司	重庆渝北	13343465662
Sup009	重庆星星纺织贸易公司	重庆北碚	13448569029

图 3-20　Supplier 表数据

GoodsNO	SNO	HappenTime	Number
GN001	S01	2020-06-09 00:00:00	3
GN001	S02	2021-05-03 00:00:00	1
GN001	S03	2022-04-07 00:00:00	1
GN001	S06	2022-12-27 00:00:00	2
GN002	S02	2020-05-08 00:00:00	2
GN002	S05	2021-06-26 00:00:00	2
GN002	S06	2023-06-26 00:00:00	2
GN003	S01	2020-07-26 00:00:00	3
GN003	S02	2021-06-26 00:00:00	5
GN003	S05	2022-11-26 00:00:00	2
GN003	S06	2022-12-16 00:00:00	2
GN005	S05	2021-06-01 00:00:00	1
GN006	S03	2022-03-12 00:00:00	2
GN007	S01	2022-08-01 00:00:00	1
GN007	s04	2022-11-21 00:00:00	2
GN007	s05	2023-03-01 00:00:00	1
GN008	s02	2022-06-11 00:00:00	1
GN008	S06	2022-11-01 00:00:00	2
GN009	S01	2021-11-15 00:00:00	1
GN009	S02	2022-12-25 00:00:00	1
GN010	S03	2022-10-05 00:00:00	1
GN010	S05	2023-03-05 00:00:00	1
GN011	S07	2022-02-08 00:00:00	1
GN011	S08	2022-12-25 00:00:00	1
GN012	S01	2023-06-05 00:00:00	1
GN012	S02	2022-08-05 00:00:00	1
GN012	S05	2022-10-25 00:00:00	1
GN012	S06	2022-12-12 00:00:00	1
GN013	S01	2021-03-25 00:00:00	1

图 3-21　SaleBill 表数据

3.3.1　单表查询

　　单表查询是指 FROM 子句后面的数据表只有一张的查询,即查询的数据来自于一张表。

1. 选择表中的列

（1）查询指定列。

【例 3-44】　查询全体学生的姓名、学号、专业。

```
SELECT SName,SNO,Major FROM Student
```

查询结果如图 3-22 所示,取出学生表的姓名、学号和专业这三列数据,并按从左到右的顺序排列。

SName	SNO	Major
李明	S01	IT
徐好	S02	MIS
伍民	S03	MIS
闵红	S04	AC
张小红	S05	AC
张舒	S06	MIS
王民为	S07	MIS
李士任	S08	AC

图 3-22 例 3-44 查询结果

【例 3-45】 查询全体学生的详细信息。

SELECT SNO,SName,BirthYear,Ssex,College,Major,WeiXin FROM Student

查询结果如图 3-23 所示。

SNO	SName	BirthYear	Ssex	College	Major	WeiXin
S01	李明	2005	男	CS	IT	wx001
S02	徐好	2004	女	CS	MIS	wx002
S03	伍民	2002	男	CS	MIS	wx003
S04	闵红	2003	女	ACC	AC	wx004
S05	张小红	2003	女	ACC	AC	wx005
S06	张舒	2005	男	CS	MIS	wx006
S07	王民为	2003	男	CS	MIS	wx007
S08	李士任	2005	男	ACC	AC	wx008

图 3-23 例 3-45 查询结果

如果列的显示顺序与表中的列顺序一致,可以用 * 将查询改写如下,查询结果与此前相同。

SELECT * FROM Student

注意,除非需要查询所有列,否则尽量不要使用 * 。

(2) 带表达式的查询。

【例 3-46】 查询全体学生的学号、姓名、年龄。

分析:学生表中有学号、姓名,可以直接取到,但并没有年龄字段,只有出生年份,因此必须通过获取当前时间,然后减去出生年份来得到年龄。

SELECT SNO,SName,YEAR(sysdate()) - BirthYear FROM Student

查询结果如图 3-24 所示。

SNO	SName	YEAR(sysdate())-BirthYear
S01	李明	18
S02	徐好	19
S03	伍民	21
S04	闵红	20
S05	张小红	20
S06	张舒	18
S07	王民为	20
S08	李士任	18

图 3-24 例 3-46 查询结果

函数 sysdate 用于获取当前时间,再用函数 YEAR 提取年份。

在结果中,年龄列的列名显示为表达式,并没有真正的列名,可以使用 AS 子句为其添加列名,AS 也可以省略。

SELECT SNO,SName,YEAR(sysdate()) - BirthYear AS Age FROM Student

或者

SELECT SNO,SName,YEAR(sysdate()) - BirthYear Age FROM Student

查询结果如图 3-25 所示。

SNO	SName	Age
S01	李明	18
S02	徐好	19
S03	伍民	21
S04	闵红	20
S05	张小红	20
S06	张舒	18
S07	王民为	20
S08	李士任	18

图 3-25 添加列名示意

(3) 去掉重复行。

【例 3-47】 查询购买了商品的学生学号。

SELECT SNO FROM SaleBill

查询部分结果如图 3-26 所示,其中包含许多重复的行。如果不希望显示重复行,则可以使用 DISTINCT 关键字去掉结果集中重复的行。可以改写为:

SELECT DISTINCT SNO FROM SaleBill

查询结果如图 3-27 所示。

SNO
S01
S01
S01
S02
S02
S02
s02
S02
S02
S03
S03
S03
S03
s04
S04
S05
S05
S05

SNO
S01
S02
S03
s04
S05
S06
S07
S08

图 3-26 例 3-47 查询结果   图 3-27 去掉重复行之后的查询结果

2. 选择表中的元组

在前面选择列的例子中,都是查询表的全部元组,可以使用 WHERE 子句对元组进行筛选。

WHERE 子句使用查询条件筛选元组,常用查询条件运算符如表 3-6 所示。

表 3-6 常用查询条件运算符

查 询 条 件	谓 词
比较	=,>,<,>=,<=,!=,<>,<=>
确定范围	BETWEEN…AND,NOT BETWEEN…AND
确定集合	IN,NOT IN
字符匹配	LIKE,NOT LIKE
空值	IS NULL,IS NOT NULL
多重条件(逻辑运算)	AND,OR,NOT

(1) 比较查询。

【例 3-48】 查询管理信息系统(MIS)专业的所有学生的详细信息。

SELECT * FROM Student WHERE Major = 'MIS'

查询结果如图 3-28 所示。

SNO	SName	BirthYear	Ssex	College	Major	WeiXin
S02	徐好	2004	女	CS	MIS	wx002
S03	伍民	2002	男	CS	MIS	wx003
S06	张舒	2005	男	CS	MIS	wx006
S07	王民为	2003	男	CS	MIS	wx007

图 3-28 例 3-48 查询结果

【例 3-49】 查询年龄不大于 20 岁的学生名单。

SELECT * FROM Student WHERE (YEAR(SYSDATE()) - BirthYear)<= 20

查询结果如图 3-29 所示。学生的年龄由表达式 YEAR(SYSDATE()) - BirthYear 求出。

SNO	SName	BirthYear	Ssex	College	Major	WeiXin
S01	李明	2005	男	CS	IT	wx001
S02	徐好	2004	女	CS	MIS	wx002
S04	闵红	2003	女	ACC	AC	wx004
S05	张小红	2003	女	ACC	AC	wx005
S06	张舒	2005	男	CS	MIS	wx006
S07	王民为	2003	男	CS	MIS	wx007
S08	李士任	2005	男	ACC	AC	wx008

图 3-29 例 3-49 运行结果

(2) 确定范围。

【例 3-50】 查询现货存量在 3 到 10 之间的商品信息。

SELECT * FROM Goods WHERE Number BETWEEN 3 AND 10

查询结果如图 3-30 所示。

BETWEEN…AND 可以确定取值范围,BETWEEN 后跟范围下限,AND 后跟上限。

GoodsNO	SupplierNO	CategoryNO	GoodsName	InPrice	SalePrice	Number	ProductTime	QGPeriod
GN005	Sup003	CN001	雀巢香滑咖啡饮料	1.99	2.7	3	2023-01-01 00:00:00	18
GN006	Sup003	CN001	雀巢听装咖啡	84.21	113.7	6	2023-05-06 00:00:00	18
GN010	Sup005	CN002	风影去屑洗发水	22.98	34.2	6	2022-10-07 00:00:00	36

图 3-30 例 3-50 运行结果

BETWEEN…AND 包含边界值,Number BETWEEN 3 AND 10 表示 Number $>=3$ and Number $<=10$。

【例 3-51】 查询姓名在"李明"和"闵红"之间的学生信息。

SELECT * FROM Student WHERE SName BETWEEN '李明' AND '闵红'

查询结果如图 3-31 所示。中文字符串按字符拼音字母先后排序,如果拼音第一字母相同,则比较第二字母,以此类推。

SNO	SName	BirthYear	Ssex	College	Major	WeiXin
S01	李明	2005	男	CS	IT	wx001
S04	闵红	2003	女	ACC	AC	wx004
S07	王民为	2003	男	CS	MIS	wx007

图 3-31 例 3-51 运行结果

(3) 确定集合。

【例 3-52】 查询商品编号为 GN001、GN002 的销售信息。

SELECT * FROM SaleBill WHERE GoodsNO IN ('GN001','GN002')

查询结果如图 3-32 所示。

GoodsNO	SNO	HappenTime	Number
GN001	S01	2020-06-09 00:00:00	3
GN001	S02	2021-05-03 00:00:00	1
GN001	S03	2022-04-07 00:00:00	1
GN001	S06	2022-12-27 00:00:00	2
GN002	S02	2020-05-08 00:00:00	2
GN002	S05	2021-06-26 00:00:00	2
GN002	S06	2023-06-26 00:00:00	2

图 3-32 例 3-52 运行结果

【例 3-53】 查询不是 2004、2005、2006 这三年出生的学生的详细信息。

SELECT * FROM Student WHERE BirthYear NOT IN (2004,2005,2006)

查询结果如图 3-33 所示。

SNO	SName	BirthYear	Ssex	College	Major	WeiXin
S03	伍民	2002	男	CS	MIS	wx003
S04	闵红	2003	女	ACC	AC	wx004
S05	张小红	2003	女	ACC	AC	wx005
S07	王民为	2003	男	CS	MIS	wx007

图 3-33 例 3-53 运行结果

(4) 字符匹配。

在字符查询条件不确定时,可以使用 LIKE 运算符进行模糊查询。LIKE 运算符通过匹配部分字符达到查询目的,其一般格式如下:

[NOT] LIKE '<匹配串>'[ESCAPE '<转义字符>']

匹配串可以是完整的字符串,也可以是含有通配符的字符串。通配符包括如下两种。

_(下画线):匹配任一字符。

%(百分号):匹配任一长度字符串,可以是0个,也可以是多个。

【例 3-54】 查询商品名称中包含"咖啡"的商品信息。

SELECT * FROM Goods WHERE GoodsName LIKE '%咖啡%'

查询结果如图 3-34 所示,不管字符串"咖啡"在元组 GoodsName 列的开头、结尾还是中间,该元组都会被筛选出来。

GoodsNO	SupplierNO	CategoryNO	GoodsName	InPrice	SalePrice	Number	ProductTime	QGPeriod
GN001	Sup001	CN001	麦士威尔冰咖啡	5.79	7.8	20	2021-02-08 00:00:00	18
GN002	Sup002	CN001	捷荣三合一咖啡	12.3	17.3	15	2022-10-06 00:00:00	18
GN003	Sup002	CN001	力神咖啡	1.81	2.7	30	2023-05-06 00:00:00	18
GN004	Sup001	CN001	麦士威尔小三合一	8.12	10.8	20	2022-05-06 00:00:00	18
GN005	Sup003	CN001	雀巢香滑咖啡饮料	1.99	2.7	3	2023-01-01 00:00:00	18
GN006	Sup003	CN001	雀巢听装咖啡	84.21	113.7	6	2023-05-06 00:00:00	18

图 3-34 例 3-54 运行结果

【例 3-55】 查询学生姓名第二个字为"民"的学生信息。

SELECT * FROM Student WHERE SName LIKE '_民%'

查询结果如图 3-35 所示。

SNO	SName	BirthYear	Ssex	College	Major	WeiXin
S03	伍民	2002	男	CS	MIS	wx003
S07	王民为	2003	男	CS	MIS	wx007

图 3-35 例 3-55 运行结果

如果查询的字符串含有通配符,为了与通配符区分开,需要使用 ESCAPE 关键字对通配符进行转义,告诉数据库系统该字符不是通配符,而是字符本身。ESCAPE 关键字后所跟的一个字符为转义字符,查询字符串中转义字符后所跟的第一个字符不再为通配符,而是代表其本来含义。

例如,要查找包含有 5% 的元组,则其 WHERE 子句部分可以写为:

WHERE column_name LIKE '%5\%%'ESCAPE '\'

其中,字符"\"即为转义字符,表明其后的"%"不是通配符,而是百分号。

转义字符可以指定任意字符。

(5) 空值查询。

空值(NULL)在数据库中表示没有值,即在字符集中没有确定值与之对应。未对某元组的某列输入值,就会形成空值(NULL)。涉及空值的判断,不能用"=",可以使用 IS 或 IS NOT 来判断。

【例 3-56】 查询还没有输入供应商编号的商品信息。

SELECT * FROM Goods WHERE SupplierNO IS NULL

【例 3-57】 查询有供应商编号的商品信息。

SELECT * FROM Goods WHERE SupplierNO IS NOT NULL

MySQL 中的"<=>"用于表示安全"＝"，既可以用于普通数据内容的等于判断，也可以用于判断 NULL。

上面的两个例子可以改写如下。

查询还没有输入供应商编号的商品信息：

SELECT * FROM Goods WHERE SupplierNO <=> NULL

查询有供应商编号的商品信息：

SELECT * FROM Goods WHERE NOT SupplierNO <=> NULL

需要注意的是，IS NULL、IS NOT NULL 可以用于其他数据库，"<=>"只能用于 MySQL 数据库。

（6）多重条件查询。

使用运算符 AND 和 OR 可以连接多个查询条件。多个运算符的执行顺序是从左至右，AND 的运算级别高于 OR，可以使用小括号改变优先级。

AND 连接的条件只有所有子表达式均为 TRUE 时，整个表达式的结果才为 TRUE。OR 连接的条件只有所有的子表达式均为 FALSE 时，整个表达式的结果才为 FALSE。

【例 3-58】 查询 AC 专业的学生和 MIS 专业男生的信息。

SELECT * FROM Student WHERE Major = 'AC' OR Major = 'MIS' AND Ssex = '男'

查询结果如图 3-36 所示，如果用小括号改变上述代码执行顺序：

SELECT * FROM Student WHERE (Major = 'AC' OR Major = 'MIS')AND Ssex = '男'

则其语义变为查询 AC 专业和 MIS 专业的男生信息。

小括号改变了语句优先级别。查询结果如图 3-37 所示。

SNO	SName	BirthYear	Ssex	College	Major	WeiXin
S03	伍民	2002	男	CS	MIS	wx003
S04	闵红	2003	女	ACC	AC	wx004
S05	张小红	2003	女	ACC	AC	wx005
S06	张舒	2005	男	CS	MIS	wx006
S07	王民为	2003	男	CS	MIS	wx007
S08	李士任	2005	男	ACC	AC	wx008

图 3-36　例 3-58 运行结果

SNO	SName	BirthYear	Ssex	College	Major	WeiXin
S03	伍民	2002	男	CS	MIS	wx003
S06	张舒	2005	男	CS	MIS	wx006
S07	王民为	2003	男	CS	MIS	wx007
S08	李士任	2005	男	ACC	AC	wx008

图 3-37　查询 AC 专业与 MIS 专业男生信息结果

3. 对查询结果排序

查询结果可以使用 ORDER BY 子句进行排序，可以指定升序（ASC）或降序（DESC）排列，默认为升序。

（1）简单排序。

【例 3-59】 查询学生信息，按出生年份升序排列。

```
SELECT * FROM Student ORDER BY BirthYear
```

查询结果如图 3-38 所示。

SNO	SName	BirthYear	Ssex	College	Major	WeiXin
S03	伍民	2002	男	CS	MIS	wx003
S04	闵红	2003	女	ACC	AC	wx004
S05	张小红	2003	女	ACC	AC	wx005
S07	王民为	2003	男	CS	MIS	wx007
S02	徐好	2004	女	CS	MIS	wx002
S01	李明	2005	男	CS	IT	wx001
S06	张舒	2005	男	CS	MIS	wx006
S08	李士任	2005	男	ACC	AC	wx008

图 3-38　例 3-59 运行结果

（2）多列排序。

ODER BY 子句后可以包含多个字段，表示先按第一个字段的顺序排列，如果第一字段的排序结果相同，则按第二个字段顺序排列，以此类推。

【例 3-60】　查询商品名含"咖啡"的商品的商品编号、商品名、现货存量和生产时间。按现货存量升序、生产日期降序排列。

```
SELECT GoodsNO,GoodsName,Number,ProductTime FROM Goods WHERE GoodsName LIKE '%咖啡%' ORDER
BY NUMBER ASC,ProductTime DESC
```

查询结果如图 3-39 所示。对于第 4、5 条记录，Number 值均为 20，则按生产日期降序排列。

GoodsNO	GoodsName	Number	ProductTime
GN005	雀巢香滑咖啡饮料	3	2023-01-01 00:00:00
GN006	雀巢听装咖啡	6	2023-05-06 00:00:00
GN002	捷荣三合一咖啡	15	2022-10-08 00:00:00
GN004	麦士威尔小三合一咖啡	20	2022-05-06 00:00:00
GN001	麦士威尔冰咖啡	20	2021-02-08 00:00:00
GN003	力神咖啡	30	2023-05-06 00:00:00

图 3-39　例 3-60 运行结果

（3）带表达式的排序。

【例 3-61】　查询商品表的商品编号、商品名称、现货存量、生产日期、保质期剩余天数，按保质期剩余天数升序排列。

```
SELECT GoodsNO,GoodsName,Number,ProductTime,
QGPeriod * 30 - TIMESTAMPDIFF(DAY,ProductTime,CURDATE()) 保质期剩余天数
FROM Goods
ORDER BY 保质期剩余天数
```

查询结果如图 3-40 所示，剩余天数为负数表明已经过期。函数 TIMESTAMPDIFF 用于计算生产日期 ProductTime 与当前日期的相隔天数，函数 CURDATE 用于提取系统当前日期。

4. 聚合函数

SQL 使用聚合函数提供了一些统计功能，常见聚合函数及其功能如表 3-7 所示。

GoodsNO	GoodsName	Number	ProductTime	保质期剩余天数
GN001	麦士威尔冰咖啡	20	2021-02-08 00:00:00	-353
GN004	麦士威尔小三合一咖啡	20	2022-05-06 00:00:00	99
GN002	捷荣三合一咖啡	15	2022-10-08 00:00:00	254
GN005	雀巢香滑咖啡饮料	3	2023-01-01 00:00:00	339
GN003	力神咖啡	30	2023-05-06 00:00:00	464
GN006	雀巢听装咖啡	6	2023-05-06 00:00:00	464
GN014	棉麻大豆空调被	45	2022-11-20 00:00:00	477
GN015	纯手工蚕丝被	100	2023-05-13 00:00:00	651
GN010	风影去屑洗发水	6	2022-10-07 00:00:00	793
GN009	力士柔亮洗发水(中/干)	20	2022-12-08 00:00:00	855
GN007	夏士莲丝质柔顺洗发水	30	2023-03-08 00:00:00	945
GN008	飞逸清新爽洁洗发水	50	2023-03-09 00:00:00	946
GN013	小绵羊床单	45	2022-05-20 00:00:00	1373
GN011	小绵羊被卷	28	2022-11-22 00:00:00	1559
GN012	小绵羊枕头	50	2023-05-20 00:00:00	1738

图 3-40 例 3-61 运行结果

表 3-7 常见聚合函数及其功能

聚 合 函 数	功 能
COUNT(*)	统计元组个数,包含 NULL
COUNT(<列名>)	统计元组个数,不包含 NULL
SUM([DISTINCT] <列名>)	计算一列值的总和(此列必须为数值型)
AVG([DISTINCT] <列名>)	计算一列值的平均值(此列必须为数值型)
MAX([DISTINCT] <列名>)	求一列中的最大值
MIN([DISTINCT] <列名>)	求一列中的最小值

如果指定为 DISTINCT,则会忽略重复值。

【例 3-62】 查询商品表中的商品个数及所有商品的库存总量。

```
SELECT COUNT( * ),SUM(Number) FROM Goods
```

查询结果如图 3-41 所示。注意,此时的查询结果只有一行记录。

【例 3-63】 查询售出商品的种类数。

```
SELECT COUNT(DISTINCT GoodsNO) FROM SaleBill
```

查询结果如图 3-42 所示。

本例需使用 DISTINCT 去掉重复的记录,即同一个商品编号的商品,就算多次销售也只算一种。

【例 3-64】 统计销售表中单次销售数量的最大值、最小值以及平均值。

```
SELECT MAX(Number) 最大销售量,MIN(Number) 最小销售量,AVG(Number) 平均销售量 FROM SaleBill
```

查询结果如图 3-43 所示。

COUNT(*)	SUM(Number)
15	468

COUNT(DISTINCT GoodsNO)
12

最大销售量	最小销售量	平均销售量
5	1	1.5313

图 3-41 例 3-62 运行结果　　　图 3-42 例 3-63 运行结果　　　图 3-43 例 3-64 运行结果

5. 分组统计

SQL 使用 GROUP BY 子句对元组进行分组。如果使用 GROUP BY 子句进行分组,

只有出现在 GROUP BY 子句中的列才能放在 SELECT 后面的目标列中,否则会出现错误:"因为该列没有包含在聚合函数或 GROUP BY 子句中"。

【例 3-65】 统计每个学生购买的商品种类数。

SELECT SNO,COUNT(＊) 商品种类数 FROM SaleBill GROUP BY SNO

查询结果如图 3-44 所示。

【例 3-66】 统计购买了三种或三种以上商品的学生的学号及购买的商品种类数。

SELECT SNO,COUNT(＊) 商品种类数 FROM SaleBill GROUP BY SNO HAVING COUNT(＊) ＞ ＝ 3

查询结果如图 3-45 所示。

HAVING 子句会对分组进行条件筛选,可以用列名、聚合函数等作为条件表达式,只有满足筛选条件的元组才会被选出。

【例 3-67】 统计学生表中每年出生的男、女生人数,按出生年降序、人数升序排列。

SELECT BirthYear,Ssex,COUNT(＊) FROM Student GROUP BY BirthYear,Ssex ORDER BY BirthYear DESC,
COUNT(＊)

查询结果如图 3-46 所示。

SNO	商品种类数
S01	6
S02	6
S03	4
s04	2
S05	6
S06	5
S07	2
S08	1

图 3-44　例 3-65 运行结果

SNO	商品种类数
S01	6
S02	6
S03	4
S05	6
S06	5

图 3-45　例 3-66 运行结果

BirthYear	Ssex	COUNT(*)
2005	男	3
2004	女	1
2003	男	1
2003	女	2
2002	男	1

图 3-46　例 3-67 运行结果

当使用多个字段进行分组时,会按照列的先后顺序逐一进行分组,如本例中,先按 BirthYear 进行分组,再在每一个出生年组内按 Ssex 进行分组,所以出现了 2003 年的男生和 2003 年的女生两行结果记录。

分组查询可以先对数据使用 WHERE 子句进行选择,再使用 GROUP BY 子句分组查询,一般情况下,可以提高查询效率。

3.3.2　多表连接查询

单表查询只涉及一个表的数据,现实中更多的是从两个或两个以上的表中查询数据。多表查询时需要进行连接后才能查询。连接分为内连接和外连接。

1. 内连接

内连接是指只有当两个表中都存在满足条件的数据时才会返回结果。内连接包括非等值连接、等值连接。

内连接通常使用 JOIN…ON 实现,其一般格式如下:

FROM ＜ TABLE1_name ＞ [INNER] JOIN ＜ TABLE2_name ＞ ON [＜ TABLE1_name ＞.]＜ COLUMN_name ＞
＜ comparisonoperator ＞[＜ TABLE2_name ＞.]
＜ COLUMN_name ＞ [JOIN …]

3 连接查询

INNER 关键字表示是内连接，可省略，即 JOIN 连接默认为内连接。

关键字 ON 后为比较条件，其中的连接字段 COLUMN_name 如果在各表中是唯一的，则表名前缀（表 1.或表 2.）可以省略，否则必须加表名予以区分。连接字段在语法上必须是可以比较的数据类型，在语义上必须符合逻辑，否则比较将毫无意义。

（1）等值连接。

【例 3-68】 查询学生购物情况。

```
SELECT * FROM Student JOIN SaleBill ON Student.SNO = SaleBill.SNO
```

查询结果如图 3-47 所示。

SNO	SName	BirthYear	Ssex	College	Major	WeiXin	GoodsNO	SNO(1)	HappenTime	Number
S01	李明	2005	男	CS	IT	wx001	GN001	S01	2020-06-09 00:00:00	3
S01	李明	2005	男	CS	IT	wx001	GN003	S01	2020-07-26 00:00:00	3
S01	李明	2005	男	CS	IT	wx001	GN007	S01	2022-08-01 00:00:00	1
S01	李明	2005	男	CS	IT	wx001	GN009	S01	2021-11-15 00:00:00	1
S01	李明	2005	男	CS	IT	wx001	GN012	S01	2023-06-05 00:00:00	1
S01	李明	2005	男	CS	IT	wx001	GN013	S01	2021-03-25 00:00:00	1
S02	徐好	2004	女	CS	MIS	wx002	GN001	S02	2021-05-03 00:00:00	1
S02	徐好	2004	女	CS	MIS	wx002	GN002	S02	2020-05-08 00:00:00	2
S02	徐好	2004	女	CS	MIS	wx002	GN003	S02	2021-06-26 00:00:00	5
S02	徐好	2004	女	CS	MIS	wx002	GN008	s02	2022-06-11 00:00:00	1
S02	徐好	2004	女	CS	MIS	wx002	GN009	S02	2022-12-25 00:00:00	1
S02	徐好	2004	女	CS	MIS	wx002	GN012	S02	2022-08-05 00:00:00	1
S03	伍民	2002	男	CS	MIS	wx003	GN001	S03	2022-04-07 00:00:00	1
S03	伍民	2002	男	CS	MIS	wx003	GN006	S03	2022-03-12 00:00:00	2
S03	伍民	2002	男	CS	MIS	wx003	GN010	S03	2022-10-05 00:00:00	1
S03	伍民	2002	男	CS	MIS	wx003	GN013	S03	2022-01-11 00:00:00	1
S04	阅红	2003	女	ACC	AC	wx004	GN007	s04	2022-11-21 00:00:00	2
S04	阅红	2003	女	ACC	AC	wx004	GN013	S04	2022-07-14 00:00:00	1
S05	张小红	2003	女	ACC	AC	wx005	GN002	S05	2021-06-26 00:00:00	2
S05	张小红	2003	女	ACC	AC	wx005	GN003	S05	2022-11-26 00:00:00	2
S05	张小红	2003	女	ACC	AC	wx005	GN005	S05	2021-06-01 00:00:00	1
S05	张小红	2003	女	ACC	AC	wx005	GN007	s05	2023-03-01 00:00:00	1
S05	张小红	2003	女	ACC	AC	wx005	GN010	S05	2023-03-05 00:00:00	1
S05	张小红	2003	女	ACC	AC	wx005	GN012	S05	2022-10-25 00:00:00	1
S06	张舒	2005	男	CS	MIS	wx006	GN001	S06	2022-12-27 00:00:00	2
S06	张舒	2005	男	CS	MIS	wx006	GN002	S06	2023-06-26 00:00:00	2
S06	张舒	2005	男	CS	MIS	wx006	GN003	S06	2022-12-16 00:00:00	2
S06	张舒	2005	男	CS	MIS	wx006	GN008	S06	2022-11-01 00:00:00	2
S06	张舒	2005	男	CS	MIS	wx006	GN012	S06	2022-12-12 00:00:00	1

图 3-47 例 3-68 运行结果

数据库管理系统执行该连接操作的过程是：首先定位 Student 表的第一条元组，然后从头扫描 SaleBill 表，如果某元组的 SNO 值与 Student 表第一条元组的 SNO 值相等，则该元组与 Student 表第一条元组连接起来形成结果集的一条元组，直至 SaleBill 表扫描结束。然后定位到 Student 表的第二条元组，再从头扫描 SaleBill 表，进行相同的处理，直至 Student 表扫描结束。

结果集中有两个 SNO 字段，如果去掉重复字段，则为自然连接，语句如下：

```
SELECT Student.SNO,SName,BirthYear,Ssex,College,Major,WeiXin,GoodsNO,
HappenTime,Number FROM Student JOIN SaleBill ON Student.SNO = SaleBill.SNO
```

【例 3-69】 查询 MIS 专业学生购物情况。

```
SELECT * FROM Student JOIN SaleBill ON Student.SNO = SaleBill.SNO WHERE Major = 'MIS'
```

查询结果如图 3-48 所示。

SNO	SName	BirthYear	Ssex	College	Major	WeiXin	GoodsNO	SNO(1)	HappenTime	Number
S02	徐好	2004	女	CS	MIS	wx002	GN001	S02	2021-05-03 00:00:00	1
S02	徐好	2004	女	CS	MIS	wx002	GN002	S02	2020-05-08 00:00:00	2
S02	徐好	2004	女	CS	MIS	wx002	GN003	S02	2021-06-26 00:00:00	5
S02	徐好	2004	女	CS	MIS	wx002	GN008	s02	2022-06-11 00:00:00	1
S02	徐好	2004	女	CS	MIS	wx002	GN009	S02	2022-12-25 00:00:00	1
S02	徐好	2004	女	CS	MIS	wx002	GN012	S02	2022-08-05 00:00:00	1
S03	伍民	2002	男	CS	MIS	wx003	GN001	S03	2022-04-07 00:00:00	1
S03	伍民	2002	男	CS	MIS	wx003	GN006	S03	2022-03-12 00:00:00	2
S03	伍民	2002	男	CS	MIS	wx003	GN010	S03	2022-10-05 00:00:00	1
S03	伍民	2002	男	CS	MIS	wx003	GN013	S03	2022-01-11 00:00:00	1
S06	张舒	2005	男	CS	MIS	wx006	GN001	S06	2022-12-27 00:00:00	2
S06	张舒	2005	男	CS	MIS	wx006	GN002	S06	2023-06-26 00:00:00	2
S06	张舒	2005	男	CS	MIS	wx006	GN003	S06	2022-12-16 00:00:00	2
S06	张舒	2005	男	CS	MIS	wx006	GN008	S06	2022-11-01 00:00:00	2
S06	张舒	2005	男	CS	MIS	wx006	GN012	S06	2022-12-12 00:00:00	1
S07	王民为	2003	男	CS	MIS	wx007	GN011	S07	2022-02-08 00:00:00	1
S07	王民为	2003	男	CS	MIS	wx007	GN013	S07	2022-10-12 00:00:00	1

图 3-48　例 3-69 运行结果

【例 3-70】　查询 CS 专业各学生的购物总金额。

SELECT S. SNO, SName, SUM(SA. Number * SalePrice) 总金额 FROM Student S JOIN SaleBill SA ON S. SNO = SA. SNO JOIN Goods G ON G. GoodsNO = SA. GoodsNO WHERE College = 'CS' GROUP BY S. SNO, SName

查询结果如图 3-49 所示。

说明：Student 表重命名为 S,SaleBill 表重命名为 SA,Goods 表重命名为 G,因此其余子句均只能使用这些表的别名,而不能用原来的表名,否则会报错。

（2）自连接。

自连接使用同一张表进行连接。在连接时必须使用别名使同一张表在逻辑上成为两张表。

SNO	SName	总金额
S01	李明	329.50000071525574
S02	徐好	218.19999814033508
S03	伍民	399.3999948501587
S06	张舒	215.59999895095825
S07	王民为	280

图 3-49　例 3-70 运行结果

【例 3-71】　查询与商品"麦士威尔冰咖啡"同一类别的商品的商品编号、商品名。

SELECT G2. GoodsNO, G2. GoodsName FROM Goods JOIN Goods G2 ON Goods. CategoryNO = G2. CategoryNO WHERE Goods. GoodsName = '麦士威尔冰咖啡' AND G2. GoodsName!= '麦士威尔冰咖啡'

在该例语句中,使用了一张 Goods 表,再通过别名 G2 指定了一张同样的 Goods 表,然后进行自连接。

由于同类别商品具有相同的类别编号,因此用 CategoryNO 作为连接字段,即同类别的商品的元组都会连接一次。商品名为"麦士威尔冰咖啡"的元组会与同类别商品元组连接,子句 WHERE Goods. GoodsName＝'麦士威尔冰咖啡'把和"麦士威尔冰咖啡"同一类别的商品筛选出来,后一个子句 G2. GoodsName!＝'麦士威尔冰咖啡'则将"麦士威尔冰咖啡"自己排除在外。

查询结果如图 3-50 所示。

2. 外连接

内连接是将满足连接条件的元组连接起来形成结果集元组,不满足条件的不会进入结果集。但有时用户需要将不满足连接条件的元组也显示在结果集中,例如查看哪些商品没有人买,这时就需要使用外连接来完成此类查询。

外连接包括左外连接和右外连接。

假设有如图 3-51 和图 3-52 所示的两张表。

	GoodsNO	GoodsName
1	GN0002	捷荣三合一咖啡
2	GN0003	力神咖啡
3	GN0004	麦氏威尔小三合一咖啡
4	GN0005	雀巢香滑咖啡饮料
5	GN0006	雀巢听装咖啡

图 3-50　例 3-71 运行结果

sno	sname
1	A1
2	A2
3	A3
4	A4

图 3-51　A 表数据

sno	sname
3	B1
4	B2
5	B3
6	B4

图 3-52　A2 表数据

（1）左外连接。

左外连接使用 LEFT［OUTER］JOIN…ON 语句连接。使用左外连接时，左表的元组全部显示，右表满足条件的元组与左表组合为一条记录，不满足条件的所有字段取 NULL 后与左表组合为一条记录。

将 A 与 A2 左外连接的语句如下：

SELECT ＊ FROM A LEFT JOIN A2 ON A.sno = A2.sno

查询结果如图 3-53 所示。

注意：上述语句中，A 表为左表，A2 表为右表。

（2）右外连接。

右外连接使用 RIGHT［OUTER］JOIN…ON 语句连接。使用右外连接时，右表的元组全部显示，左表满足条件的元组与右表组合为一条记录，不满足条件的所有字段取 NULL 后与右表组合为一条记录。

将 A 与 A2 右外连接的语句如下：

SELECT ＊ FROM A RIGHT JOIN A2 ON A.sno = A2.sno

查询结果如图 3-54 所示。

sno	sname	sno(1)	sname(1)
1	A1	(Null)	(Null)
2	A2	(Null)	(Null)
3	A3	3	B1
4	A4	4	B2

图 3-53　左外连接查询结果

sno	sname	sno(1)	sname(1)
3	A3	3	B1
4	A4	4	B2
(Null)	(Null)	5	B3
(Null)	(Null)	6	B4

图 3-54　右外连接查询结果

注意，上述语句中，A 表为左表，A2 表为右表。即 FROM 之后，先写的是左表，后写的是右表。

【例 3-72】　查询没人购买的商品，列出商品名与现货存量。

SELECT GoodsName, G. Number FROM Goods G LEFT JOIN SaleBill GA ON GA. GoodsNO = G. GoodsNO WHERE GA. SNO IS NULL

查询结果如图 3-55 所示。

GoodsName	Number
麦士威尔小三合一咖啡	20
棉麻大豆空调被	45
纯手工蚕丝被	100

图 3-55　例 3-72 运行结果

3.3.3 子查询

子查询是嵌套在另一个查询语句中的查询语句,因此,子查询也叫嵌套查询。包含子查询的查询通常称为外层查询,嵌套在其中的子查询称为内层查询。

1. 不相关子查询

不相关子查询是指内层查询不依赖于外层查询,单独执行内层查询也会得到明确结果。

【例 3-73】 查询与商品"麦士威尔冰咖啡"同一类别的商品的商品编号、商品名称。

在前面的例子中,本题目使用自连接完成,本节中使用子查询分如下步骤完成。

(1) 查询商品"麦士威尔冰咖啡"的商品类别编号。

```
SELECT CategoryNO FROM Goods WHERE GoodsName = '麦士威尔冰咖啡'
```

查询结果为 CN001。

(2) 查询种类编号为 CN001 的商品编号和名称。

```
SELECT GoodsNO,GoodsName FROM Goods WHERE CategoryNO = 'CN001'
```

(3) 排除"麦士威尔冰咖啡"。

```
SELECT GoodsNO,GoodsName FROM Goods WHERE CategoryNO = 'CN001' AND GoodsName!= '麦士威尔冰咖啡'
```

第二步需要的结果,CN001 是第一步查询的结果,可以用第一步的查询语句替代,并用小括号将该查询语句括起来。

```
SELECT GoodsNO,GoodsName FROM Goods WHERE CategoryNO = ( SELECT CategoryNO FROM Goods WHERE
GoodsName = '麦士威尔冰咖啡') AND GoodsName != '麦士威尔冰咖啡'
```

查询结果与例 3-70 相同。

【例 3-74】 查询进价大于平均进价的商品名称、进价。

查询商品平均进价。

```
SELECT AVG(InPrice) FROM Goods
```

查询结果为 37.74。

查询进价大于 37.74 的商品名称、进价。

```
SELECT GoodsName,InPrice FROM Goods WHERE InPrice > 37.74
```

将(2)中的 37.74 用(1)的子查询替代如下:

```
SELECT GoodsName,InPrice FROM Goods WHERE InPrice >(SELECT AVG(InPrice) FROM Goods)
```

查询结果如图 3-56 所示。

GoodsName	InPrice
雀巢听装咖啡	84.21
小绵羊被卷	120
小绵羊枕头	60
小绵羊床单	50
纯手工蚕丝被	100

图 3-56 例 3-74 运行结果

【例 3-75】 查询购买了"东莞市南城久润食品贸易部"经销的商品的学生学号与姓名。

（1）查询"东莞市南城久润食品贸易部"的供货商编号。

SELECT SupplierNO FROM Supplier WHERE SupplierName = '东莞市南城久润食品贸易部'

查询结果为 Sup002。

（2）查询供货商编号为 Sup002 的供货商经销的商品编号。

SELECT GoodsNO FROM Goods WHERE SupplierNO = 'Sup002'

查询结果为 GN002 和 GN003。

（3）查询购买了商品编号为 GN002 或 GN003 的商品的学生学号。

SELECT DISTINCT SNO FROM SaleBill WHERE GoodsNO IN('GN002','GN003')

查询结果为 S01、S02、S05 和 S06。

（4）根据学号查询学生姓名。

SELECT SNO,SName FROM Student WHERE SNO IN('S01','S02','S05','S06')

查询结果如图 3-57 所示。

SNO	SName
S01	李明
S02	徐好
S05	张小红
S06	张舒

图 3-57　例 3-75 运行结果

合并语句，将子查询结果用相应的子查询语句替代：

```
SELECT SNO,SName FROM Student WHERE SNO IN
    (SELECT DISTINCT SNO FROM SaleBill WHERE GoodsNO IN
        (SELECT GoodsNO FROM Goods WHERE SupplierNO =
            (SELECT SupplierNO FROM Supplier WHERE SupplierName = '东莞市南城久润食品贸易部')))
```

涉及多表数据的复杂查询，可由简单查询组合得到。

本例也可以使用如下连接查询得到结果：

SELECT DISTINCT Student.SNO,SName FROM Student JOIN SaleBill ON student.SNO = SaleBill.SNO JOIN Goods ON Goods.GoodsNO = SaleBill.GoodsNO JOIN Supplier ON Goods.SupplierNO = Supplier.SupplierNO WHERE SupplierName = '东莞市南城久润食品贸易部'

2. 相关子查询

如果子查询内层查询的查询条件依赖于外层查询，则被称为相关子查询。

【例 3-76】　查询超过同种类商品平均进价的商品信息。

SELECT * FROM Goods WHERE InPrice >(SELECT AVG(InPrice) FROM Goods G WHERE G.CategoryNO = Goods.CategoryNO)

代码执行过程为：外层查询从商品表取第一个元组，如假设其商品编号为 GN0006，类别编号是 CN001，传给子查询，此时子查询为 SELECT AVG(InPrice) FROM Goods WHERE CategoryNO = 'CN001'，假设查询结果是 102.3，该值会返回到外层查询，执行 SELECT * FROM Goods WHERE InPrice > 102.3。重复该过程，直到商品表的全部元组访问完为止。

由此可见，相关子查询效率十分低下，不建议使用。本例建议使用派生表查询。

3.3.4 集合查询

集合操作包括并操作(UNION)、交操作(INTERSECT)和差操作(EXCEPT)。参加集合操作的列数需相等,对应列的数据类型需相同。

【例 3-77】 查询 MIS 专业或出生年晚于 2002 年的学生信息。

```
SELECT * FROM Student WHERE Major = 'MIS'
UNION
SELECT * FROM Student WHERE BirthYear > 2002
```

查询结果如图 3-58 所示。

SNO	SName	BirthYear	Ssex	College	Major	WeiXin
S02	徐好	2004	女	CS	MIS	wx002
S03	伍民	2002	男	CS	MIS	wx003
S06	张舒	2005	男	CS	MIS	wx006
S07	王民为	2003	男	CS	MIS	wx007
S01	李明	2005	男	CS	IT	wx001
S04	闵红	2003	女	ACC	AC	wx004
S05	张小红	2003	女	ACC	AC	wx005
S08	李士任	2005	男	ACC	AC	wx008

图 3-58 例 3-77 运行结果

【例 3-78】 查询 MIS 专业并且出生年晚于 2002 年的学生信息。

```
SELECT * FROM Student WHERE Major = 'MIS'
INTERSECT
SELECT * FROM Student WHERE BirthYear > 2002
```

查询结果如图 3-59 所示。

SNO	SName	BirthYear	Ssex	College	Major	WeiXin
S02	徐好	2004	女	CS	MIS	wx002
S06	张舒	2005	男	CS	MIS	wx006
S07	王民为	2003	男	CS	MIS	wx007

图 3-59 例 3-78 运行结果

【例 3-79】 查询 2002 年出生,没购买任何东西的学生的学号。

```
SELECT SNO FROM Student WHERE BirthYear = 2002
EXCEPT
SELECT SNO FROM SaleBill
```

上述集合示例中,UNION 可以用 WHERE+OR 改写;INTERSECT 可以用 WHERE+AND 改写;EXCEPT 可以用 WHERE+NOT IN 改写。

3.3.5 派生表查询

SELECT 的结果可以作为一张临时(派生)表使用,使用时将一些中间结果放入派生表中,供查询的其余部分使用。

派生表是一张临时存在的表,当查询结束后,就不存在了。

派生表必须具有表名,各列也必须具有列名。

【例 3-80】 查询超过同种类商品平均进价的商品信息。

```
SELECT * FROM Goods JOIN
(SELECT CategoryNO,AVG(InPrice) avg_price FROM Goods GROUP BY CategoryNO) AVG_G_P
ON Goods.CategoryNO = AVG_G_P.CategoryNO
WHERE Goods.InPrice > AVG_G_P.avg_price
```

查询结果如图 3-60 所示。

GoodsNO	SupplierNO	CategoryNO	GoodsName	InPrice	SalePrice	Number	ProductTime	QGPeriod	CategoryNO(1)	avg_price
GN006	Sup003	CN001	蓝果听装咖啡	84.21	113.7	6	2023-05-06 00:00:00	18	CN001	19.0366665124932
GN007	Sup004	CN002	夏士莲丝质柔顺洗发水	25.85	35.7	30	2023-03-08 00:00:00	36	CN002	22.987499713897705
GN011	Sup006	CN005	小绵羊被卷	120	150	28	2022-11-22 00:00:00	60	CN005	72
GN015	Sup009	CN005	纯手工蚕丝被	100	580	100	2023-05-13 00:00:00	24	CN005	72

图 3-60　例 3-80 运行结果

3.3.6　使用 LIMIT 选择结果集元组

使用 LIMIT 返回 SELECT 查询结果的某几条记录。其一般格式如下：

```
LIMIT [offset,] [rows]
```

其中：

offset：从第几行记录开始返回，从初始行开始返回为 0。可省略，省略表示从初始行开始。

rows：返回的记录总行数。

【例 3-81】　查询销售额前三的商品的商品编号与销售额。

```
SELECT G.GoodsNO, SUM(SA.Number * G.SalePrice) GOODSUM FROM Goods G JOIN SaleBill SA ON SA.
GoodsNO = G.GoodsNO GROUP BY G.GoodsNO ORDER BY GOODSUM DESC LIMIT 3
```

查询结果如图 3-61 所示。

【例 3-82】　查询年龄按从小到大排列时，位列第 5～10 名学生的信息。

```
SELECT * FROM Student ORDER BY BirthYear DESC LIMIT 4,10
```

查询结果如图 3-62 所示。

GoodsNO	GOODSUM
GN013	520
GN012	400
GN011	300

图 3-61　例 3-81 运行结果

SNO	SName	BirthYear	Ssex	College	Major	WeiXin
S04	闵红	2003	女	ACC	AC	wx004
S05	张小红	2003	女	ACC	AC	wx005
S07	王民为	2003	男	CS	MIS	wx007
S03	伍民	2002	男	CS	MIS	wx003

图 3-62　例 3-82 运行结果

语句 SELECT * FROM Student ORDER BY BirthYear DESC 的查询结果如图 3-63 所示，请注意对比。

SNO	SName	BirthYear	Ssex	College	Major	WeiXin
S01	李明	2005	男	CS	IT	wx001
S06	张舒	2005	男	CS	MIS	wx006
S08	李士任	2005	男	ACC	AC	wx008
S02	徐好	2004	女	CS	MIS	wx002
S04	闵红	2003	女	ACC	AC	wx004
S05	张小红	2003	女	ACC	AC	wx005
S07	王民为	2003	男	CS	MIS	wx007
S03	伍民	2002	男	CS	MIS	wx003

图 3-63　例 3-82 对比结果

3.4 数据更新

数据更新包括插入数据、修改数据和删除数据。

3.4.1 插入数据

1. 插入单个元组

使用 INSERT 语句插入数据，其基本语法格式如下：

INSERT INTO < TABLE_name > [(< COLUMN_name1 >[, COLUMN_name2] …)]
VALUES(< CONSTANT1 >[,< CONSTANT2 >] …)

说明：

（1）如果插入全部列的值，则列名可以省略。

（2）插入值的顺序应该与对应的列名顺序一致，否则会报错

（3）值的数据类型和对应列的数据类型不匹配，会报错。

（4）可以只写出部分列名，没有出现的如果列允许取空值，则新元组在没有出现的列上插入空值，否则报错。

【例 3-83】 将学生程浩的信息插入 Student 表中。

INSERT INTO Student VALUES ('S09','程浩',1999,'男','CS','IT','wx009')

由于是插入全部列，因此 Student 后省略了列名。如果只插入学号、姓名、性别的值，其余用默认值，则可以写为

INSERT INTO Student(SNO,SName,Ssex) VALUES ('S09','程浩','男')

如果列上没有设定默认值，则会插入 NULL。

【例 3-84】 如果再执行一次上例的代码，会出现如图 3-64 所示的结果，因为主键不能重复。

【例 3-85】 以下代码执行结果会报错，如图 3-65 所示，因为列数和值的数目不匹配。

INSERT INTO Student(SName,Ssex) VALUES ('S09','程浩','男')

```
INSERT INTO Student(SNO,SName,Ssex) VALUES ('S09','程浩','男')
> 1062 - Duplicate entry 'S09' for key 'Student.PRIMARY
> 时间: 0s
```

```
INSERT INTO Student(SName,Ssex) VALUES ('S09','程浩','男')
> 1136 - Column count doesn't match value count at row 1
> 时间: 0s
```

图 3-64 例 3-84 运行结果   图 3-65 例 3-85 运行结果

2. 插入多条数据

【例 3-86】 插入三个学生的信息到 Student 表。

INSERT INTO Student(SNO,SName,Ssex) VALUES("S09",'程浩','男'),('S10','王松涛','男'),('S11','刘丽','女')

注意：

（1）插入多条数据，是在 VALUES 子句中将多条数据用“,”隔开。

（2）字符常量可以用单引号''，也可以用双引号" "，建议使用单引号。

3. 使用 SET 子句

【例 3-87】 将学生程浩的信息插入 Student 表中。

数据库原理及应用-微课视频版(第2版)

```
INSERT INTO Student SET SNO = 's09', SName = '程浩', Ssex = '男'
```

结果同使用 VALUES 子句。

4. 插入子查询结果

INSERT 子句后可以跟子查询语句,将子查询结果集插入相应的表里。其语句格式为:

```
INSERT INTO < TABLE_name > (< COLUMN_name1 > [,< COLUMN_name2 >…])
SELECT …
```

【例 3-88】 将没有被学生购买过的商品的商品名称和库存量插入数据库的新表中。

先建立表 SubGoods,其中一列存放商品名,一列存放存量。

```
CREATE TABLE SubGoods(
    GoodsName varchar(100),
    Number int
)
```

然后将数据插入新表:

```
INSERT INTO SubGoods
SELECT GoodsName, G. Number FROM Goods G LEFT JOIN SaleBill GA ON
GA. GoodsNO = G. GoodsNO WHERE GA. SNO IS NULL
```

SubGoods 表中数据如图 3-66 所示。

GoodsName	num
麦士威尔小三合一咖啡	20
棉麻大豆空调被	45
纯手工蚕丝被	100

图 3-66　SubGoods 表中数据

3 数据更新-修改和删除

3.4.2　修改数据

使用 UPDATE 语句来更新表中的数据,其语法格式为:

```
UPDATE < TABLE_name > SET < COLUMN_name = Expression >[, …]
[WHERE < UPDATE_condition >]
```

其功能是修改指定表中满足 UPDATE_condition 的元组,使用 SET 子句的 Expression 值更新 COLUMN_name 列的原有值。

如果没有 WHERE 子句,则对全表所有元组的对应列进行修改。

【例 3-89】 将货物库存量均增加 2。

```
UPDATE Goods SET Number = Number + 2
```

【例 3-90】 将库存量小于 20 的商品的售价提高 5%,进价提高 2%。

```
UPDATE Goods SET SalePrice = SalePrice * 1.05, InPrice = InPrice * 1.02 WHERE Number < 20
```

如需修改多列数据,在 SET 子句中,将修改表达式用“,”隔开。

【例 3-91】 将“重庆缙云日化贸易公司”供货的商品加价 10%。

使用连接:

```
UPDATE Goods JOIN Supplier ON Supplier. SupplierNO = Goods. SupplierNO SET SalePrice = SalePrice
* 1.1 WHERE SupplierName = '重庆缙云日化贸易公司'
```

使用子查询：

UPDATE Goods SET SalePrice = SalePrice * 1.1 WHERE SupplierNO = (SELECT SupplierNO FROM Supplier WHERE SupplierName = '重庆缙云日化贸易公司')

3.4.3 删除数据

1. 删除单张表的数据

使用 DELETE 语句删除表中的数据，其基本语法格式如下：

DELECT FROM < TABLE_name > [WHERE < DELETE_condition >]

WHERE 子句用于指定删除条件，没有 WHERE 子句则删除表中的全部元组。

【例 3-92】 删除前面例子中创建的 SubGoods 表中的所有数据。

DELETE FROM SubGoods

【例 3-93】 将重庆缙云日化贸易公司的商品下架，即删除由该供应商供货的所有商品信息。

使用连接：

DELETE goods FROM Goods JOIN Supplier ON
Goods.SupplierNO = Supplier.SupplierNO WHERE SupplierName = '重庆缙云日化贸易公司'

其中，DELETE 后的 Goods 表示要删除的数据是 Goods 表中的数据。

使用子查询：

DELETE FROM Goods WHERE SupplierNO = (SELECT SupplierNO FROM Supplier WHERE SupplierName = '重庆缙云日化贸易公司')

2. 删除多张表的数据

【例 3-94】 将重庆缙云日化贸易公司的商品下架，同时删除该供应商信息。

DELETE Goods, Supplier FROM Goods JOIN Supplier ON
Goods.SupplierNO = Supplier.SupplierNO WHERE SupplierName = '重庆缙云日化贸易公司'

3.5 视图

3 视图的
创建与删除

视图是数据库中常用对象之一，它是一个虚表，在数据库中只存放视图的定义，并不包含数据，这些数据仍在视图对应的数据表中。因为没有数据，所以视图是一种逻辑表，不存在数据冗余问题。

由于视图对应的数据存在基本表中，通过视图更新数据，实际更新的是基本表的数据；如果更新基本表的数据，视图的数据也会随之改变。

视图的数据来源可以是一个表，也可以是多个表。定义好的视图可以像基本表一样进行增、删、改、查。视图的主要操作是查询，查询视图和查询基本表一样；增、删、改操作不是所有视图均可进行。

3.5.1 创建视图

1. 创建视图
创建视图的语法格式如下：

```
CREATE VIEW < VIEW_name >
[(( < COLUMN_name >[, < COLUMN_name >][ … ])]
AS < SELECT … >
[WITH CHECK OPTION]
```

其中,AS 后的就是视图对应的数据。语句 WITH CHECK OPTION 表示通过视图进行更新操作时要保证更新的数据满足视图定义的条件。

组成视图的列名要么省略,要么全部指定。如果省略,则视图的列名就由子查询中的列名组成。在下列情况下,必须指定视图列名。

(1) 子查询的某个目标列是聚合函数或列表达式。

(2) 多表连接时出现同名列作为视图的列。

(3) 需要在视图中指定新列名替代子查询列名。

【例 3-95】 建立咖啡类商品的视图。

```
CREATE VIEW Coffee AS
SELECT GoodsNO, GoodsName, InPrice, SalePrice, ProductTime FROM Goods G JOIN Category C ON G.
CategoryNO = C. CategoryNO
WHERE CategoryName = '咖啡'
```

本例中省略了视图列名,以子查询目标列为列名。

【例 3-96】 建立 MIS 专业学生的视图,并要求通过视图完成数据更新操作时视图仍只有 MIS 专业学生。

```
CREATE VIEW MIS_Student AS SELECT * FROM Student WHERE Major = 'MIS'
WITH CHECK OPTION
```

本例使用 WITH CHECK OPTION 语句对以后通过视图进行更新的数据进行限制,均要求满足 Major= 'MIS'条件。

视图可以定义在已经定义的视图上,也可以建立在表与视图的连接上。

【例 3-97】 建立购买了咖啡类商品的学生视图。

```
CREATE VIEW Buy_Coffee AS SELECT S. SNO, SName, GoodsName FROM Student S JOIN SaleBill SA ON S. SNO
= SA. SNO JOIN Coffee C ON C. GoodsNO = SA. GoodsNO
```

本例是在视图 Coffee、基本表 Student 和 SaleBill 上建立的新的视图。

【例 3-98】 创建保存每个商品及其销售额的视图。

```
CREATE VIEW SumSale AS
SELECT G. GoodsNO, SUM(SalePrice * S. Number) SumSale FROM Salebill S JOIN Goods G ON S. GoodsNO =
G. GoodsNO GROUP BY G. GoodsNO
```

本例中,商品销售额由该商品售价与数量相乘再累加获得,因为不是原数据表列,所以在视图中必须使用新的列名,这里取名 SumSale。

【例 3-99】 建立销售额前五的商品视图。

```
CREATE VIEW Top5SumSale(GoodsNO, SumSale) AS
SELECT G. GoodsNO, SUM(SalePrice * S. Number) FROM SaleBill S JOIN
Goods G ON S. GoodsNO = G. GoodsNO GROUP BY G. GoodsNO
ORDER BY SumSale DESC LIMIT 5
```

2. 删除视图

删除视图的一般语法格式如下:

```
DROP VIEW < VIEW1_name >[,VIEW2_name,VIEW3_name]
```

【例 3-100】　删除视图 Coffee。

```
DROP VIEW Coffee
```

需要注意的是,视图 Buy_Coffee 是部分建立在 Coffee 上的,删除 Coffee 后,查询 Buy_Coffee 会报错。对于建立在基本表上的视图也一样,如果基本表结构发生变化甚至被删除,则查询视图也会报错。

3.5.2　查询视图

视图创建完成,就可以像查询基本表一样查询视图了。

【例 3-101】　查询 MIS 专业购买了咖啡类商品的学生信息。

```
SELECT DISTINCT Student. * FROM Buy_Coffee JOIN Student ON Student.SNO = Buy_Coffee.SNO WHERE
Major = 'MIS'
```

查询结果如图 3-67 所示。

【例 3-102】　查询销售额前 5 商品的供应商编号。

```
SELECT DISTINCT SupplierNO FROM Top5SumSale T JOIN Goods G ON G.GoodsNO = T.GoodsNO
```

查询结果如图 3-68 所示。

SNO	SName
S02	徐好
S03	伍民
S06	张舒

SupplierNO
Sup006
Sup003
Sup004

图 3-67　例 3-101 查询结果　　　　图 3-68　例 3-102 查询结果

【例 3-103】　查询销售额大于 100 的供应商编号。

```
SELECT * FROM SumSale WHERE SumSale > 100
```

查询结果如图 3-69 所示。

GoodsNO	SumSale
GN002	103.79999542236328
GN006	227.39999389648438
GN007	142.8000030517578
GN011	300
GN012	400
GN013	520

图 3-69　例 3-103 查询结果

3.5.3　更新视图

更新视图包括通过视图来插入、删除、修改数据。由于视图不存储数据,通过视图更新数据最终要转换为对基本表的更新。

1. 插入数据

【例 3-104】　在 Buy_Coffee 视图中插入一个新的学生信息,其中学号为 S10,姓名为"程伟",其余为空。

```
INSERT INTO Buy_Coffee (SNO,SName) VALUES('S10','程伟')
```

查询 Student 表,查询结果如图 3-70 所示。

SNO	SName	BirthYear	Ssex	College	Major	WeiXin
S01	李明	2005	男	CS	IT	wx001
S02	徐好	2004	女	CS	MIS	wx002
S03	伍民	2002	男	CS	MIS	wx003
S04	闵红	2003	女	ACC	AC	wx004
S05	张小红	2003	女	ACC	AC	wx005
S06	张舒	2005	男	CS	MIS	wx006
S07	王民为	2003	男	CS	MIS	wx007
S08	李士任	2005	男	ACC	AC	wx008
s09	程浩	(Null)	男	(Null)	(Null)	(Null)
S10	程伟	(Null)	(Null)	(Null)	(Null)	(Null)

图 3-70　例 3-104 查询结果(1)

查询 Buy_Coffee 视图,查询结果如图 3-71 所示。

SNO	SName	GoodsName
S01	李明	麦士威尔冰咖啡
S02	徐好	麦士威尔冰咖啡
S03	伍民	麦士威尔冰咖啡
S06	张舒	麦士威尔冰咖啡
S02	徐好	捷荣三合一咖啡
S05	张小红	捷荣三合一咖啡
S06	张舒	捷荣三合一咖啡
S01	李明	力神咖啡
S02	徐好	力神咖啡
S05	张小红	力神咖啡
S06	张舒	力神咖啡
S05	张小红	雀巢香滑咖啡饮料
S03	伍民	雀巢听装咖啡

图 3-71　例 3-104 查询结果(2)

可见,学生"程伟"的信息已经插入 Student 表,但由于程伟并未购买咖啡类商品,因此查询 Buy_Coffee 视图,并无程伟的相关信息。

如果希望通过如下语句,向 Buy_Coffee 视图插入学号为 S10、姓名为"程伟"、购买了"麦士威尔冰咖啡"的信息,将会出现如图 3-72 所示的查询结果。

```
INSERT INTO Buy_Coffee (SNO,SName,GoodsName) VALUES ('S10','程伟','麦士威尔冰咖啡')
```

```
INSERT INTO Buy_Coffee (SNO,SName,GoodsName) VALUES('S10','程伟','麦士威尔冰咖啡')
> 1393 - Can not modify more than one base table through a join view  'supermarket.buy_coffee'
> 时间: 0s
```

图 3-72　通过视图插入数据结果

错误原因是:Buy_Coffee 视图是由 Student 表和 SaleBill 表共同生成的视图,而通过视图更新数据,只能更新单表生成的视图。

2. 更新数据

【例 3-105】　通过 Buy_Coffee 视图,将姓名为"李明"的同学的学号改为 S11。

```
UPDATE Buy_Coffee SET SNO = 'S11' WHERE SName = '李明'
```

如果要通过 Buy_Coffee 视图,将上例插入学生表的姓名为"程伟"的同学的学号改为

S12,命令如下：

UPDATE Buy_Coffee SET SNO = 'S12' WHERE SName = '程伟'

查询结果如图 3-73 所示。

```
UPDATE Buy_Coffee SET SNO='S12' WHERE SName='程伟'
> Affected rows: 0
> 时间: 0s
```

图 3-73　通过视图更新数据结果

可见，更新了 0 行记录，即并未更新任何信息。原因是 Buy_Coffee 视图并不包含"程伟"的信息，即 Buy_Coffee 视图对"程伟"不可见，因此并不能通过 Buy_Coffee 视图更新程伟的信息。

3. 删除数据

【例 3-106】　通过 Buy_Coffee 视图，删除姓名为"李明"的同学的信息。

DELETE FROM Buy_Coffee WHERE SName = '李明'

查询结果如图 3-74 所示。

```
DELETE FROM Buy_Coffee WHERE SName='李明'
> 1395 - Can not delete from join view 'supermarket.buy_coffee'
> 时间: 0s
```

图 3-74　通过视图删除数据结果

多表生成的视图不能执行删除操作。

【例 3-107】　通过 MIS_Student 视图，删除姓名为"徐好"的同学的信息。

DELETE FROM MIS_Student WHERE SName = '徐好'

以上语句成功删除了 Student 表中姓名为"徐好"的同学的信息。

4. 关于 WITH CHECK OPTION 的作用

（1）插入数据。

向 MIS_Student 视图中插入学号为 S12，姓名为"万和月"的记录。

INSERT INTO MIS_Student(SNO,SName) VALUES('S12','万和月')

查询结果如图 3-75 所示。

```
INSERT INTO MIS_Student(SNO,SName) VALUES('S12','万和月')
> 1369 - CHECK OPTION failed 'supermarket.mis_student'
> 时间: 0s
```

图 3-75　通过视图插入数据

当向带 WITH CHECK OPTION 的视图插入不符合 WHERE 条件的记录时，会报错。可改为：

INSERT INTO MIS_Student(SNO,SName,Major) VALUES('S12','万和月','MIS')

查询结果如图 3-76 所示，显示插入成功。

```
INSERT INTO MIS_Student(SNO,SName,Major) VALUES('S12','万和月','MIS')
> Affected rows: 1
> 时间: 0.001s
```

图 3-76　通过视图插入数据

（2）更新数据。

将学号 S12 的同学的专业改为 CS。

UPDATE MIS_Student SET Major = 'CS' WHERE SNO = 'S12'

查询结果如图 3-77 所示。

```
UPDATE MIS_Student SET Major='CS' WHERE SNO='S12'
> 1369 - CHECK OPTION failed 'supermarket.mis_student'
> 时间: 0s
```

图 3-77 通过视图更新数据

其原因是有 WITH CHECK OPTION，要保证 UPDATE 后，原来能查询的数据仍然还能被视图查询出来。

（3）删除数据。

通过 MySQL 的视图删除数据，有无 WITH CHECK OPTION，结果一样。

（4）如果视图创建时未指定 WHERE 条件，有无 WITH CHECK OPTION，结果一样。

（5）WITH CHECK OPTION 有两种写法：WITH LOCAL CHECK OPTION 和 WITH CASCADED CHECK OPTION。

其中，CASCADED 表示级联，如视图 V2 基于视图 V1 创建，V2 设置了 WITH CASCADED CHECK OPTION，V1 未指定，则通过视图 V2 更新数据时，不仅会检查 V2 是否满足条件，还会同时检查 V1。

LOCAL 表示本地，即自己，如视图 V2 基于视图 V1 创建，V2 设置了 WITH LOCAL CHECK OPTION，V1 未指定，则通过视图 V2 更新数据时，只检查 V2 是否满足条件，不会检查 V1。

如果写成 WITH CHECK OPTION，则表示默认选项，相当于 WITH CASCADED CHECK OPTION。

3.5.4　视图的作用

1. 简化数据查询

利用视图，可以把经常使用的连接查询、聚合查询等比较复杂的查询定义为视图，这样执行相同查询时，不必重新编写复杂的语句，降低了应用层数据查询语句的难度。

2. 能够多角度看待数据

对同一数据，不同用户可以根据需要提取基本表各属性，或者对各属性列进行分组、聚合运算等操作，从而组成新的逻辑对象，提高了数据库应用的灵活性。

3. 提供一定程度的逻辑独立性

对数据库执行增加新表或增加新的字段等重构操作时，会影响应用程序的运行。使用视图构造数据库重构之前的逻辑关系，可以保持用户应用程序不变，从而保持一定程度的数据逻辑独立性。

4. 提供数据库安全性

设计数据库时对不同用户定义不同的视图，使用户只能看自己权限范围内的数据。例如，校园超市数据库中的商品表的进价等机密数据就不能被一般员工查询，可以在商品表上建立一个不含进价字段的视图，让一般用户通过视图访问数据表中的数据，而不授予直接访问基本表的权限，这样在一定程度上提高了数据库安全性。

小结

本章主要介绍了 MySQL 在数据定义及数据操作等方面的应用。

数据库对象包括基本表、视图、索引、约束等。可以使用 CREATE 命令定义对象，使用 ALTER 命令维护基本表及其约束，使用 DROP 命令删除各类对象。

数据库的操作主要包括数据的增、删、改、查。使用 SELECT 语句，可以完成单表查询、多表连接查询、子查询、派生表查询等查询。可以使用 INSERT 命令插入数据，还可以通过子查询插入数据。可以使用 DELETE 命令删除数据，使用 UPDATE 命令更新数据，也可以通过视图简化查询、更新数据。

习题

一、简答题

1. 什么是数据表？

2. 你觉得字段"姓名"应该使用什么数据类型？

3. char(n)和 varchar(n)的区别是什么？其中 n 表示什么？

4. UNIQUE 的作用是什么？

5. 索引有哪些类型？

6. 当操作违反参照完整性约束条件时，一般怎样处理？

7. 索引有什么作用？

8. 一个表可以建立多个聚集索引吗？

9. 唯一约束与主键约束的区别是什么？

10. 表的分区是什么？

11. 试述数据库完整性约束的种类与作用。

12. 试述视图与基本表的区别和联系。

13. 视图的作用是什么？

14. 所有的视图是否都可以更新？为什么？

15. 在数据库的操作中，视图主要用于进行什么操作？

二、综合题

利用本章定义的 Category 、Goods 、SaleBill 、Student 和 Supplier 表，编写 SQL 语句完成下列操作。

1. 查询 IT 专业的学生信息。

2. 查询 1992 年后出生的 MIS 专业学生信息。

3. 查询每个供应商供应的商品种类数，列出供应商编号、商品种类数。

4. 统计各供应商的各类别商品的销售额。

5. 分别统计男女生购买的商品类别及其数量。

6. 查询购买总金额前三的学生的学号及购买总金额。

7. 查询售价最高的前三种商品,列出商品名、库存数量。

8. 查询利润率最高的前三种商品,列出商品名、库存数量。

9. 查询购买咖啡类商品总量最多的学生学号和购买总量。

10. 查询没有购买过咖啡的学生信息。

11. 在 Supplier 表的供应商名称列上创建唯一索引。

12. 查询购买了商品编号为 GN001 和 GN002 商品的学生的学号。

13. 建立视图,存储未在 2022 年售出过的商品的商品编号。

14. 通过第 13 题视图,将未在 2022 年售出过的商品的售价修改为 8 折。

15. 将各专业的购买总金额及专业插入一个新表 table_a 中。

16. 删除"李明"和"李士任"的学生信息。

实验

实验 3-1　数据库、数据表定义

一、实验目的

(1) 掌握数据库定义及删除。

(2) 掌握基本表的定义、修改、删除。

(3) 掌握添加、删除约束。

二、实验平台

操作系统为 Windows 7/10,数据库管理系统为 MySQL 8.0。

三、实验内容

(1) 创建数据库 students。

(2) 创建表 Stu、Course、Sc,表结构如表 3-8～表 3-10 所示。

表 3-8　Stu 表结构

列　　名	含　　义	数 据 类 型	约　　束
Sno	学号	char(10)	主键
Sname	姓名	char(8)	非空
Sex	性别	char(2)	
Sage	年龄	int	
Sdept	所在系	char(20)	

表 3-9　Course 表结构

列　　名	含　　义	数 据 类 型	约　　束
Cno	课程号	char(10)	主键
Cname	课程名	char(20)	非空
Ccredit	学分	int	
Semster	学期	int	

表 3-10　Sc 表结构

列　　名	含　　义	数 据 类 型	约　　束
Sno	学号	char(10)	主键
Cno	课程号	char(10)	主键
Grade	成绩	int	

(3) 为表 Stu 添加地址列 Address,数据类型为 char(50)。

(4) 将地址列数据类型修改为 varchar(30)。

(5) 删除地址列。

(6) 为 Sc 表 Sno 添加外键约束,引用 Student 表的 Sno;为 Sc 表添加外键约束,引用 Course 表的 Cno。

(7) 为 Stu 表的 Sname 列添加唯一约束。

(8) 为 Sc 表的 Grade 列添加 CHECK 约束,使其值在 0~100。

(9) 为 Stu 表的 Sage 列添加 DEFAULT 约束,使其默认值为 19。

(10) 删除(9)中的 DEFAULT 约束。

实验 3-2　数据查询

一、实验目的

(1) 掌握单表查询。

(2) 掌握多表连接查询。

(3) 掌握子查询、集合查询。

(4) 掌握派生表查询。

(5) 掌握聚合函数使用方法。

二、实验平台

操作系统为 Window 7/10,数据库管理系统为 MySQL 8.0。

三、实验内容

在数据库 supermarket 上完成下列操作。

(1) 查询商品种类信息。

(2) 查询 MIS 专业所有学生信息。

(3) 查询 MIS 专业年龄小于 20 岁的学生信息。

(4) 查询利润率大于 30% 的商品编号与商品名。

(5) 查询广州佛山供应的商品信息。

(6) 查询购买了商品种类为咖啡的男生信息。

(7) 统计年龄在 20 岁以下,购买商品总金额在 100 岁以上的学生的学号、姓名及购买总金额。

(8) 查询购买各商品种类的各专业学生人数。

(9) 查询从未购买过商品的学生信息。

(10) 查询与商品编号 GN005 相同供应商的商品信息。

(11) 查询库存是本商品供应商供货的所有商品中,库存量最小的商品的商品编号、商品名称、供应商编号及库存量。

（12）查询售价大于该种类商品平均售价的商品编号、商品名。

（13）查询购买了商品编号为 GN003 或 GN007 的学生学号与姓名。

（14）查询生产日期早于 2023-1-1 或库存量小于 10 的商品信息。

（15）查询姓张的男生人数。

实验 3-3　索引与视图

熟练使用 MySQL 建立各类型索引，使用 MySQL 删除索引；熟练使用 MySQL 建立视图、删除视图，进行视图查询、视图更新等。

一、实验目的

（1）掌握索引的建立与删除。

（2）掌握建立视图、修改视图、删除视图的方法。

（3）掌握使用视图查询、更新数据。

二、实验平台

操作系统为 Window XP/7/8/10，数据库管理系统为 MySQL 8.0。

三、实验内容

在数据库 supermarket 上完成下列操作。

（1）为表 Goods 的字段 GoodsName 创建一个普通索引。

（2）删除(1)中所建立的索引。

（3）创建带 WITH CHECK OPTION 的视图，包含所有 2003 年后出生的学生信息。

（4）利用上述试图，完成如下功能。

① 统计各专业 2003 年后出生的男女生人数。

② 插入一条学生信息，学号为 S100，姓名为李向阳，出生年份为 2003。执行情况如何？为什么？

③ 删除学号为 S03 的学生信息，结果如何？为什么？

④ 将学号为 S02 的学生的出生年改为 2001，结果如何？为什么？

实验 3-4　数据更新

一、实验目的

掌握在 MySQL 中插入数据、删除数据、修改数据。

二、实验平台

操作系统为 Window 7/10。数据库管理系统为 MySQL 8.0。

三、实验内容

在数据库 supermarket 上完成下列操作。

（1）添加新品"GN100　Sup002　CN001　乐至三合一咖啡　12.30　17.30　100　2018-11-12　18"。

（2）将所有商品存量增加 2。

（3）将库存量超过 20 的商品售价打 8 折。

（4）分别使用子查询方式与连接方式将广州地区供货商的商品加价 10%。

（5）将销售额后两位的商品下架。

第**4**章

数据库编程

SQL 作为标准的关系数据库通用的语言,它以非过程化的形式对数据库进行各种操作,具有使用简单、功能丰富、面向集合、操作统一等优点。在现实应用中,很多业务处理是过程化的,直接使用 SQL 与应用系统进行交互,难以实现应用中的逻辑控制。数据库编程技术可以扩展标准 SQL 的功能,具有过程控制和事务控制能力(流程控制、函数、存储过程、游标等),让数据库管理系统(如 MySQL)与应用系统之间的交互性更强。

4.1 数据库编程基础

4.1.1 MySQL 数据类型

数据类型是为数据表中的列、程序中的变量、表达式和过程中的参数设置其类型、大小和存储时需要多少空间来存储数据。SQL 标准支持多种数据类型:数值类型、字符类型、日期时间类型等。需要注意,不同的关系数据库管理系统支持的数据类型不完全相同。这里主要介绍 MySQL 所支持的常用数据类型。

MySQL 提供多种数据类型:数值类型、字符类型、日期时间类型、二进制类型。不同的数据类型提供的取值范围不同,可存储的值的范围越大,所需要的存储空间就越大,因此需要根据实际需求选择合适的数据类型。合适的数据类型不仅可以节省数据库的存储空间,还可以提升数据的计算性能,节省数据的查询时间。

1. 数值类型

MySQL 支持两类数值类型:精确数值数据类型和近似数值数据类型。

精确数值数据类型是指在计算机中能够精确存储的数据,包括整型和定点小数,表 4-1 列出了具体的数值类型、长度、取值范围和说明。

近似数值数据类型表示浮点型数据的近似数据类型,其值是近似的,因此在计算机中不能精确地表示所有值,表 4-2 列出了近似数值数据类型、长度、取值范围和说明。

表 4-1 精确数值数据类型

数 据 类 型		长度	取 值 范 围	说　　明
整型	tinyint	1B	$-2^7 \sim 2^7-1(-128 \sim 127)$	
	smallint	2B	$-2^{15} \sim 2^{15}-1(-32\,768 \sim 32\,767)$	
	mediumint	3B	$-2^{23} \sim 2^{23}-1(-8\,388\,608 \sim 8\,388\,607)$	
	int	4B	$-2^{31} \sim 2^{31}-1(-2\,147\,483\,648 \sim 2\,147\,483\,647)$	
	bigint	8B	$-2^{63} \sim 2^{63}-1$	

4 数据类型和常量

续表

数 据 类 型		长度	取 值 范 围	说　明
小数	decimal(p,q)	存储空间不固定	由 p、q 的值决定	p 为精度，指可存储的十进制数的最大位数，q 为小数位数，默认值为 0

表 4-2　近似数值数据类型

数 据 类 型		长度/B	取 值 范 围	说　明
浮点数	float	4	负数：$-3.403E+38 \sim -1.175E-38$ 非负数：$0,1.175E-38 \sim 3.403E+38$	单精度浮点数，小数点位数不确定
	double	8	负数：$-1.798E+308 \sim -2.225E-308$ 非负数：$0,2.225E-308 \sim 1.798E+308$	双精度浮点数，小数点位数不确定

2. 字符类型

字符类型用于表示各种汉字、英文字母、数字和各种符号组成的数据，是数据库中使用非常普遍的数据类型。MySQL 的字符类型包括 char、varchar、tinytext、text、mediumtext、longtext、enum 和 set。在 MySQL 中，字符类型的数据实际占用的存储空间与字符集有关，对于中文简体字符集 GBK 的字符串而言，每个汉字占用 2B 的存储空间；对于 UTF-8 字符集的字符串而言，每个汉字占用 3B 的存储空间。varchar、tinytext、text、mediumtext、longtext 数据类型是变长字符串类型，可容纳的字符数与字符集的设置有关，例如 varchar(65535)对于 GBK 字符集而言，最大取值为 32 767 个字符。enum 是一个字符串对象，enum 类型的字段只允许从一个集合中取得某一个值。set 是一个字符串对象，set 类型的字段允许从一个集合中取得零个或多个值。表 4-3 列出了所有的字符类型。字符类型的常量须用单引号或双引号括起来，如'数据库系统'。

表 4-3　字符数据类型

数 据 类 型		长度	取 值 范 围	说　明
字符型	char(n)	n 个字符	n 的取值范围为 0～255	固定长度，n 表示字符串的最大长度
	varchar(n)	输入的字符	n 的取值范围为 0～65 535，与字符集有关	可变长度，根据实际长度存储；n 表示字符串的最大长度
	tinytext	输入的字符	最大字符串与具体字符集有关。存储空间取决于字符串的实际长度	短文本数据
	text	输入的字符		长文本数据
	mediumtext	输入的字符		中等长度文本数据
	longtext	输入的字符		极大文本数据
	enum	枚举字符串	最多包含 65 535 个元素	枚举类型，只能取某个值
	set	字符串	最多 64 个元素	集合类型，可取多个值

3. 日期时间类型

日期时间类型用于存储日期和时间数据，包括 date、time、datetime、year 和 timestamp 几种，它们的表示如表 4-4 所示。

表 4-4 日期时间数据类型

数据类型		长度/B	取值范围	说明
日期时间	date	4	1000-01-01～9999-12-31	常量用单引号括起来
	time	3	－838:59:59～838:59:59	
	datetime	8	1000-01-01 00:00:00～9999-12-31 23:59:59	
	year	1	1901～2155	
	timestamp	4	1980-01-01 00:00:01～2040 年的某一时刻	

date 类型用于仅需要存储日期,不需要存储时间,默认格式为'YYYY-MM-DD'。time 类型用于记录时间,默认格式为'HH:MM:SS'。year 类型使用 1 字节记录年份。datetime 和 timestamp 是日期时间的混合类型,默认格式为'YYYY-MM-DD HH:MM:SS',datetime 存储需要 8B,timestamp 存储需要 4B,timestamp 列的取值范围小于 datetime 的取值范围;它们的最大区别是 datetime 在存储日期时间数据时,按实际输入的格式存储,即输入什么内容就存储什么内容,和使用者所在时区无关;而 timestamp 的存储是以世界标准时间(UTC)格式保存,存储时对当前时区进行转换,检索时再转换回当前时区,因此,在进行查询时,不同使用者所在的时区不同,显示的日期时间值是不同的。

4. 二进制类型

二进制类型用来定义由 0、1 组成的二进制数据,包括 binary、varbinary、bit、tinyblob、blob、mediumblob 和 longblob。其中,blob 类型主要用来存储二进制数据,例如图片、音频、视频等二进制数据,具体描述见表 4-5。

表 4-5 二进制数据类型

数据类型		长度	取值范围	说明
二进制	binary(n)	nB	0～255	固定长度二进制;n 表示字符串的最大长度
	varbinary(n)	输入的长度	0～65 535	可变长度二进制;n 表示字符串的最大长度
	bit	1 位	0 或 1	常用来表示真或假
	tinyblob	实际长度	0～255	不超过 255 字符的二进制字符串
	blob	实际长度	0～65 535	图片、声音等文件
	mediumblob	实际长度	0～16 777 215	图片、声音、视频等文件
	longblob	实际长度	0～4 294 967 295	图片、声音、视频等文件

4.1.2 常量

在程序运行过程中保持值不变的数据称为常量,直接使用字符符号表示。常见的常量包括数值常量、字符常量、日期时间常量、十六进制常量、二进制常量、布尔值常量、NULL 值等。

1. 数值常量

数值常量直接用书写的数字即可。对于浮点型数据,需要使用科学记数法来表示,如 －123、4.78、78E4。

2. 字符常量

字符常量由英文字母、数字、中文汉字及特殊字符组成,由单引号或双引号括起来,如 '商品'、'number'、"校园超市真方便!"。如果字符串中本身包含引号,则可以使用"\"指出后面的字符使用转义字符来解释,如'We\'re students.'。

3. 日期时间常量

日期时间常量使用特定格式的字符日期时间值表示,并用单引号括起来,如'6/14/2023'、'2023-7-19'、'2023-08-25 10:23:17'。

4. 十六进制常量

一个十六进制值通常指定为一个字符串常量,每对十六进制数字被转换为一个字符,其最前面有一个大写字母 X 或小写字母 x,在引号中只可以使用数字 0~9 及字母 a~f 或 A~F。例如,X'53'表示大写字母 S,x'4c'表示大写字母 L。十六进制数值不区分大小写,前缀 X 或 x 可以用 0x 取代且不使用引号,如 0x53、0x4c。

5. 二进制常量

二进制常量由数字"0"和"1"组成,前缀为 b,如 b'0'、b'1'、b'111100'。

6. 布尔值常量

布尔值常量包括两个值:TRUE 和 FALSE。TRUE 的数值为 1,FALSE 的数值为 0。

7. NULL 值

NULL 值适用于各种数据类型,表示"值不确定""没有值"等。

4.1.3 变量

在程序运行过程中数值可以改变的数据称为变量,用于临时存放数据。变量由变量名和数据类型两个属性来描述。变量名用于标识该变量,数据类型确定了该变量存放值的格式以及允许的运算。在 MySQL 中,变量可以分为两种:一种是用户定义用以保存中间结果的用户自定义变量;另一种是系统定义和维护的系统变量。

1. 用户自定义变量

用户自定义变量是在程序内部根据用户需要定义的具有特定数据类型的变量,用来保存程序运行过程中的中间结果或者在程序语句之间传递数据。它又可以分为用户会话变量(以@开头)和局部变量(不以@开头)。

1) 用户会话变量

MySQL 客户机连接到 MySQL 服务器时,两者之间就建立了一个会话通道,并允许用户定义会话变量,会话期间,会话变量一直有效。其他连接的客户机不能访问先前客户机所定义的会话变量。MySQL 客户机关闭或与 MySQL 服务器断开连接后,该客户机所定义的会话变量将自动释放。

通常情况下,用户会话变量的定义和赋值会同时进行,变量名称前加上标记符"@"。

(1) 用户会话变量的定义与赋值。

使用 SET 语句定义并赋值,其语法格式如下:

```
SET @user_variable = expression [, @ user_variable = expression, …];
```

说明:用户会话变量的数据类型是根据"="右边表达式 expression 的计算结果自动分配的。expression 是有效的表达式值,它可以是整数、小数、字符串等常量,也可以是从表中取值。

使用 SELECT 语句定义并赋值,其语法格式如下:

```
SELECT @user _variable: = expression [, @user _variable: = expression, …];
```

或

```
SELECT expression[,expression, … ] INTO @user _variable [, @user _variable, … ];
```

说明：SELECT 语句的第一种书写方式会同时输出变量的结果，赋值的符号是"：＝"；第二种书写方式不输出结果，单纯是定义变量并赋值。

（2）用户会话变量值的输出。

使用 SELECT 语句输出变量的值，其语法格式如下：

```
SELECT @user_variable [, @user_variable, … ];
```

说明：SELECT 语句是以表格的形式输出用户会话变量的值，一条语句可以输出多个变量值。

2）局部变量

局部变量必须定义在存储过程、函数、触发器内部，其作用范围仅限于这些模块内部，离开模块的局部变量是没有意义的。

MySQL 中使用 DECLARE 语句来定义局部变量，用 SET 语句或 SELECT 语句为其赋值，赋值的语法格式与用户会话变量的赋值格式一致。定义局部变量的语法格式如下。

```
DECLARE local_variable[,local_variable, … ] data_type [DEFAULT value];
```

说明：DECLARE 定义的局部变量名前不能加"@"。DEFAULT 子句提供一个默认值，如果没有指定，局部变量的初始默认值为 NULL。创建存储过程、函数时，使用局部变量作为参数，则不需用 DECLARE 进行定义，但需要指定参数的数据类型。

3）用户会话变量举例

【例 4-1】 定义变量，然后为变量赋值，并输出变量的值。

```
SET @user_var1 = 56, @user_var2 = 'world', @user_var3 = 34.2;
SELECT @user_var1, @user_var2, @user_var3;
```

运行结果如图 4-1 所示。

@user_var1	@user_var2	@user_var3
56	world	34.2

图 4-1　简单赋值用户会话变量及输出

【例 4-2】 定义变量，然后从表中取数据赋值，并输出变量的值。

```
SET @no = 'GN001';
SET @name = (SELECT GoodsName FROM Goods WHERE GoodsNO = @no);
SELECT @no, @name;
```

运行结果如图 4-2 所示。

@no	@name
GN001	麦士威尔冰咖啡

图 4-2　表数据赋值用户会话变量及输出

【例 4-3】 查询 Goods 表中商品名为"力神咖啡"的进价和售价，值赋给变量 in_price、sale_price，并输出变量的值。

```
SELECT InPrice, SalePrice INTO @in_price, @sale_price
```

FROM Goods WHERE GoodsName = '力神咖啡';
SELECT @in_price, @sale_price;

运行结果如图 4-3 所示。

@in_price	@sale_price
1.81	2.70

图 4-3　使用 INTO 子句为用户会话变量赋值及输出

2. 系统变量

系统变量是系统内部定义并使用的变量,在 MySQL 服务器启动时就被引入并初始化为默认值。大多数系统变量在使用时,必须在变量名前加上标记符"@@",而一些特定的系统变量则要省略这两个"@"符号,如 CURRENT_DATE(系统日期)、CURRENT_TIME(系统时间)、CURRENT_TIMESTAMP(系统日期和时间)和 CURRENT_USER(SQL 用户的名字)。

在 MySQL 中,有些系统变量的值是不能修改的,如@@version 和系统日期。有些系统变量是可以通过 SET 语句来修改,如 SQL_WARNINGS。修改系统变量的语法格式如下:

```
SET system_variable = expression
    | [GLOBAL | SESSION] system_variable = expression
    | @@ [global. |session. ] system_variable = expression
```

说明:system_ variable 为系统变量名,expression 为系统变量设置的新值。变量名前可以添加 GLOBAL 或 SESSION 等关键字。指定 GLOBAL 或@@global. 关键字的是全局系统变量;指定 SESSION 或@@session. 关键字的则为会话系统变量。如果在使用系统变量时不指定关键字,则默认为会话系统变量。

当 MySQL 启动时,全局系统变量就会被初始化,并且应用于每个启动的会话。当用SET 语句为全局系统变量设置了新值时,该值会被用于新的连接,直到服务器重新启动为止。会话系统变量只适用于当前的会话,大多数会话系统变量的名称与全局系统变量的名称相同,当启动会话时,每个会话系统变量都和同名的全局系统变量的值相同。当用 SET语句为会话系统变量设置新值时,该新值仅适用于正在运行的会话,不适用于其他会话。

使用 SHOW VARIABLES 语句可以得到系统变量清单。SHOW GLOBAL VARIABLES返回所有全局系统变量,而 SHOW SESSION VARIABLES 返回所有会话系统变量。如果不加关键字,则默认为 SHOW SESSION VARIABLES。

常用的系统变量见表 4-6。

表 4-6　常用的系统变量

系 统 变 量	含　　义
@@back_log	返回 MySQL 主要连接请求的数量
@@basedir	返回 MySQL 安装基准目录
@@license	返回服务器的许可类型
@@port	返回服务器侦听 TCP/IP 连接所用的端口
@@storage_engine	返回存储引擎
@@version	返回当前数据库管理系统的版本

【例 4-4】 系统变量举例。

#显示系统变量的值
SELECT @@version;   #输出当前数据库管理系统的版本

运行结果如图 4-4 所示。

@@version
8.0.32

图 4-4　SELECT@@version 的运行结果

SELECT CURRENT_DATE;   #输出当前系统日期

运行结果如图 4-5 所示。

CURRENT_DATE
2023-09-05

图 4-5　SELECT CURRENT_DATE 的运行结果

#将全局系统变量 sort_buffer_size 值改为 25000
SET @@global.sort_buffer_size = 25000;
#将当前会话的 SQL_WARNINGS 变量设置为 ON,表示返回警告
SET @@SQL_WARNINGS = ON;
#将 SELECT 语句的结果集中的最大行数设置为 10
SET @@SESSION.SQL_SELECT_LIMIT = 10;
#恢复 SQL_SELECT_LIMIT 的默认值
SET @@SESSION.SQL_SELECT_LIMIT = DEFAULT;
#显示系统变量清单
SHOW VARIABLES;   #显示所有系统变量清单

运行结果(部分信息截图)如图 4-6 所示。

Variable_name	Value
activate_all_roles_on_login	OFF
admin_address	
admin_port	33062
admin_ssl_ca	
admin_ssl_capath	
admin_ssl_cert	
admin_ssl_cipher	
admin_ssl_crl	

图 4-6　SHOW VARIABLES 的部分运行结果

SHOW VARIABLES LIKE 'version%';   #显示以 version 开头的系统变量清单

运行结果如图 4-7 所示。

Variable_name	Value
version	8.0.32
version_comment	MySQL Community Server - GPL
version_compile_machine	x86_64
version_compile_os	Win64
version_compile_zlib	1.2.13

图 4-7　version 开头的系统变量

4.1.4　流程控制语句

流程控制语句用来控制程序执行的顺序,以此完成复杂的应用程序设计。MySQL 提供了用于编写过程化语句的语法结构。流程控制语句包括 IF 语句、CASE 语句、LOOP 语句、WHILE 语句、REPEAT 语句等。

1. 基本结构

编写程序语句时,往往会用一组 SQL 语句实现业务功能,需要使用 BEGIN…END 将这些语句组合起来形成一个逻辑单元。为了提高程序语句的可读性,可以加入注释进行说明。

(1) BEGIN…END 语句。

BEGIN…END 语句用来封装一个语句块,将在 BEGIN 与 END 之间的所有语句视作一个逻辑单元,被作为一个整体依次执行。其语法格式如下:

```
BEGIN
    sql_statement | statement_block
END
```

其中,sql_statement 和 statement_block 是任何有效的 SQL 语句或语句块,BEGIN…END 可以嵌套使用。通常将其用在存储过程、函数、触发器等内部。

(2) 注释。

在程序语句中增加注释可以帮助用户更好地理解程序,MySQL 中有两种声明注释的方法:单行注释和多行注释。

单行注释使用♯作为单行语句的注释符,写在需要注释的行或语句的后面。多行注释使用/＊和＊/括起来,可以连续书写多行注释语句。

(3) 语句结束标记。

MySQL 的服务器处理语句是以分号作为结束标记,在创建存储过程、函数时,内部可以包含多条 SQL 语句,每个 SQL 语句都是以分号结束,而服务器处理程序语句时遇到第一个分号则结束程序的运行,这时需要使用 DELIMITER 语句将 MySQL 中的结束标记修改为其他符号。其语法格式如下:

```
DELIMITER symbol;
```

其中,symbol 可以是一些特殊符号,如"♯""％""＆""＠＠"等,但避免使用转移字符"/"。恢复使用分号作为结束标记,则执行语句"DELIMITER ;"。

(4) 基本结构举例。

【例 4-5】　查询商品编号为 GN001 的商品信息,包括商品名称、进价和售价,值赋给变量 goods_name、in_price、sale_price,并输出变量的值。

```
/＊例子演示注释和重置语句结束标记。第一句设置结束语句标记为＆;第二句将查询的商品名称、
进价、售价赋值给用户会话变量;第三句恢复语句结束标记;第四句输出变量的值。＊/
    DELIMITER ＆              ♯重置语句结束标记
    SELECT GoodsName, InPrice, SalePrice
        INTO @goods_name, @in_price, @sale_price FROM Goods
        WHERE GoodsNO = 'GN001'＆
    DELIMITER ;              ♯恢复语句结束标记
    SELECT @goods_name, @in_price, @sale_price;
```

运行结果如图 4-8 所示。

@goods_name	@in_price	@sale_price
麦士威尔冰咖啡	5.79	7.80

图 4-8 例 4-5 的运行结果

2. 条件语句

条件语句是根据条件的变化选择执行不同的程序语句。MySQL 支持的条件语句包括
IF 语句和 CASE 语句。

(1) IF 语句。

IF 语句用来判断条件,根据是否满足条件执行不同的程序。其语法格式如下:

```
IF boolean_expression THEN sql_statement | statement_block;
    [ELSEIF boolean_expression THEN sql_statement | statement_block ];
    …
    [ELSE sql_statement | statement_block ];
END IF;
```

其中,boolean_expression 为布尔表达式值,sql_statement | statement_block 为不同条件的
执行语句或语句块。ELSEIF 子句、ELSE 子句是可选的。IF 语句可以嵌套。

(2) CASE 语句。

CASE 语句的作用和 IF…ELSEIF…END IF 语句相同,用来实现多重条件判断,返回
一个符合条件的结果,其表示形式更简洁。其语法格式有两种形式。

形式一:将某个表达式与一组简单的表达式进行比较以此来确定结果。

```
CASE expression
    WHEN expression1 THEN result_expression1;
    WHEN expression2 THEN result_expression2;
    …
    [ELSE result_expression];
END;
```

该语句的执行过程是:将 CASE 后面的 expression 值与每个 WHEN 子句中的
expression 值进行比较,直到发现第一个相等的值时,返回该 WHEN 子句的 THEN 后面的
result_expression 值,并跳出 CASE 语句,否则将返回 ELSE 子句中的值。ELSE 子句是可
选的,若比较结果都失败,而且没有 ELSE 子句,则返回 NULL 值。

【例 4-6】 显示商品表 Goods 中商品的类别名称。

```
SELECT GoodsName 商品名, CategoryNO 类别代码, CASE CategoryNO
    WHEN  'CN001'  THEN  '咖啡'
    WHEN  'CN002'  THEN  '洗发水'
    WHEN  'CN003'  THEN  '方便面'
    WHEN  'CN004'  THEN  '床上用品'
    ELSE  '其他类'
END  类别名
FROM Goods;
```

商品名	类别代码	类别名
麦士威尔冰咖啡	CN001	咖啡
捷荣三合一咖啡	CN001	咖啡
力神咖啡	CN001	咖啡
麦士威尔小三合一咖啡	CN001	咖啡
雀巢香滑咖啡饮料	CN001	咖啡
雀巢听装咖啡	CN001	咖啡
夏士莲丝质柔顺洗发水	CN002	洗发水
飞逸清新爽洁洗发水	CN002	洗发水
力士柔亮洗发水(中/干)	CN002	洗发水

运行结果(部分信息截图)如图 4-9 所示。

形式二:计算一组布尔表达式来确定结果。

图 4-9 CASE 形式一的运行结果

```
CASE
    WHEN boolean_expression1 THEN result_expression1
    WHEN boolean_expression2 THEN result_expression2
    …
    [ELSE result_expression]
END
```

该语句的执行过程是：依次计算每个 WHEN 子句后的 boolean_expression 值,返回第一个值为 TRUE 的 THEN 后面的 result_expression 值,并跳出 CASE 语句。如果每一个 WHEN 子句之后的表达式值为 FALSE,当指定 ELSE 子句时,返回 ELSE 子句中的 result_expression 值,没有 ELSE 子句,则返回 NULL 值。

【例 4-7】 对商品表 Goods 中商品库存数量的评定。

```
SELECT GoodsNO 商品编号, GoodsName 商品名, Number 数量,
CASE
    WHEN    Number > = 50    THEN    '库存充足'
    WHEN    Number > = 10    THEN    '安全库存'
    ELSE    '库存不足'
END 库存情况
FROM Goods;
```

运行结果(部分信息截图)如图 4-10 所示。

商品编号	商品名	数量	库存情况
GN001	麦士威尔冰咖啡	12	安全库存
GN002	捷荣三合一咖啡	15	安全库存
GN003	力神咖啡	30	安全库存
GN004	麦士威尔小三合一咖啡	20	安全库存
GN005	雀巢香滑咖啡饮料	3	库存不足
GN006	雀巢听装咖啡	6	库存不足
GN007	夏士莲丝质柔顺洗发水	30	安全库存
GN008	飞逸清新爽洁洗发水	50	库存充足

图 4-10 CASE 形式二的运行结果

3. 循环语句

循环语句用于重复执行一条语句或一个语句块。MySQL 支持的循环语句包括 LOOP 语句、WHILE 语句、REPEAT 语句。

(1) LOOP 语句。

LOOP 语句为无条件循环,需要结合条件语句、LEAVE 语句或 ITERATE 语句进行控制。其语法格式如下:

```
[begin_label:]LOOP
    sql_statement | statement_block;
    IF boolean_expression THEN
        LEAVE begin_label;
    END IF;
END LOOP;
```

LEAVE 语句主要用于跳出循环,格式为 LEAVE label。ITERATE 语句主要用于跳出本次循环,进入下一轮循环,格式为 ITERATE label。label 表示循环标记。

(2) WHILE 语句。

WHILE 语句在每次执行循环时判断循环条件,只要指定的条件为 TRUE,就重复执行

循环内的语句；指定的条件为 FALSE，则退出循环。WHILE 语句可以嵌套。其语法格式如下：

```
WHILE boolean_expression DO
    sql_statement | statement_block;
END WHILE;
```

WHILE 语句中也可以通过条件语句、LEAVE 语句或 ITERATE 语句来控制循环的执行，即满足某个条件的前提下提前退出本层循环或结束本次循环。

（3）REPEAT 语句。

REPEAT 语句也是有条件控制的循环语句。先执行循环内的语句，最后一条执行结束时判断条件是否为 TRUE，如果是，则结束循环，否则重复执行循环内的语句。其语法格式如下：

```
REPEAT
    sql_statement | statement_block;
    UNTIL boolean_expression;
END REPEAT;
```

4.1.5　游标

SELECT 语句查询出的结果是一个由多行记录组成的集合，为了能对集合按行灵活处理，SQL 提供了游标（Cursor）机制。游标是一种能从包含多条数据记录的结果集中每次提取一条记录的机制，因此可以把游标理解成一个指针，它可以指向结果中的任何位置，让用户对指定位置的数据进行不同或相同的处理。游标总是与一条 SELECT 语句相关联，由结果集和结果集中指向特定记录的游标位置组成。

在 MySQL 中，可以在存储过程和函数中使用游标，逐行处理 SELECT 语句返回的查询结果。游标的使用需要四个步骤：定义游标、打开游标、读取数据和关闭游标。

1. 定义游标

游标跟用户自定义变量一样，在使用之前必须先进行定义。游标在定义时需要指定游标的名称和游标使用的 SELECT 语句。其语法格式如下：

```
DECLARE cursor_name CURSOR FOR select_statement;
```

说明：cursor_name 是定义的游标名称。select_statement 是定义结果集的 SELECT 语句，该语句是针对基本表或视图的查询，可以包含 WHERE、ORDER BY、GROUP BY 等子句，但不能包含 INTO 子句。

2. 打开游标

游标定义后，需要通过 OPEN 语句打开才能执行其他游标操作。其语法格式如下：

```
OPEN cursor_name;
```

说明：游标必须先定义后打开。cursor_name 指定要打开的游标名。游标可以重复打开和关闭，打开游标时，SELECT 语句的查询结果集被传送到游标工作区，供用户读取。

3. 读取数据

游标打开后，就可以使用 FETCH 语句从游标工作区中读取特定行的数据，以进行相关处理。其语法格式如下：

```
FETCH cursor_name INTO variable_name [, variable_name, …];
```

说明：游标打开后才能使用 FETCH 读取数据。cursor_name 是要从中读取数据的打开游标的名称。INTO variable_name [，variable_name，…]：允许读取操作的列数据放到局部变量中，局部变量的数据类型必须与游标中列数据的数据类型相匹配，变量的数目必须与列数据的数目一致。

成功打开游标后，游标指针指向查询结果集的第一行之前，FETCH 语句将游标指针指向下一行。因此，第一次执行 FETCH 语句时，将第一行的数据读取到局部变量中，之后每执行一次 FETCH 语句，该指针将移动到结果集的下一行。用户通常通过循环语句逐行读取查询结果集中的数据。

4. 关闭游标

游标会占用系统资源，如果不及时关闭，游标会一直保持到存储过程或函数结束，影响系统运行效率，因此，处理完游标中的数据后应及时通过关闭游标来释放数据结果集和位于数据记录上的锁。其语法格式如下：

```
CLOSE cursor_name;
```

游标关闭后，用户不能再从结果集中读取数据。如果需要重新读取，则可以通过 OPEN 语句再次打开。

4.1.6　异常处理

在执行存储过程或函数中的 SQL 语句时，可能会因为某条 SQL 语句的执行问题而导致错误，出现错误后 MySQL 会立即停止对存储过程或函数的执行。例如，在向一个表中插入数据时，会因为主键值重复，使得 INSERT 语句出现错误，从而终止程序运行。这种情况下，数据库编程人员并不希望 MySQL 自动终止程序的运行，而 MySQL 异常处理机制可以帮助数据库编程人员控制程序流程。

错误处理程序定义了在遇到异常时采取的处理方式，并且保证存储过程或函数在遇到警告或错误时能继续运行，增强了程序处理能力，提高了程序的安全性。错误处理程序通过 DECLARE HANDLER 语句来定义，其语法格式如下：

```
DECLARE handler_type HANDLER FOR condition_value[, … ] sp_statement;
handler_type: CONTINUE | EXIT | UNDO
condition_value: SQLstate[value] SQLstate_value | SQLwarning
              | not found| SQLexception| MySQL_error_code
```

说明：handler_type 指定错误处理的方式，有三个取值：CONTINUE、EXIT、UNDO。CONTINUE 表示遇到错误不进行处理，继续执行后面的程序语句；EXIT 表示遇到错误后马上退出程序的执行；UNDO 表示遇到错误后撤回之前的操作。MySQL 中暂时不支持 UNDO 处理方式。如果能事先预测错误类型，并且进行相应的处理，那么可执行 CONTINUE 操作，否则最好执行 EXIT 操作。condition_value 指定错误类型，表示错误触发条件，其中，SQLstate_value 表示标准的错误代码值；SQLwarning 表示所有以 01 开头的 SQLstate_value 值；not found 表示所有以 02 开头的 SQLstate_value 值；SQLexception 表示所有没有被 SQLwarning 或 not found 捕获的 SQLstate_value 值；MySQL_error_code 表示 MySQL 的错误代码值。sp_statement 表示错误发生后，MySQL 会立即执行的语句。

【例 4-8】 定义错误处理程序举例。

/* 捕获标准的 SQLstate 值 42s02(数据表不存在),遇到 42s02 错误,执行 CONTINUE 操作,并且为用户
自定义变量 info 赋值 can not find。*/
DECLARE CONTINUE HANDLER FOR SQLstate '42s02' SET @info = 'can not find';
♯捕获 MySQL 的错误代码 1146(数据表不存在)
DECLARE CONTINUE HANDLER FOR 1146 SET @info = 'can not find';
♯捕获所有 01 开头的 SQLstate_value 值,然后执行 EXIT 操作,赋值 error
DECLARE EXIT HANDLER FOR SQLwarning SET @info = 'error';
♯捕获所有 02 开头的 SQLstate_value 值,然后执行 CONTINUE 操作,赋值 can not find
DECLARE CONTINUE HANDLER FOR not found SET @info = 'can not find';

4.2 存储过程

存储过程是 MySQL 服务器上的一组预先编译好的 SQL 语句与程序控制语句的集合,用于完成某项特定的任务。存储过程以特定的名称存储在数据库中,可以在存储过程中定义变量,有条件地执行及其他各项强大的程序设计功能。存储过程可以接收参数、返回参数值,并可以嵌套使用。

4.2.1 存储过程的创建

存储过程只能在当前数据库中进行创建,使用 CREATE PROCEDURE 语句。其语法格式如下:

```
CREATE PROCEDURE procedure_name(
    [IN │ OUT │ INOUT parameter data_type,
    IN │ OUT │ INOUT parameter data_type, … ] )
BEGIN
    procedure _body;
END
```

各参数说明如下。

procedure_name:新建存储过程的名称,要求符合标识符规则,并且是唯一的。

parameter:是存储过程的参数,可以设定零个、一个或多个参数。在 parameter 之前需要确定参数的输入输出类型。IN 表示输入参数;OUT 表示输出参数;INOUT 表示既是输入又是输出参数。

data_type:参数的数据类型,MySQL 数据库中任意数据类型均可用作存储过程的参数。

procedure_body:完成特定功能的一条或多条 SQL 语句。当存储过程中的 SQL 语句只有一条时,可以省略 BEGIN…END。

【例 4-9】 创建一个存储过程 pro_displaygoods,显示所有商品的商品编号、商品名、类别、售价和数量。

```
USE SuperMarket;
CREATE PROCEDURE pro_displaygoods()
    SELECT GoodsNO 商品编号, GoodsName 商品名, CategoryName 类别,
        SalePrice 售价, Number 数量
    FROM Goods JOIN Category ON Goods.CategoryNO = Category.CategoryNO;
```

【例4-10】 创建一个存储过程 pro_displaygoods_2，显示指定类别名的商品编号、商品名、类别、售价和数量。

```
USE SuperMarket;
CREATE PROCEDURE pro_displaygoods_2(IN category varchar(100))
    SELECT GoodsNO 商品编号, GoodsName 商品名, CategoryName 类别,
        SalePrice 售价, Number 数量
    FROM Goods JOIN Category ON Goods.CategoryNO = Category.CategoryNO
WHERE CategoryName = category;
```

【例4-11】 创建一个存储过程 pro_findgoods，输入商品编号，查询商品的售价。

```
USE SuperMarket;
CREATE PROCEDURE pro_findgoods(IN gno varchar(20), OUT price decimal(18,2))
    SELECT SalePrice INTO price FROM Goods WHERE GoodsNO = gno;
```

4.2.2 存储过程的删除

不再需要的存储过程可以使用 DROP PROCEDURE 语句将其删除。删除之前，必须确认该存储过程没有任何依赖关系，否则会导致其他与之关联的存储过程无法执行。其语法格式如下：

```
DROP PROCEDURE [IF EXISTS] procedure_name;
```

说明：procedure_name 表示要删除的存储过程名称。IF EXISTS 用于防止删除命令因为指定 procedure_name 的存储过程不存在而发生错误。

【例4-12】 删除存储过程 pro_findgoods。

```
DROP PROCEDURE IF EXISTS pro_findgoods;
```

4.2.3 存储过程的执行

一旦存储过程创建后可以多次执行该存储过程。存储过程的执行即调用存储过程，使用 CALL 语句直接调用。其语法格式如下：

```
CALL procedure_name();
```

【例4-13】 下面的语句分别执行例4-9和例4-10。

```
CALL pro_displaygoods();
CALL pro_displaygoods_2('洗发水');
```

运行结果（部分信息截图）如图4-11所示。

商品编号	商品名	类别	售价	数量
GN001	麦士威尔冰咖啡	咖啡	7.80	20
GN002	捷荣三合一咖啡	咖啡	17.30	15
GN003	力神咖啡	咖啡	2.70	30
GN004	麦士威尔小三合一咖啡	咖啡	10.80	20
GN005	雀巢香滑咖啡饮料	咖啡	2.70	3
GN006	雀巢听装咖啡	咖啡	113.70	6
GN007	夏士莲丝质柔顺洗发水	洗发水	35.70	30
GN008	飞逸清新爽洁洗发水	洗发水	30.00	50
GN009	力士柔亮洗发水(中/干)	洗发水	32.30	20
GN010	风影去屑洗发水	洗发水	34.20	6
GN011	小绵羊被卷	床上用品	150.00	28

图4-11 例4-13中 pro_displaygoods 的运行结果

运行结果(部分信息截图)如图 4-12 所示。

商品编号	商品名	类别	售价	数量
GN007	夏士莲丝质柔顺洗发水	洗发水	35.70	30
GN008	飞逸清新爽洁洗发水	洗发水	30.00	50
GN009	力士柔亮洗发水(中/干)	洗发水	32.30	20
GN010	风影去屑洗发水	洗发水	34.20	6

图 4-12 例 4-13 中 pro_displaygoods_2 的运行结果

【例 4-14】 下面的语句执行例 4-11。

```
CALL pro_findgoods ('GN001', @price);
SELECT @price;
```

运行结果如图 4-13 所示。

@price
7.80

图 4-13 例 4-14 的运行结果

4.2.4 存储过程举例

4.1 节中介绍的流程控制语句、游标需要在存储过程或函数中使用,下面举例介绍它们的应用。

【例 4-15】 创建存储过程 pro_inventory 对商品表 Goods 中商品库存数量进行评定。

```
# 使用 IF 语句来实现。concat 是系统函数,作用是连接字符串
CREATE PROCEDURE pro_inventory(IN gno varchar(20), OUT info varchar(50))
    BEGIN
        DECLARE num int;
        SELECT Number INTO num FROM Goods WHERE GoodsNO = gno;
        IF num > 50 THEN
            SET info = concat(gno,'号商品库存充足');
        ELSEIF num > 10 THEN
            SET info = concat (gno,'号商品达到安全库存');
        ELSE
            SET info = concat (gno,'号商品库存不足');
        END IF;
    END;
# 执行存储过程
CALL pro_inventory('GN001',@out_info);
SELECT @out_info;    # 输出变量的值
# 使用 CASE 语句来实现
CREATE PROCEDURE pro_inventory(IN gno varchar(20), OUT info varchar(50))
    BEGIN
        DECLARE num int;
        SELECT Number INTO num FROM Goods WHERE GoodsNO = gno;
        CASE
            WHEN num > 50 THEN SET info = concat(gno,'号商品库存充足');
            WHEN num > 10 THEN SET info = concat(gno,'号商品达到安全库存');
            ELSE SET info = concat(gno,'号商品库存不足');
        END CASE;
    END;
# 执行存储过程
```

```
CALL pro_inventory('GN001',@out_info);
SELECT @out_info;
```

运行结果如图 4-14 所示。

```
@out_info
GN001号商品达到安全库存
```

图 4-14　例 4-15 中 pro_inventory 的运行结果

【例 4-16】　创建存储过程，实现如下功能：如果商品表 Goods 中商品的平均数量低于库存充足标准 50，则将所有商品数量增加 20，直到平均数量达到 50 或最高数量超过 100 为止，其中超过 100 的数量直接写 100。

```
#使用 LOOP 语句实现
CREATE PROCEDURE pro_updategoods()
    BEGIN
        lab:LOOP
            IF (SELECT AVG(Number) FROM Goods) < 50 THEN
                UPDATE Goods SET Number = Number + 20;
                IF (SELECT MAX(Number) FROM Goods)> = 100 THEN
                    BEGIN
                        UPDATE Goods SET Number = 100 WHERE Number > 100;
                        LEAVE lab;
                    END;
                END IF;
            ELSE
                LEAVE lab;
            END IF;
        END LOOP;
    END
#使用 WHILE 语句实现
CREATE PROCEDURE pro_updategoods()
    BEGIN
        lab:WHILE (SELECT AVG(Number) FROM Goods) < 50 DO
            UPDATE Goods SET Number = Number + 20;
            IF (SELECT MAX(Number) FROM Goods)> = 100 THEN
                BEGIN
                    UPDATE Goods SET Number = 100 WHERE Number > 100;
                    LEAVE lab;
                END;
            END IF;
        END WHILE;
    END;
#使用 REPEAT 语句实现
CREATE PROCEDURE pro_updategoods()
    BEGIN
        lab:REPEAT
            UPDATE Goods SET Number = Number + 20;
            IF (SELECT MAX(Number) FROM Goods)> = 100 THEN
                BEGIN
                    UPDATE Goods SET Number = 100 WHERE Number > 100;
                    LEAVE lab;
                END;
            END IF;
```

```
                    UNTIL (SELECT AVG(Number) FROM Goods) > 50
                END REPEAT;
        END
#执行存储过程
CALL pro_updategoods();
```

【例 4-17】 创建存储过程 pro_cntgoods，要求利用游标显示销售数量排前三的商品的名称、进价和售价。

```
#在存储过程中创建新表保存前三的商品
CREATE PROCEDURE pro_cntgoods()
    BEGIN
        DECLARE i int;
        DECLARE g_no varchar(20);
        DECLARE cur_good CURSOR
            FOR SELECT GoodsNO FROM SaleBill GROUP BY GoodsNO
            ORDER BY SUM(Number) DESC LIMIT 3;
        CREATE TABLE readgood(
            gname varchar(100),
            ginprice decimal(18,2),
            gsaleprice decimal(18,2)
        );
        SET i = 1;
        OPEN cur_good;
        WHILE i < = 3 DO
            FETCH cur_good INTO g_no;
            INSERT INTO readgood SELECT GoodsName, InPrice,SalePrice
                                FROM Goods WHERE GoodsNO = g_no;
            SET i = i + 1;
        END WHILE;
        CLOSE cur_good;
        SELECT * FROM readgood;
    END
```

或

```
#通过存储过程输出前三的商品
CREATE PROCEDURE pro_cntgoods()
    BEGIN
        DECLARE i int;
        DECLARE g_no1,g_no2,g_no3 varchar(20);
        DECLARE g_name1, g_name2, g_name3 varchar(100);
        DECLARE g_inprice1, g_inprice2, g_inprice3 decimal(18,2);
        DECLARE g_saleprice1, g_saleprice2, g_saleprice3 decimal(18,2);
        DECLARE cur_good CURSOR
            FOR SELECT GoodsNO FROM SaleBill GROUP BY GoodsNO
            ORDER BY SUM(Number) DESC LIMIT 3;
        OPEN cur_good;
        FETCH cur_good INTO g_no1;
        FETCH cur_good INTO g_no2;
        FETCH cur_good INTO g_no3;
        SELECT GoodsName, InPrice,SalePrice FROM Goods
        WHERE GoodsNO in (g_no1,g_no2,g_no3);
        CLOSE cur_good;
    END
```

```
#执行存储过程
CALL pro_cntgoods ();
```

运行结果如图 4-15 所示。

gname	ginprice	gsaleprice
力神咖啡	1.81	2.70
麦士威尔冰咖啡	5.79	7.80
捷荣三合一咖啡	12.30	17.30

图 4-15　例 4-17 中 pro_cntgoods 的运行结果

4.3　函数

函数用于封装一条或多条 SQL 语句组成的子程序,便于重复使用。MySQL 允许用户根据自己的需求创建自定义函数,同时也提供了许多内置函数用以完成各种工作。每个函数都有一个名称,名称之后都有一对小括号。大部分函数在小括号内有一个或多个参数。

4.3.1　函数的创建

自定义函数中可以包含零个或多个参数,函数返回值的数据类型可以是 MySQL 的任意数据类型。创建函数使用 CREATE FUNCTION 语句,其语法格式如下:

```
CREATE FUNCTION function_name([parameter_name data_type[,…]])
RETURNS return_data_type
BEGIN
    Function_body
    RETURN statement
END
```

其中,在 BEGIN 与 END 之间,必须有一条 RETURN 语句,用于指定返回函数的值。return_data_type 指定函数返回值的数据类型。

【例 4-18】　创建一个函数 fun_averageprice,求商品表 Goods 中某类商品的平均售价。

```
USE SuperMarket;
CREATE FUNCTION fun_averageprice(cateno varchar(20))
RETURNS decimal(18,2)
BEGIN
    DECLARE avg_price decimal(18,2);
    SELECT AVG(SalePrice) INTO avg_price   FROM Goods
        WHERE CategoryNO = cateno;
    RETURN avg_price;
END
```

4.3.2　函数的删除

不再使用的函数过程可以通过 DROP FUNCTION 语句删除,其语法格式如下:

```
DROP FUNCTION  [IF EXISTS]  function_name [,…];
```

说明:函数名后面不加括号。

【例 4-19】　删除函数过程 fun_averageprice。

```
DROP FUNCTION IF EXISTS fun_averageprice;
```

4.3.3 函数的调用

函数创建完成以后,可以通过函数调用语句来使用函数过程,其语法格式如下:

```
SELECT function_name(parameter_expression[, …]);
```

注意,parameter_expression 的顺序要与函数过程创建时的参数顺序保持一致。

【例 4-20】 下面语句是例 4-18 的函数过程调用。

```
SELECT fun_averageprice('CN002') AS 'CN002 类商品的平均售价';
```

运行结果如图 4-16 所示。

CN002类商品的平均售价
33.05

图 4-16 例 4-20 调用函数的运行结果

4.3.4 函数或存储过程的查看

函数、存储过程创建后,用户可以查看函数或存储过程的状态和定义,下面介绍查看函数或存储过程的语句。

1. 查看函数或存储过程的状态

使用 SHOW STATUS 语句查看函数或存储过程的状态,其语法格式如下:

```
SHOW {FUNCTION │ PROCEDURE } STATUS [LIKE 'pattern' ];
```

说明:FUNCTION 表示用户自定义函数;PROCEDURE 表示存储过程。LIKE 'pattern'用来匹配函数或存储过程的名称,名称后面不加括号;如果不指定该子句,则会查看所有的函数或存储过程。

【例 4-21】 查看存储过程 pro_inventory 的状态。

```
SHOW PROCEDURE STATUS LIKE 'pro_inventory';
```

运行结果(部分信息截图)如图 4-17 所示。

Db	Name	Type	Definer	Modified	Created	Security_type
supe	pro_inventory	PROCEDURE	root@localh	2023-09-02 20:1	2023-09-02	DEFINER

图 4-17 例 4-21 中 pro_inventory 的部分信息

【例 4-22】 查看以 fun_ 命名的自定义函数的状态。

```
SHOW FUNCTION STATUS LIKE 'fun_ % ';
```

运行结果(部分信息截图)如图 4-18 所示。

Db	Name	Type	Definer	Modified	Created	Security_t	Co	character_
supe	fun_averagepri	FUNCTION	root@localh	2023-09-0	2023-09-	DEFINER		utf8mb4

图 4-18 例 4-22 中 fun_开头函数的部分信息

2. 查看函数或存储过程的具体信息

使用 SHOW CREATE 语句查看函数或存储过程的详细信息,其语法格式如下:

```
SHOW CREATE {FUNCTION │ PROCEDURE} sp_name;
```

说明：参数 sp_name 表示函数或存储过程的名称，名称后面不加括号。语句一次只能查看一个函数或存储过程的具体信息。

【例 4-23】 查看函数 fun_averageprice 的具体信息。

```
SHOW CREATE FUNCTION fun_averageprice;
```

运行结果（部分信息截图）如图 4-19 所示。

Function	sql_mode	Create Function	character	collation_connect	Database Collatic
fun_averageprice	ONLY_FULL_GROU	CREATE DEFINER	utf8mb4	utf8mb4_0900_ai	utf8mb4_0900_ai

图 4-19　例 4-23 中函数 **fun_averageprice** 的部分具体信息

4.3.5　函数举例

【例 4-24】 创建函数，通过商品编号作为实参调用该函数，判断该商品的进价和售价，如果售价低于进价，则输出"∗∗商品为打折商品"，否则输出"∗∗商品为正价商品"，∗∗表示商品编号。

```
CREATE FUNCTION fun_judgeprice(gno varchar(20))
RETURNS varchar(50)
    BEGIN
        DECLARE var_in, var_sale decimal(18,2);
        SELECT InPrice, SalePrice INTO var_in, var_sale FROM Goods
        WHERE GoodsNO = gno;
        IF var_in > var_sale THEN
            RETURN concat(gno,'号商品为打折商品');
        ELSE
            RETURN concat(gno,'号商品为正价商品');
        END IF;
    END;
#调用函数
SELECT fun_judgeprice('GN001');
```

运行结果如图 4-20 所示。

fun_judgeprice('GN001')
GN001号商品为正价商品

图 4-20　例 4-24 中 **fun_judgeprice** 的运行结果

【例 4-25】 创建函数，实现向 SaleBill 插入数据，利用异常处理机制捕捉插入数据是否违反主键约束和外键约束。

```
CREATE FUNCTION fun_insertbill(gno varchar(20),sno varchar(50),num int)
RETURNS varchar(50)
    BEGIN
        DECLARE EXIT HANDLER FOR 1062 RETURN '违反主键约束';
        DECLARE EXIT HANDLER FOR 1452 RETURN '违反外键约束';
        INSERT INTO SaleBill(GoodsNO,Sno,HappenTime,Number)
            VALUES(gno,sno,now(),num);
        RETURN '插入成功';
    END;
#调用函数
    SELECT fun_insertbill('GN001','S01',3)
```

运行结果如图 4-21 所示。

```
#调用函数
    SELECT fun_insertbill('GN001','S31',2)
```

> fun_insertbill('GN001','S01',3)
> 违反主键约束

图 4-21　例 4-25 输入数据违反主键约束的结果

运行结果如图 4-22 所示。

```
#调用函数
    SELECT fun_insertbill('GN001','S07',5)
```

> fun_insertbill('GN001','S31',3)
> 违反外键约束

图 4-22　例 4-25 输入数据违反外键约束的结果

运行结果如图 4-23 所示。

> fun_insertbill('GN001','S07',5)
> 插入成功

图 4-23　例 4-25 输入数据正常的结果

例子中编写的函数加入了异常处理机制,数据库开发人员控制程序的运行流程,解决了 MySQL 自动终止程序运行的问题。

4.3.6　常用的系统函数

系统函数是系统预先定义好不能修改的函数,用户可以直接使用。常用的系统函数包括数学函数、日期和时间函数、字符串函数、系统信息函数、条件判断函数、加密函数等,这些函数增强了数据库功能,满足了用户的不同需求,方便用户对数据进行查询和修改。

1. 数学函数

数学函数主要用来对数值表达式进行数学运算并返回结果。常用数学函数见表 4-7。

表 4-7　常用数学函数

函　数	功　能
abs(numeric_expression)	返回给定数值表达式值的绝对值
rand(integer_expression)	返回 0～1.0 的随机浮点数。整数表达式作为初始值
round(numeric_expression,length)	返回数值表达式值并四舍五入为指定的长度或精度。length 表示保留小数位数
ceiling(numeric_expression)	返回大于或等于数值表达式值的最小整数
floor(numeric_expression)	返回小于或等于数值表达式值的最大整数
power(numeric_expression,n)	返回数值表达式值进行 n 次方的结果。n 必须为整数
sqrt(numeric_expression)	返回非负数值表达式的平方根
truncate(numeric_expression,length)	返回数值表达式值的 length 位小数
sign(numeric_expression)	返回数值表达式值的符号
pi	返回 π 的值

【例 4-26】 生成 0~100 的随机整数。

```
SET @rd = rand() * 100;
SELECT floor(@rd);
```

2. 日期和时间函数

日期和时间函数用来操作日期时间类型的数据,用于日期和时间方面的处理工作。常用日期和时间函数见表 4-8。

表 4-8 常用日期和时间函数

函　数	功　能
curdate	返回系统当前日期
curtime	返回系统当前时间
now	返回系统当前的日期时间
year(date_expression)	返回日期表达式中的年
month(date_expression)	返回日期表达式中的月
day(date_expression)	返回日期表达式中的日
dayofyear(date_expression)	返回日期表达式是一年的第几天
dayofmonth(date_expression)	返回日期表达式是一个月的第几天
dayofweek(date_expression)	返回日期表达式是一个星期的第几天
quarter(date_expression)	返回日期表达式是一年中的季度
week(date_expression)	返回日期表达式是一年的第几周
hour(time_expression)	返回时间表达式的小时
minute(time_expression)	返回时间表达式的分钟
second(time_expression)	返回时间表达式的秒

【例 4-27】 从身份证中获取年龄。

```
SET @card = '510226199907080057';
SET @year = substring(@card,7,4);
SELECT year(curdate()) - @year;
```

3. 字符串函数

字符串函数可以用来处理字符类型的数据。常用字符串函数见表 4-9。

表 4-9 常用字符串函数

函　数	功　能
ascii(character_expression)	返回字符表达式中最左侧字符的 ASCII 代码值
lower(character_expression)	返回将字符表达式的大写字符转换为小写字符后的字符表达式
upper(character_expression)	返回将字符表达式的小写字符转换为大写字符后的字符表达式
ltrim(character_expression)	返回删除字符表达式左边空格的字符
rtrim(character_expression)	返回删除字符表达式右边空格的字符
trim(character_expression)	返回删除字符表达式左右两边空格的字符
left(character_expression,n)	返回字符表达式左边开始的 n 个字符
right(character_expression,n)	返回字符表达式右边开始的 n 个字符
substring(character_expression,start,length)	返回字符表达式从 start 开始长度为 length 的字符

续表

函　　数	功　　能
concat(character_expression,…)	返回连接多个字符表达式的字符串
concat_ws(ch,character_expression,…)	返回连接多个字符表达式的字符串,用字符 ch 间隔
replace(character_expression1, character_expression2, character_expression3)	返回用 character_expression3 替换 character_expression1 中出现的所有 character_expression2 后的字符表达式
char_length(character_expression)	返回字符串表达式包含的字符个数
length(character_expression)	返回字符串表达式的字节长度
position(character_expression1, character_expression2)	返回 character_expression1 在字符串 character_expression2 中第一次出现的位置
reverse(character_expression)	按相反顺序返回 character_expression
repeat(character_expression, interger_expression)	返回将 character_expression 复制 interger_expression 次后的字符

【例 4-28】 从学号中获取学生所在学院(学号的第 4、5 位)和专业(学号的第 6、7 位)的代码。

```
SET @sno = '11803060132';
SET @dp = substring(@sno,4,2);
SET @pf = substring(@sno,6,2);
SELECT @dp,@pf;
```

4. 系统信息函数

系统信息函数包括数据库服务器的版本号、当前登录的用户、连接次数、系统的字符集等信息。常用系统信息函数见表 4-10。

表 4-10　常用系统信息函数

函　　数	功　　能
user	返回当前登录的用户名
database	返回当前正在使用的数据库名
version	返回数据库服务器的版本号
connection_id	返回数据库服务器当前连接次数,每个连接都有各自唯一的 ID
found_rows	返回最后一个 SELECT 查询的总行数
charset(character_expression)	返回字符串 character_expression 的字符集,默认是 UTF-8
last_insert_id	返回最后生成的 auto_increment 值

5. 条件判断函数

条件判断函数也称流程控制函数。函数根据不同的条件执行对应的流程。MySQL 中的条件判断函数包括 if、ifnull、case,具体见表 4-11。

表 4-11　常用条件判断函数

函　　数	功　　能
if(boolean_expression,exp1,exp2)	根据条件表达式 boolean_expression 的值返回结果。若 boolean_expression 为真则返回 exp1 的值,否则返回 exp2 的值
ifnull(exp1,exp2)	根据 exp1 是否为 null 返回结果。若 exp1 不为 null 则返回 exp1 的值,否则返回 exp2 的值
case	同 CASE 语句的用法一致

6. 加密函数

加密函数用来对数据进行加密处理，以确保数据的安全。常用加密函数见表 4-12。

表 4-12　常用加密函数

函　　数	功　　能
md5(character_expression)	返回计算字符串 character_expression 的 MD5 校验和
sha(character_expression)	返回计算字符串 character_expression 的 SHA 校验和
sha2(character_expression,hash_length)	返回以 hash_length 为长度，计算字符串 character_expression 的 SHA 校验和
aes_encrypt(character_expression,key)	返回用密钥 key 对字符串 character_expression 利用高级加密标准算法加密后的结果
aes_decrypt(character_expression,key)	返回用密钥 key 对字符串 character_expression 利用高级加密标准算法解密后的结果
decode(character_expression,key)	返回使用 key 作为密钥解密加密字符串 character_expression 的结果
encode(character_expression,key)	返回使用 key 作为密钥加密字符串 character_expression 的结果

4.4　触发器

触发器是用户定义在数据表上的一种特殊的存储过程，通常由执行某些特定功能的 SQL 语句构成，当其所关联的数据表进行了插入、修改或删除操作时则自动触发执行。因此，触发器通常用于保证业务规则和数据完整性约束。与之前讲的完整性约束相比，触发器可以进行更复杂的检查和操作。

触发器与 4.2 节讲的存储过程非常相似，但也有不同：触发器不需要主动调用，而是通过事件进行触发执行，而普通的存储过程是由 CALL 语句调用存储过程名来执行的；触发器不能传递或接受参数，也没有返回值，而普通的存储过程可以接受参数并具有返回值。

4.4.1　触发器的类型

根据激活触发器执行的 SQL 语句类型不同，可以把触发器分为两类：DML 触发器和 DDL 触发器。

1. DML 触发器

DML 触发器是当数据库服务器中发生数据操作（DML）事件时要执行的存储过程。DML 事件包括在基本表或视图中修改数据的 INSERT 语句、UPDATE 语句和 DELETE 语句。当对一个表进行 INSERT、UPDATE、DELETE 操作时就会激活相应的触发器并执行。DML 触发器可以用于加强数据的完整性约束、业务规则等。

2. DDL 触发器

DDL 触发器是响应数据定义（DDL）事件时执行的存储过程，DDL 事件包括 CREATE、ALTER 和 DROP 语句。DDL 触发器可以用于数据库中执行管理任务，例如防止数据库表结构被修改等。

MySQL 仅支持 DML 触发器。

4.4.2 触发器的创建

MySQL 使用 CREATE TRIGGER 语句创建触发器,其语法格式如下:

```
CREATE TRIGGER trigger_name
BEFORE │ AFTER
INSERT │ UPDATE │ DELETE
ON table_name
FOR EACH ROW
    sql_statement
```

各参数说明如下。

trigger_name:创建的触发器名称,名称必须符合标识符规则,并在数据库中是唯一的。

table_name:在其上执行触发器的表,不能将触发器与视图关联起来。

BEFORE|AFTER:用以说明触发器的类型,指明了激活触发器的时间。AFTER 触发器是表中的数据在执行 INSERT、UPDATE 或 DELETE 语句操作之后,才会被激活执行。BEFORE 触发器是在执行 INSERT、UPDATE 或 DELETE 语句操作之前被激活,再执行触发的操作。一个数据表上可以创建多个 BEFORE 触发器和 AFTER 触发器。同一个数据表上有多个触发器激活时,先执行该表上的 BEFORE 触发器,再执行激活触发器的 SQL 语句,然后执行该表上的 AFTER 触发器。

INSERT|UPDATE │ DELETE:指定在表执行哪些数据操作语句时才激活触发器的关键字,即触发事件。INSERT 表示向表插入数据时激活触发器,可以是 INSERT、LOAD DATA 和 REPLACE 语句。UPDATE 表示更新数据时激活触发器,可以是 UPDATE 语句。DELETE 表示删除数据时激活触发器,可以是 DELETE、REPLACE 语句。

FOR EACH ROW 是 MySQL 规定必须写的子句,其含义是对每一行被更新的记录都触发。若没有写这个子句,则触发器被认为是语句级触发器。同一条语句,行级触发器和与语句级触发器被触发的次数会有差异。如果一条语句可能影响表中的 5 条记录,语句级触发器仅被触发 1 次,而行级触发器会被触发 5 次。

sql_statement:定义触发器被触发后将执行的数据库操作,它指定触发器执行的条件和动作。当执行的数据库操作语句有多条时,需要用 BEGIN…END 语句块。数据库操作 SQL 语句可以访问受触发器影响的数据行的值,需要使用关键字 OLD 和 NEW。在访问的字段名前加 OLD 表示变化前的值,在访问的字段前加 NEW 表示变化后的值。当执行 INSERT 操作时,只能使用 NEW. 字段名来访问数据,不涉及旧行数据;当执行 DELETE 操作时,只能使用 OLD. 字段名来访问数据,不涉及新行数据;当执行 UPDATE 操作时,可以使用 NEW. 字段名访问新行数据,使用 OLD. 字段名访问旧行数据,OLD. 字段名的列只能引用,不能修改,而 NEW. 字段名的列可以修改和引用。

【例 4-29】 创建触发器,实现类别表 Category 中删除商品类别时,一并删除该类别对应的商品及商品销售信息。

```
CREATE TRIGGER tri_deletecategory
BEFORE DELETE
ON Category
FOR EACH ROW
    BEGIN
```

```
        DELETE FROM SaleBill WHERE GoodsNO IN
        (SELECT GoodsNO from Goods WHERE CategoryNO = OLD.CategoryNO);
        DELETE FROM Goods WHERE CategoryNO = OLD.CategoryNO;
    END
```

【例 4-30】 创建触发器，实现用户购买商品后，修改商品表中对应的数量。

```
CREATE TRIGGER tri_buygoods
AFTER INSERT
ON SaleBill
FOR EACH ROW
    UPDATE Goods SET Number = Number - NEW.Number
    WHERE GoodsNO = NEW.GoodsNO;
```

4.4.3　触发器的查看

可以通过执行 SHOW TRIGGERS 语句或查询系统表 information_schema.triggers 的方式查看触发器的状态、语法等信息。其中，SHOW TRIGGERS 查看当前数据库下的所有触发器的信息，需要查看指定触发器的信息时，可以将触发器的名称作为 WHERE 子句的查询条件，查询系统表 information_schema.triggers 对应的触发器。

【例 4-31】 执行 SHOW TRIGGERS 语句，查看所有触发器的信息。

```
SHOW TRIGGERS;
```

运行结果（部分信息截图）如图 4-24 所示。

Trigger	Event	Table	Statement	Timing	Created	sql_mode	Definer	character_	collation_connect
tri_deletecategory	DELETE	category	BEGINDELETE	BEFORE	2023-09-	ONLY_FULL_GROU	root@localh	utf8mb4	utf8mb4_0900_ai
tri_buygoods	INSERT	salebill	UPDATE Goo	AFTER	2023-09-	ONLY_FULL_GROU	root@localh	utf8mb4	utf8mb4_0900_ai

图 4-24　例 4-31 查看所有触发器信息的部分截图

【例 4-32】 查看触发器名称为 tri_deletecategory 的信息。

```
SELECT * FROM information_schema.triggers
WHERE trigger_name = 'tri_deletecategory';
```

运行结果（部分信息截图）如图 4-25 所示。

TRIGGER_C	TRIGGER_SCH	TRIGGER_NAME	EVENT_M	EVENT	EVENT_OBJEC	EVENT_OBJ
def	supermarket	tri_deletecategory	DELETE	def	supermarket	category

图 4-25　例 4-32 查看触发器 tri_deletecategory 信息的部分截图

4.4.4　触发器的删除

当不再需要某个触发器时，可以将其删除。使用 DROP TRIGGER 语句删除触发器，其语法格式如下：

```
DROP TRIGGER [IF EXISTS] trigger_name;
```

【例 4-33】 删除触发器 tri_deletecategory。

```
DROP TRIGGER IF EXISTS tri_deletecategory;
```

小结

本章首先介绍了 MySQL 的编程基础：数据类型、常量、变量、流程控制语句和游标。数据类型包括数值类型、字符类型、日期时间类型和二进制类型；可以直接使用系统提供的数据类型为一个对象设置数据类型，从而明确该对象可进行的运算和对象的存储空间大小。常见的常量包括字符常量、数值常量、日期时间常量、十六进制常量、二进制常量和 NULL 等，字符常量和日期时间常量需要用单引号括起来。变量分为两类：用户自定义变量和系统变量，用户自定义变量用以保存中间结果，又分为用户会话变量和局部变量，用户会话变量可以直接通过 SET 或 SELECT 语句进行定义赋值，变量名称加标记符@，而局部变量是在函数、存储过程等中使用的变量，必须用 DECLARE 语句定义后才能用，不需要使用标记符@。系统变量通常存储一些系统的配置设定值和性能统计数据，大多数变量名前需要加标记符@@，部分系统变量不需要加这样的标记符。流程控制语句是用来控制程序执行的顺序，包括条件语句、循环语句等。游标机制用来逐行处理 SELECT 语句结果的数据，因此游标总是与一条 SELECT 语句关联。

本章接着介绍了存储过程。存储过程是一组预编译好的 SQL 语句与程序控制语句的集合，用于完成某项特定的任务。存储过程可以使用 CREATE PROCEDURE 语句进行创建、使用 DROP PROCEDURE 语句进行删除、使用 CALL 语句执行存储过程。

本章讲解了函数。函数用于封装一个或多个 SQL 语句组成的子程序，便于重复使用。函数包括用户自定义函数和系统内置函数。用户通过 CREATE FUNCTION 语句自定义函数。创建的函数可以通过 DROP FUNCTION 语句进行删除。函数过程调用时函数名后面必须加括号，参数的顺序保持与创建时的参数顺序一致。

本章还阐述了触发器。触发器是用户定义在数据表上的一种特殊存储过程，通过事件进行触发执行，不能传递参数或接受参数，没有返回值。用户通过 CREATE TRIGGER 语句创建触发器，使用 DROP TRIGGER 对创建的触发器进行删除。

习题

一、单项选择题

1. 下面不属于 MySQL 的逻辑控制语句的是(　　)。
   A. FOR 循环语句　　　　　　　　　　B. CASE 语句
   C. WHILE 循环语句　　　　　　　　　D. IF 语句

2. 下列不合法的常量是(　　)。
   A. '2018-05-19'　　B. 456.23　　　　C. 常量　　　　　D. 123E5

3. (　　)函数的作用是使用指定字符串替换原字符串中指定长度的字符串。
   A. rtrim　　　　　B. substring　　　C. replace　　　　D. left

4. 下列(　　)操作不能激活触发器。
   A. UPDATE　　　B. SELECT　　　　C. INSERT　　　　D. DELETE

5. 创建存储过程时，希望使用输出参数，需要在 CREATE PROCEDURE 语句中指定的关键字是（　　　）。

    A. OUT   B. CHECK   C. OPTION   D. DEFAULT

6. 可以使用（　　　）语句查看存储过程的状态。

    A. SHOW CREATE   B. SHOW STATUS

    C. DESC PROCEDURE   D. 以上都不是

7. 删除触发器的语句是（　　　）。

    A. CREATE TRIGGER   B. SHOW TRIGGER

    C. DROP TRIGGER   D. DROP TABLE

8. 如果需要在删除表记录时自动执行一些操作，常用的是（　　　）。

    A. 函数   B. 触发器   C. 存储过程   D. 游标

9. 关于 MySQL 中的存储过程，下列说法正确的是（　　　）。

    A. 可以自动被执行   B. 不能有输入参数

    C. 没有返回值   D. 可以嵌套使用

10. SQL 中使用（　　　）来灵活操作 SELECT 返回的数据集合。

    A. 函数   B. 存储过程   C. 游标   D. 触发器

11. 下列关于存储过程和触发器的表述中，正确的是（　　　）。

    A. 都是 MySQL 数据库对象   B. 都可以带参数

    C. 删除表时都自动被删除   D. 都可以为用户直接调用

12. 下列（　　　）函数是用来返回当前登录名的。

    A. session_user   B. user   C. database   D. show user

13. 在 MySQL 数据库中，可以调用存储过程的语句是（　　　）。

    A. EXEC   B. CALL   C. SYSTEM   D. TRANSFER

14. 在 MySQL 数据库中，下面关于触发器的说法错误的是（　　　）。

    A. 常用的触发事件有 INSERT、UPDATE、DELETE

    B. OLD 中的字段只能读不能被更新

    C. NEW 在 INSERT 触发器中用来访问被插入的数据行

    D. BEFORE 触发器是在触发操作之前被触发，不执行触发操作

15. 触发器的执行顺序是（　　　）。

    A. 表操作、BEFORE 触发器、AFTER 触发器

    B. AFTER 触发器、BEFORE 触发器、表操作

    C. BEFORE 触发器、表操作、AFTER 触发器

    D. BEFORE 触发器、AFTER 触发器、表操作

16. 在 MySQL 中，关于存储过程下列说法不正确的是（　　　）。

    A. 存储过程可以作为 SELECT 语句的一部分被调用

    B. 存储过程可以带多个输入参数，也可以带多个输出参数

    C. 使用 DROP PROCEDURE 删除存储过程

    D. 存储过程的使用可以减少数据库开发人员的工作量

17. 返回当前日期的函数是（　　　）。

    A. curtime   B. curdate   C. now   D. curnow

18. 下列语句中用于查看触发器的语句是(　　　)。

    A. SELECT * FROM information_schema

    B. SHOW TRIGGERS

    C. SELECT * FROM students. triggers

    D. SELECT * FROM TRIGGERS

19. 数据库对象(　　　)可以用来实现表间参照关系。

    A. 触发器　　　　　　B. 函数　　　　　　　C. 存储过程　　　　　D. 视图

20. 创建触发器的主要作用是(　　　)。

    A. 增强数据的安全性　　　　　　　　　B. 确保数据的保密性

    C. 实现复杂的约束　　　　　　　　　　D. 提高数据的查询效率

二、编程题

1. 利用超市管理数据库查询指定商品的数量,如果超过 50,则输出"商品充足"的信息,否则输出"商品数量较少"的信息。

2. 利用超市管理数据库的商品表,编程实现:如果商品表中洗发水类平均售价低于20 元,则将所有洗发水的售价增加 10%,直到平均售价达到 20 元为止。

3. 创建一个函数 fun_avgallgoodsale,求超市管理数据库中所有商品的平均售价。

4. 创建一个函数 fun_avggoodsale,求超市管理数据库中指定类别名商品的平均售价。

5. 创建一个存储过程 proc_avgnumsale,显示指定商品类别名的平均数量和平均售价。

6. 声明一个游标 cur 用于查询商品表中所有床上用品类商品的信息,要求统计售价低于 100 的商品总数,用函数实现。

7. 创建触发器 tri_insert,触发器记录哪些用户向 SaleBill 表中插入了数据,以及插入数据的时间和进行的操作类型。

8. 创建触发器,实现用户退货后,修改商品表中对应的数量。

9. 创建一个函数 fun_reversion,要求完成颠倒一个字符串。如:SELECT fun_reversion('ver'),输出的结果为 rev。

10. 创建一个函数 fun_elimination(a,b),要求将出现在第一个字符串中的第二个字符串中的所有字符删除。如:SELECT fun_elimination('123456abcdef','ac3'),输出的结果为12456bdef。

11. 假设某数据库中有学生成绩表 SC(Sno char(11),Cno char(5),Grade float),创建一个函数 fun_cntcourse,求指定学生的选修课程门数。注意,没有选修课时应返回 0。

12. 假设某数据库中有课程信息表 Course(Cno char(5),Cname varchar(50),Ccredit tinyint),创建一个存储过程 pro_addCourse,完成课程信息的增加。

13. 假设某数据库中有学生信息表 Student(Sno char(11),Sname varchar(10),Ssex char(2),Sage int),创建一个存储过程 pro_deleteStudent,删除指定学号的学生。

14. 针对前面习题的数据表 Student、SC、Course,使用游标 cur_student 读取所有的学生信息(Sno,Sname,Cname,Grade),并统计不及格学生人次。

15. 针对前面习题的数据表 Student、SC、Course,使用游标 cur_student 中检索出分数最高的前 3 位学生的信息(Sno,Sname,Cname,Grade)。

三、简答题

1. 简述游标的概念及作用。

2. 简述 MySQL 中游标的操作步骤。

3. MySQL 的存储过程是否可以修改？能否在存储过程中调用其他存储过程？

4. 简述存储过程与函数的区别。

5. 简述存储过程与触发器的区别。

实验

一、实验目的

(1)掌握变量的分类及其使用。

(2)掌握各种流程控制语句的使用。

(3)掌握游标的使用。

(4)掌握存储过程的使用。

(5)掌握函数的使用。

(6)掌握触发器的创建和使用。

二、实验平台

操作系统：Windows XP/7/8/10。

数据库管理系统：MySQL 8.0。

图形化管理工具：Navicat Premium 15。

三、实验内容

在超市管理数据库 SuperMarket 的基础上进行实验。

(1)判断商品表 Goods 是否存在商品类型名为"白酒"的商品,如果存在则显示该类别的所有商品信息,否则显示无此类商品。

(2)如果商品表 Goods 中存在商品数量小于 10 的情况,则将所有商品数量增加 10,反复执行直到所有商品的数量都不小于 10 为止。

(3)声明一个游标,用来查看"饼干"类商品的商品名、进价、售价和有效期。

(4)创建一个有输入参数的存储过程,用于查询指定类别的所有商品信息,并执行该存储过程。

(5)创建一个有输入输出参数的存储过程,用于查询指定商品名的售价,并执行该存储过程。

(6)创建存储过程,根据输入的学生学号,通过返回输出参数获取该学生购买商品的总数量和总金额,并执行该存储过程。

(7)创建函数,用于统计销售表 SaleBill 中某段时间内商品的销售总金额,并调用该函数输出执行结果。

(8)创建函数,用于显示商品表 Goods 中售价大于指定价格的商品总数量,并调用该函数输出执行结果。

(9)创建触发器,实现修改类别表 Category 中的类别编号时,自动修改商品表 Goods 中对应的类别编号。

(10)创建触发器,实现在删除销售表 SaleBill 中的记录时,将该记录信息添加到新表 del_SaleBill 中,同时还要在表 del_SaleBill 中记录删除的用户和日期。

## 第 5 章

数据库管理与维护

数据库管理系统是一种操纵和管理数据库的系统软件,用于建立、使用、管理和维护数据库。一旦数据库创建以后,DBMS便对数据库中的数据进行统一的管理和控制,以确保用户在共享环境中能合法访问数据,防止数据出错、意外丢失,以及数据库遭到破坏后能迅速恢复正常。因此DBMS必须提供数据库管理与维护功能,以保证数据库中数据的正确有效和安全可靠。数据库管理与维护包括数据库的安全性管理、数据库中数据的并发控制和数据库的备份及恢复管理。

5.1 数据库安全性管理

数据库安全性管理是对数据库采取的一种保护措施。安全性管理是指保护数据库,防止非法使用,以避免非法用户对其进行窃取数据、篡改数据、删除数据和破坏数据库结构等操作。

5.1.1 数据库安全性概述

安全性问题是计算机系统中普遍存在的一个问题。由于大量数据集中存放在数据库系统中,并为最终用户直接共享,使得数据库系统中的安全问题更加突出。数据库的安全性管理措施是否有效是数据库系统的主要技术指标之一。

威胁数据库安全的因素主要包括以下三方面。

(1) 自然灾害。如火灾、地震、雷击、海啸等。自然灾害轻则造成数据混乱,重则造成数据库系统不可用甚至数据损坏。

(2) 人为破坏。人为破坏包括两种情况:无意的人为破坏和有意的人为破坏。无意的人为破坏是指人为的无意失误和各种误操作造成的安全隐患,如操作人员误删除数据、用户口令设置不当、操作人员把自己的账号口令给他人使用等,这些会给数据库安全带来威胁。有意的人为破坏是指恶意破坏数据库中的数据,如恶意破坏数据的完整性、通过某种手段破坏数据的保密性造成数据泄露等。

(3) 安全环境的脆弱性。数据库的安全环境包括计算机硬件系统、操作系统、网络系统等。计算机硬件系统的故障、操作系统安全的脆弱、网络协议缺陷等都会造成数据库安全性的破坏。如计算机硬件系统中电路短路、接触不良等引起系统不稳定,操作系统中的漏洞,网络监听、伪装信任等均会威胁到数据库的安全。

为了保护数据库,防止恶意破坏,可以从以下两方面提供安全保护措施。

(1) 法律及行政手段。国家颁布有关安全的法律法规来规范和制约人们的思想和行为，从法律的角度确保数据的安全性，如保密法、计算机犯罪法、计算机安全法等。安全管理部门根据安全管理原则、安全管理需求等建立相应的管理措施，从行政手段的角度确保数据的安全性，如建立多人负责制、中心机房出入管理制度，制定操作规程等。

（2）技术手段。通过数据加密技术、密钥管理技术、访问控制技术、防火墙技术等确保网络和通信安全。通过身份鉴别、安全审计、入侵防范、访问控制等确保计算机硬件系统安全。通过访问控制、隔离控制、存储保护、身份鉴别等确保系统软件安全。通过数据加密技术、访问控制技术、数据备份技术、数字签名技术等确保数据安全。

实现数据库的安全性管理需要考虑多方面的问题，这些问题涉及多项安全措施，本书仅讨论数据库系统本身的安全措施。

5.1.2　数据库安全性控制

在一般的计算机系统中，安全措施是一级一级层层设置的，如图 5-1 所示的计算机系统安全模型。用户在进入计算机系统时，系统先根据用户输入的用户标识进行用户身份鉴别，只有合法的用户才能进入计算机系统；对已进入计算机系统的用户，数据库管理系统还要进行存取控制，只允许用户在自己的权限范围内执行操作；数据库管理系统运行在操作系统之上，操作系统通过自己的安全保护措施，确保数据库中的数据必须由数据库管理系统进行访问，而不允许用户越过数据库管理系统直接操作或访问；数据最后通过加密的方式存储在数据库中。操作系统的安全保护措施可参考操作系统相关书籍，这里仅介绍与数据库相关的安全措施，包括用户身份鉴别、存取控制、视图机制、数据加密、审计等。

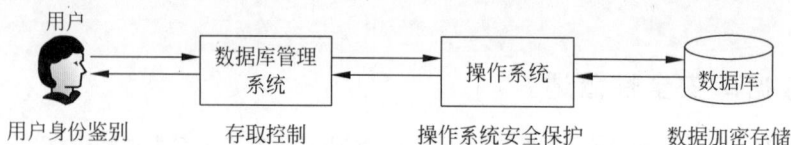

图 5-1　计算机系统的安全模型

1. 用户身份鉴别

用户身份鉴别是数据库管理系统提供的最外层安全保护措施。实现用户身份鉴别包括两项工作：一是用户的标识，即用什么标识用户；二是用户的确认，即怎样识别用户。系统可以采用用户的个人特征，如声音、指纹、虹膜等，用户的特有东西，如磁卡、钥匙等，用户自己设置的内容，如口令或密码等来标识用户，系统内部记录这些用户标识。用户确认是由系统按一定的方式核对用户提供的标识，经过鉴别后才提供使用数据库管理系统的权限。

用户身份鉴别的方法有很多，在使用过程中往往是多种方法的结合，以获得更强的安全性。最常用的用户身份鉴别方法是通过用户账号和口令来鉴别用户身份的合法性，这种方法只需要通过软件来进行用户账号及口令的登记、维护与验证即可，不需要专门的硬件设备，所以简单易行，但容易被别人窃取或破解，安全性较低，因此可以使用更复杂的方法，如口令动态生成，每次登录系统时，使用新口令进行身份鉴别，这种方法增加了口令被窃取或破解的难度，安全性相对高一些。还可以使用个人所具有的生物特征来进行鉴别，如声音、指纹、虹膜等，这种方式需要专门的硬件设备来采集、存储这些特征，再利用图像处理和识别算法等实现鉴别；使用用户持有的磁卡、钥匙等物件进行鉴别，这种方式需要用户随身携带物件，有专门的阅读装置，登录数据库管理系统时，能通过阅读装置读取物件中的身份信息

进行身份验证。

2. 存取控制

存取控制是确保具有授权资格的用户访问数据库,同时使所有未被授权的人员无法访问数据库的机制。存取控制机制主要包括定义并记录用户权限和合法权限检查两部分。数据库管理系统必须提供适当的语言来定义用户权限,这些定义经过编译后记录在数据字典中,作为安全规则或授权规则;当用户发出存取数据库的操作请求后,数据库管理系统查找数据字典,根据安全规则进行合法权限检查,如果用户的操作超出了定义的权限,系统将拒绝执行此操作。

数据库管理系统所采取的存取控制机制主要包括两种:自主存取控制(Discretionary Access Control,DAC)和强制存取控制(Mandatory Access Control,MAC)。在自主存取控制方法中,用户对于不同的数据库对象有不同的存取权限,不同的用户对同一数据库对象也有不同的权限,而且用户还可以将其拥有的权限转授给其他用户,自主存取控制非常灵活。在强制存取控制方法中,每一个数据库对象都被标以一定的密级,每一个用户也都被授予某一个级别的许可证;对于任意一个数据库对象,只有具有合法许可证的用户才能存取;强制存取控制相对比较严格,因此适用于那些对数据有严格而固定密级分类的部分,如军事部门或政府部门,在通用数据库系统中使用较少。下面主要介绍自主存取控制。

大型数据库管理系统都支持自主存取控制,现在的 SQL 标准也对自主存取控制提供了支持,主要是通过 SQL 中的 GRANT 语句和 REVOKE 语句来实现。

用户权限包括数据库对象和操作类型两个要素。定义一个用户的存取权限就是要定义这个用户可以在哪些数据库对象上进行哪些类型的操作。在数据库系统中,定义存取权限就称为授权;取消存取权限就是收回。自主存取控制方式就是通过授权和收回来实现的,包括数据库对象权限的授权和收回、角色的授权和收回。

(1)数据库对象的授权与收回。

数据库对象权限是指不同的数据库对象,可提供给用户不同的操作,通常由数据库管理员(DBA)或该对象的拥有者(owner)或已经拥有该权限的用户授予。授权语句的语法格式如下:

```
GRANT
ALL PRIVILEGES | PERMISSION [, … ] [(column [, … n])]
ON database_object
TO security_account [, … n]
[WITH GRANT OPTION]
```

说明:ALL [PRIVILEGES]表示所有可授予的权限。PERMISSION 表示在数据库对象上可执行的具体权限,可以是 SELECT、INSERT、UPDATE、DELETE 等。column 表示在表或视图上允许用户将权限局限到某些列上,column 表示列的名字。database_object 表示数据库对象,可以是数据表、视图等。TO 用于指定被授予者,security_account 表示被授予权限的用户。WITH GRANT OPTION 表示被授权者可以把获得的权限转授予其他用户,未使用 WITH GRANT OPTION,则获得权限的用户只能使用该权限,不能转授予其他用户。

收回语句的语法格式如下:

```
REVOKE
ALL PRIVILEGES | PERMISSION [, … ] [(column [, … n])]
ON database_object
FROM security_account [, … n]
[CASCADE|RESTRICT]
```

说明：REVOKE 语法格式与 GRANT 语法格式基本一样，只是将 TO 改成 FROM。各参数的含义相同。CASCADE 选项表示级联操作，即收回某用户的权限时，会把该用户转授予其他用户的权限一并收回。RESTRICT 表示限制操作，即收回某用户的权限时，如果该用户把权限转授予了其他用户，则系统将拒绝执行该收回语句。

注意，有的数据库管理系统默认为 CASCADE，有的则默认为 RESTRICT。

【例 5-1】 授予数据库用户 dbuser2 查询和修改 Goods 表的权限，权限可转授予其他用户。

```
GRANT SELECT, UPDATE
ON Goods
TO dbuser2
WITH GRANT OPTION
```

【例 5-2】 授予数据库用户 dbuser2 修改 Student 表姓名列和专业列的权限。

```
GRANT UPDATE(SName, Major)
ON Student
TO dbuser2
```

【例 5-3】 授予数据库用户 dbuser1、dbuser2 操作 Student 表的所有权限。

```
GRANT ALL PRIVILEGES
ON Student
TO dbuser1, dbuser2
```

【例 5-4】 收回数据库用户 dbuser2 对 Goods 表的查询和修改权限。

```
REVOKE SELECT, UPDATE
ON Goods
FROM dbuser2
```

（2）角色的授权与收回。

角色是被命名的一组与数据库操作相关的权限，是权限的集合。因此可以为一组具有相同权限的用户创建一个角色，使用角色来管理数据库权限可以简化授权的过程。

在 SQL 中，可以使用 CREATE ROLE 语句创建角色，语句格式为 CREATE ROLE role_name，role_name 为创建的角色名，创建的角色是空的，没有任何内容。然后使用 GRANT 语句给角色授权，使用 REVOKE 语句收回授予角色的权限，语句格式与数据库对象的授权和收回一样，只需要把用户 security_account 改成角色名 role_name。

使用 GRANT 语句把一个或多个角色授予用户，使用 REVOKE 语句把角色从用户那里收回。其语法格式如下：

```
GRANT role_name[, … n]
TO security_account
[WITH ADMIN OPTION]
```

说明：指定 WITH ADMIN OPTION，用户可以把此角色转授予其他用户。

```
REVOKE role_name[, … n]
FROM security_account
```

3. 视图机制

视图可以作为一种安全机制,通过为不同的用户定义不同的视图,把数据对象限制在一定的范围内,即通过创建视图,把要保密的数据对无权存取的用户隐藏起来,从而自动地给数据提供一定程度的安全保护。如果某一用户需要访问视图的结果,则必须授予该用户访问权限,而且用户只能看到该结果集,数据库中其他信息对该用户都是不可见的。

假设校园超市的学生信息由各个专业进行维护。其中,MIS 专业的陈芳老师可以对该专业的所有学生信息进行增、删、查、改,王凤老师只能查看学生信息。先建立 MIS 专业学生视图,再在视图上为两位老师授权相应的权限。

(1)创建视图 mis_student。

```
CREATE VIEW mis_student
AS
SELECT * FROM Student WHERE Major = 'MIS';
```

(2)授权。

```
GRANT ALL PRIVILEGES
ON mis_student
TO 陈芳;
GRANT SELECT
ON mis_student
TO 王凤;
```

通过授权操作,陈芳老师具有增、删、查、改 MIS 专业学生信息的所有权限,而王凤老师只能查看 MIS 专业学生的信息。

4. 数据加密

数据加密是防止数据库中的数据在存储或传输过程中失密的有效手段。加密的基本思想是根据一定算法将原始数据(明文)变换成不可直接识别的格式(密文),从而使得不知道解密算法的人无法获知数据的内容。

现如今数据加密技术已经比较成熟,有关密钥加密、密钥管理的内容这里不再讨论,可参考有关书籍。数据库加密使用已有的加密技术和算法对数据库中存储的数据和传输的数据进行保护,加密后的数据的安全性得到进一步提高。但是数据加密和解密是比较费事的操作,而且数据加密和解密程序会占用大量的系统资源,增加了系统的开销,降低了数据库的性能,另外数据库加密会增加查询处理的复杂性,查询效率也会受到影响。因此,数据加密功能可作为数据库系统的可选功能,允许用户自由选择,只针对那些对保密性要求特别高的数据(如财务数据、军事数据、国家机密等)进行数据加密。

5. 审计

用户身份鉴别、存取控制、视图机制、数据加密等安全措施不可能是完美无缺的,对于蓄意盗窃、破坏数据的人来说,他们总会想方设法打破这些控制。审计功能把用户对数据库的所有操作自动记录下来存放在审计日志中。数据库管理员可以利用审计日志信息,重现导致数据库现有状况的一系列事件,找出非法存取数据的人、时间和内容;也可以通过对审计日志信息分析,对潜在的威胁提前采取措施加以防范。

审计通常是很费时间和空间的，所以数据库管理系统往往将其作为可选功能，允许数据库管理员或数据库拥有者根据应用对安全性的要求进行选择。审计功能一般应用于安全性要求较高的部门。

5.1.3　MySQL 安全性管理

MySQL 数据库管理系统提供了完善的安全管理机制和操作手段，以防止非法用户对数据库进行操作，保证 MySQL 服务器的安全访问。MySQL 的安全访问控制系统可以为不同的用户指定不同的权限，只有拥有相应权限的用户才可以访问数据库中的相应对象，执行相应合法操作。MySQL 的安全访问控制分为身份认证和权限验证两个阶段。当用户试图连接 MySQL 服务器时，MySQL 会将用户提供的信息与存储用户权限信息的 user 表中三个字段（Host、User、authentication_string）进行匹配以实现身份认证，只有用户提供的主机名、用户名和密码与 user 表中对应字段值完全匹配才能成功连接到 MySQL 服务器。成功连接后，MySQL 服务器进入权限验证阶段，针对该连接上的每个操作请求，验证它们要执行的操作以及是否具有足够的权限来执行这些操作；权限验证会用到 user、db、host、tables_priv、columns_priv 等权限表。

MySQL 成功安装后，默认情况下，MySQL 会自动创建 root（超级管理员）用户，管理 MySQL 服务器的全部资源，拥有所有的操作权限。同时会自动创建默认的数据库，这些数据库中存储着与 MySQL 相关的配置信息和一些基本数据，information_schema 数据库中保存着关于 MySQL 服务器所维护的所有其他数据库的信息，这些信息被统称为元数据；performance_schema 数据库主要用于收集数据库服务器性能参数；sys 数据库所有数据来自 performance_schema 数据库，主要是为了降低 performance_schema 数据库的复杂度，数据库管理员能更好地阅读库中内容了解数据库的运行情况；MySQL 数据库是系统的核心数据库，主要负责存储数据库的用户信息、权限设置信息、关键字等 MySQL 需要使用的控制和管理信息。这里主要介绍 MySQL 中的安全访问控制。

1. MySQL 权限表

MySQL 服务器通过权限来控制用户对数据库的访问，权限信息存放在名为 mysql 的默认数据库中。当 MySQL 服务启动时，首先会读取 mysql 中的权限表，并将表中的数据装入内存，当用户进行存取操作时，MySQL 会根据这些表中的数据做相应的权限控制。常用的权限表有 user、db、host、tables_priv、columns_priv 和 procs_priv。user 表用于决定连接是否允许，对于允许的连接，user 表授予的权限是全局权限，适用于服务器上的所有数据库；db 和 host 表决定用户能从哪个主机存取哪个数据库进行哪个操作，授予的是数据库级别的权限；tables_priv 表授予表级别的权限，适用于表和它的所有列；columns_priv 表授予列界别的权限，只适用于专用列；procs_priv 表授予程序级别的权限，只适用于单个程序。

1）user 表

user 表是 MySQL 中最重要的一个权限表，记录了允许连接到服务器的账户信息、全局权限及其他非权限列表，是针对所有用户数据库所有表的。user 表中的字段大致分为四类，分别是用户字段、权限字段、安全字段和资源控制字段。通常用得较多的是用户字段和权限字段。当用户进行服务器连接时，先从 user 表中的 host、user 和 authentication_string 三个字段中判断连接的主机、用户名和密码是否存在于表中，如果存在，则通过身份认证，否

5 MySQL 安全性管理之权限表

则拒绝连接；如果通过身份认证，按照 user、db、tables_priv、columns_priv 权限的顺序得到数据库操作权限。

（1）用户字段。

Host、User 和 authentication_string 字段属于用户字段，存储了用户连接 MySQL 数据库服务器时需要输入的信息。用户连接时，需要这三个字段同时匹配才允许通过。创建、修改或删除用户信息，也是对 user 表的用户字段进行设置。可以通过 SELECT 语句查询用户字段信息，如图 5-2 所示。

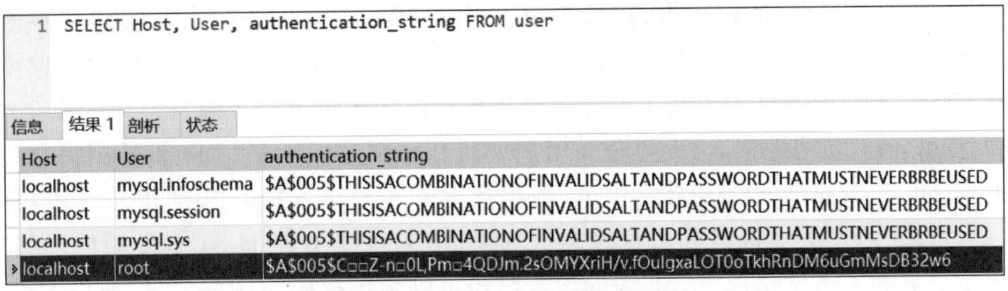

```
1 SELECT Host, User, authentication_string FROM user
```

信息　结果 1　剖析　状态

Host	User	authentication_string
localhost	mysql.infoschema	A005$THISISACOMBINATIONOFINVALIDSALTANDPASSWORDTHATMUSTNEVERBRBEUSED
localhost	mysql.session	A005$THISISACOMBINATIONOFINVALIDSALTANDPASSWORDTHATMUSTNEVERBRBEUSED
localhost	mysql.sys	A005$THISISACOMBINATIONOFINVALIDSALTANDPASSWORDTHATMUSTNEVERBRBEUSED
localhost	root	A005$C□□Z-n□0L,Pm□4QDJm.2sOMYXriH/v.fOulgxaLOT0oTkhRnDM6uGmMsDB32w6

图 5-2　user 表用户字段信息

（2）权限字段。

user 表中以 priv 结尾的字段为权限字段，它们决定了用户的权限，用来描述在全局范围内允许对数据和数据库进行的操作。这些权限既包括操作数据库的普通权限，如查询权限、修改权限等，又包括对数据库进行管理的高级权限，如关闭服务器权限、超级权限、加载用户等。权限字段的数据类型为 ENUM，可取的值只有 Y 和 N，其中，Y 表示该用户有对应的权限，N 表示该用户没有对对应的权限。为了安全起见，这些字段的默认值都是 N。如果要修改权限，可以使用 GRANT 语句为用户授予一些权限，也可以通过 UPDATE 语句更新 user 表的方式来设置权限，还可以通过 SELECT 语句查询权限字段信息。图 5-3 展示了 user 表中部分权限字段的信息。

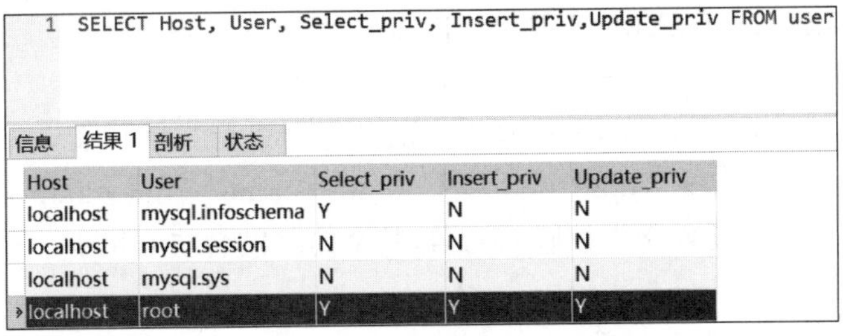

```
1 SELECT Host, User, Select_priv, Insert_priv,Update_priv FROM user
```

信息　结果 1　剖析　状态

Host	User	Select_priv	Insert_priv	Update_priv
localhost	mysql.infoschema	Y	N	N
localhost	mysql.session	N	N	N
localhost	mysql.sys	N	N	N
localhost	root	Y	Y	Y

图 5-3　user 表中部分权限字段的信息

（3）安全字段。

安全字段主要用来判断用户是否能够连接成功。两个与 ssl 相关：ssl_type 和 ssl_cipher，主要用于加密。两个与 x509 相关：x509_issuer 和 x509_subject，主要用于表示用户。plugin 字段标识可用于认证用户身份的插件，如果该字段为空，则服务器使用内建授权验证机制认证用户身份。三个 password 作为前缀的字段（password_expired、password_last_changed、password_lifetime）主要用于记录密码相关的信息。account_locked 字段用于表示用户是否被锁定。

（4）资源控制字段。

资源控制字段用来限制用户使用的资源。max_questions 字段规定每小时允许执行查询的操作次数；max_updates 字段规定每小时允许执行更新的操作次数；max_connections 字段规定每小时允许执行的连接操作次数；max_user_connections 字段规定允许同时建立的连接次数。四个字段默认值为 0，表示没有限制。一个小时内用户查询或连接数量超过资源控制限制，用户将被锁定，直到下一个小时才可以再次执行对应的操作。

2）db 表和 host 表

db 表是数据库级别的权限表，存储了用户对某个数据库的操作权限，决定用户能从哪个主机存取哪个数据库；host 表也是数据库级别的权限表，存储了某个主机对数据库的操作权限，和 db 表一起对给定主机上数据库级操作权限做更细致的控制。

db 表和 host 表结构相似，大致分为用户字段和权限字段两类。db 表的用户字段有三个：Host、Db 和 User，分别表示主机名、数据库名和用户名。host 表的用户字段有两个：Host 和 Db，分别表示主机名和数据库名。如果 db 表中找不到 Host 字段的值，就需要到 host 表中去寻找。通常情况下，db 表的设置已经可以满足权限控制的要求，所以 host 表很少用到。db 表和 host 表的权限字段大致相同，这些字段的取值是 Y 或 N。

user 表中的权限是针对所有数据库的。当希望用户只针对某个数据库有操作权限，则需要将 user 表中对应的权限字段值设置为 N，然后在 db 表中设置对应数据库的操作权限。

3）tables_priv 表

tables_priv 是表级别的权限表，可以对单个表进行权限设置。这里指定的权限适用于一个表的所有列。tables_priv 表有八个字段：Host、Db、User、Table_name、Grantor、Timestamp、Table_priv 和 Column_priv。Host、Db、User、Table_name 分别表示主机名、数据库名、用户名和表名；Grantor 表示修改该记录的用户；Timestamp 表示修改该记录的时间；Table_priv 表示对表进行操作的权限，这些权限包括 SELECT、INSERT、UPDATE、DELETE、CREATE、DROP、ALTER 等；Column_priv 表示对表中的列进行操作的权限，这些权限包括 SELECT、INSERT、UPDATE 等。

4）columns_priv 表

columns_priv 是列级权限表，可以对表中的某一列进行权限设置。columns_priv 表有七个字段：Host、Db、User、Table_name、Column_name、Timestamp 和 Column_priv。Column_name 用于指定设置操作权限的列名，其余的字段名与 tables_priv 含义相同。

5）procs_priv 表

procs_priv 是存储过程和函数权限表，可以对存储过程和函数进行权限设置。procs_priv 表有八个字段：Host、Db、User、Routine_name、Routine_type、Grantor、Proc_priv 和 Timestamp。Routine_name 表示存储过程或函数的名称；Routine_type 表示存储过程或函数的类型，有两个取值：procedure 和 function；Proc_priv 表示拥有的权限，包括 execute、alter routine、grant 三种。

在 MySQL 的权限验证中，先判断 user 表中的值是否为 Y，如果是，则不需要验证后面的表；如果 user 表中的值为 N，则依次检查 db 表、tables_priv 表和 columns_priv 表。

2. 用户管理

MySQL 用户分为超级管理员和普通用户。root 是默认的超级管理员，拥有所有权限。

普通用户通常由超级管理员创建,只拥有创建时被赋予的权限。MySQL 的用户信息存放在默认数据库 mysql 的 user 表中。因此,在 MySQL 中对用户管理时,既可以使用 MySQL 特定的用户管理语句,又可以使用操作表的 SQL 语句。需要注意,不管使用哪种方式进行用户管理,都必须有使用这些语句的权限,以及对 mysql 数据库和 user 表操作的权限。MySQL 用户管理主要包括创建用户、修改用户和删除用户。

(1) 创建用户。

root 用户有对整个 MySQL 服务器完全控制的权限。在日常管理和实际操作中,为了避免恶意用户冒名使用 root 账号操作数据库,通常需要创建一系列具备适当权限的用户,尽可能不用或少用 root 登录系统,以此确保数据的安全访问。MySQL 提供了 CREATE USER 语句创建用户,也可以使用图形化管理工具,如 Navicat 创建用户。这里仅介绍语句创建用户。

使用 CREATE USER 语句可以创建一个或多个 MySQL 用户,并设置相应的密码,其语法格式如下:

```
CREATE USER user_name [IDENTIFIED BY 'password']
[, user_name [IDENTIFIED BY 'password']] …;
```

说明:user_name 指定创建的用户账号,格式为'user_name'@'host_name',其中,user_name 是用户名,host_name 是主机名,即用户连接 MySQL 时所在主机的名字,如果未指定,则主机名会默认为%,表示一组主机。IDENTIFIED BY 用于设置用户账号对应的密码,如果不设置密码,则可省略此子句。password 为用户账号的密码,必须用单引号括起来。

CREATE USER 语句创建用户后,会在 mysql 数据库的 user 表中添加一条新记录。新创建的用户拥有的权限很少,只能执行不需要权限的操作,如登录 MySQL,使用 SHOW 语句查询等。如果两个用户的用户名相同,但主机名不同,MySQL 会将它们看作两个用户,并允许为它们分配不同的权限集合。

【例 5-5】 使用 CREATE USER 语句创建两个新用户,主机名为 localhost,user1 的密码是 pwd1,user2 的密码是 pwd2。

```
CREATE USER
'user1'@'localhost' IDENTIFIED BY 'pwd1', 'user2'@'localhost' IDENTIFIED BY 'pwd2';
```

(2) 修改用户。

系统中存在的用户可以通过 RENAME USER 语句修改用户名,通过 SET PASSWORD 语句修改用户的密码。

修改用户名的语法格式如下:

```
RENAME USER 'old_user_name'@'host_name' TO 'new_user_name'@'host_name'
    [,'old_user_name'@'host_name' TO 'new_user_name'@'host_name'] …;
```

说明:old_user_name 为系统中已经存在的用户名。new_user_name 为新用户名。

修改用户密码的语法格式如下:

```
SET PASSWORD FOR 'user_name'@'host_name' = 'new_password';
```

【例 5-6】 将前面例子中的 user1 用户改名为 new_user1。

```
RENAME USER 'user1'@'localhost' TO 'new_user1'@'localhost';
```

【例 5-7】 将前面例子中的 user2 的密码改为 new_pwd2。

```
SET PASSWORD FOR 'user2'@'localhost' = 'new_pwd2';
```

（3）删除用户。

对于存在系统中不需要的用户可以通过 DROP USER 语句来删除。DROP USER 语句可以同时删除多个用户，其语法格式如下：

```
DROP USER 'user_name'@'host_name' [,'user_name'@'host_name'] … ;
```

【例 5-8】 删除前面例子中的 user2 用户。

```
DROP USER 'user2'@'localhost';
```

3. 权限管理

权限用于控制对数据库对象的访问以及指定用户对数据库可以执行的操作。权限管理主要是对登录到 MySQL 服务器的用户进行权限验证，以确保数据库系统的安全。所有用户的权限都存储在 MySQL 的权限表中。MySQL 的权限管理主要包括授予权限和收回权限。

1）授予权限

创建一个新用户后，该用户还没有访问权限，是无法正常操作数据库的，这就需要为该用户授予合适的权限。

MySQL 使用 GRANT 语句进行授权，其语法格式与前面讲的 SQL 标准的 GRANT 语句相近，具体格式如下：

```
GRANT
priv_name[(column [, … n])] [, priv_name [(column [, … n])]] …
ON [object_type] database_object
TO 'user_name'@'host_name' [,'user_name'@'host_name'] …
[WITH GRANT OPTION];
```

其中，object_type：

```
TABLE | PROCEDURE | FUNCTION
database_object:
 * | *.* | db_name. * | db_name.table_name | table_name | db_name.routine_name
```

说明如下。

priv_name：指定权限的名称，如 SELECT、INSERT、UPDATE 等操作。

column：为可选项，如果定义列级权限，则需要指定列名。

ON [object_type] database_object：用于指定权限授予的对象。object_type 为可选项，用于指定授权对象的类型，如表、存储过程和函数。database_object 为具体的对象名称，可以是数据库名、表名、视图名等。具体的名称和书写形式跟 GRANT 授权的级别有关。

TO 'user_name'@'host_name'：用于指定被授权的用户。

WITH GRANT OPTION：为可选项，用于实现权限的转移。

（1）列级授权。

授予列级权限时，priv_name 的值只能是 SELECT、UPDATE、INSERT，权限后面需要加上列名。ON 子句为 ON [TABLE] db_name.table_name，db_name.table_name 表示指

定数据库中的表名或视图名。

【例 5-9】 授予系统中的用户 user1 在超市数据库 SuperMarket 的 Student 表上拥有 SELECT 和 UPDATE 学号列和姓名列的权限。

```
GRANT SELECT(Sno,Sname), UPDATE(Sno,Sname)
ON SuperMarket.Student
TO 'user1'@'localhost'
```

（2）表级授权。

授予表级权限时，ON 子句为 ON［TABLE］table_name｜db_name.table_name，table_name 表示当前数据库的表名或视图名，db_name.table_name 表示指定数据库中的表名或视图名。priv_name 后面不加列名，权限名称为表级名称，见表 5-1。

表 5-1 表级权限名称

权 限 名 称	权 限 描 述
SELECT	查询特定表的权限
INSERT	向特定表插入数据的权限
UPDATE	修改特定表的权限
DELETE	删除特定表记录的权限
CREATE	创建表的权限
DROP	删除表或视图的权限
ALTER	修改表的权限
REFERENCES	创建外键来参照特定表的权限
INDEX	在特定表上创建或删除索引的权限
CREATE VIEW	在特定表上创建视图的权限
ALL PRIVILEGES	所有权限

【例 5-10】 授予系统中的用户 user2 在超市数据库 SuperMarket 的 Student 表上拥有 UPDATE 和 DELETE 的权限，并允许其将这些权限授予其他用户。

```
GRANT UPDATE, DELETE
ON SuperMarket.Student
TO 'user2'@'localhost'
WITH GRANT OPTION;
```

（3）存储过程级授权。

授予存储过程级权限时，ON 子句为 ON［PROCEDURE｜FUNCTION］db_name.routine_name，db_name.routine_name 表示指定数据库中的存储过程名或函数名。priv_name 的取值可以是执行权限 EXECUTE、修改权限 ALTER ROUTINE。

【例 5-11】 授予系统中的用户 user1 在超市数据库 SuperMarket 中拥有执行存储过程 pro_inventory 的权限。

```
GRANT EXECUTE
ON SuperMarket.pro_inventory
TO 'user1'@'localhost';
```

【例 5-12】 授予系统中的用户 user2 在超市数据库 SuperMarket 中拥有执行和修改函数 fun_judgeprice 的权限。

```
GRANT EXECUTE, ALTER ROUTINE
```

数据库原理及应用 · 微课视频版（第2版）

```
ON SuperMarket. fun_judgeprice
TO 'user2'@'localhost';
```

（4）数据库级授权。

授予数据库级权限时，ON 子句为 ON * | db_name. * , * 表示当前数据库的所有对象，db_name. * 表示指定数据库中的所有对象。priv_name 表示的权限名称为数据库级权限名称，见表 5-2。

表 5-2　数据库级权限名称

权 限 名 称	权 限 描 述
SELECT	查询特定数据库中所有表和视图的权限
INSERT	向特定数据库中所有表插入数据的权限
UPDATE	修改特定数据库中所有表的权限
DELETE	删除特定数据库中所有表记录的权限
CREATE	在特定数据库中创建表的权限
DROP	删除特定数据库中表或视图的权限
ALTER	修改特定数据库中所有表的权限
REFERENCES	在特定数据库中创建外键来参照表的权限
INDEX	在特定数据库中所有表上创建或删除索引的权限
CREATE VIEW	在特定数据库中创建视图的权限
CREATE ROUTINE	在特定数据库中创建存储过程和函数的权限
ALTER ROUTINE	在特定数据库中更新和删除存储过程与函数的权限
EXECUTE ROUTINE	执行特定数据库中存储过程和函数的权限
TRIGGER	在特定数据库中创建、删除触发器的权限
LOCK TABLES	锁定特定数据库中已有表的权限
ALL PRIVILEGES	所有权限

【例 5-13】　授予系统中的用户 user3 在超市数据库 SuperMarket 中拥有创建表、查询表和删除表的权限。

```
GRANT CREATE, SELECT, DROP
ON SuperMarket. *
TO 'user3'@'localhost';
```

（5）服务器级授权。

授予服务器级权限时，ON 子句为 ON *.* , *.* 表示所有数据库中的所有对象。priv_name 的取值除了表 5-2 的数据库级权限以外，还包括对整个 MySQL 服务器的管理权限，见表 5-3。

表 5-3　服务器级权限名称

权 限 名 称	权 限 描 述
RELOAD	执行 FLUSH HOSTS、FLUSH LOGS、FLUSH PRIVILEGES 等刷新命令的权限
SHUTDOWN	停止服务器运行的权限
PROCESS	查看服务器上正在执行的线程和关闭线程的权限
FILE	执行 LOAD DATA INFILE、执行 file 的权限
SHOW DATABASES	执行 SHOW DATABASES 查看所有已有的数据库定义的权限

续表

权 限 名 称	权 限 描 述
SUPER	执行 CHANGE MASTER TO、KILL、PURGE BINARY LOGS、SET GLOBAL 以及 mysqladmin 的 DEBUG 等命令的权限
REPLICATIOIN SLAVE	拥有从服务器连接主服务器的权限
REPLICATION CLIENT	执行 SHOW MASTER STATUS、SHOW SLAVE STATUS 命令的权限
CREATE USER	创建用户、删除用户的权限
CREATE TABLESPACE	创建、修改以及删除表空间或日志文件组的权限

【例 5-14】 创建一个用户 server_user，授予服务器级的所有权限。

```
CREATE USER 'server_user'@'localhost' IDENTIFIED BY 'pwd';
GRANT ALL PRIVILEGES ON *. *
TO 'server_user '@'localhost';
```

2）收回权限

收回权限是取消已经授予用户的某些权限。收回用户不必要的权限在一定程度上可以保证数据的安全性。收回权限以后，用户权限信息将从系统表 db、tables_priv、columns_priv、procs_priv 中删除，但用户账号信息仍然保存在 user 表中。

REVOKE 语句收回所有权限的语法格式如下：

```
REVOKE ALL PRIVILEGES, GRANT OPTION
FROM 'user_name'@'host_name'[,'user_name'@'host_name'] … ;
```

REVOKE 语句收回指定权限的语法格式如下：

```
REVOKE
    priv_name[(column [, … n])] [, priv_name [(column [, … n])]] …
    ON [object_type] database_object
    FROM 'user_name'@'host_name'[,'user_name'@'host_name'] … ;
```

说明：REVOKE 语句和 GRANT 语句的语法格式相似，各个部分的含义相同。

【例 5-15】 收回用户 user1 的所有权限。

```
REVOKE ALL PRIVILEGES, GRANT OPTION
FROM 'user1'@'localhost';
```

【例 5-16】 收回用户 user2 在超市数据库 SuperMarket 的 Student 表上拥有的 UPDATE 权限。

```
REVOKE UPDATE
ON SuperMarket.Student
FROM 'user2'@'localhost'
```

3）查看用户权限

可以使用 SHOW GRANTS 语句查询用户的权限，也可以通过 SELECT 语句查询 mysql. user 表中的数据记录来查看用户的权限。SHOW GRANTS 语句查看权限的格式如下：

```
SHOW GRANTS FOR 'user_name'@'host_name';
```

说明：user_name 表示用户名，host_name 表示主机名或主机 IP。

数据库原理及应用－微课视频版（第2版）

5 MySQL 安全性管理之角色管理

【例 5-17】 查看用户 user2 的权限。

```
SHOW GRANTS FOR 'user2'@'localhost';
```

使用 SELECT 语句查询用户权限的语句如下：

```
SELECT * FROM mysql.user;
```

4. 角色管理

角色是一组相关权限的集合。MySQL 为用户授予角色时，用户就具备该角色的所有权限。MySQL 数据库管理员只对角色进行权限设置便可以实现对所有用户权限的设置，大大减少了管理员的工作量。

（1）创建角色。

MySQL 创建角色的语法格式如下：

```
CREATE ROLE 'role_name'@'host_name'[,'role_name'@'host_name'] … ;
```

说明：role_name 为角色名，host_name 为主机名。创建的角色信息存放在系统数据库 mysql 的 user 表中。

【例 5-18】 在本地主机上创建只读角色 read_role、更新角色 write_role、管理员角色 admin_role。

```
CREATE ROLE 'read_role'@'localhost',
    'write_role'@'localhost', 'admin_role'@'localhost';
```

（2）授予角色权限。

授予角色权限的语法格式与授予用户权限相同，只需将 GRANT 语句中 TO 子句后面的用户名改为角色名即可。

【例 5-19】 分别授予 read_role 角色读取数据库 SuperMarket 所有表的权限、write_role 角色更新数据库 SuperMarket 所有表的权限、admin_role 角色访问数据库 SuperMarket 的所有权限。

```
# 为 read_role 角色授权
GRANT SELECT
ON SuperMarket. *
TO 'read_role'@'localhost';
# 为 write_role 角色授权
GRANT INSERT, UPDATE, DELETE
ON SuperMarket. *
TO 'write_role'@'localhost';
# 为 admin_role 角色授权
GRANT ALL PRIVILEGES
ON SuperMarket. *
TO ' admin_role'@'localhost';
```

（3）授予用户角色。

使用 GRANT 语句授予用户角色，其语法格式如下：

```
GRANT 'role_name'@'host_name'[,'role_name'@'host_name', … ]
TO 'user_name'@'host_name'[,'user_name'@'host_name', … ];
```

【例 5-20】 分别将角色 read_role 授予新用户 reader，write_role 角色授予新用户 writer，admin_role 角色授予新用户 admin1、admin2。

```
# 创建新用户
CREATE USER
    'reader'@'localhost' IDENTIFIED BY 'reader', 'writer'@'localhost' IDENTIFIED BY 'writer',
    'admin1'@'localhost' IDENTIFIED BY 'admin1', 'admin2'@'localhost' IDENTIFIED BY 'admin2';
# 为用户分配角色
GRANT 'read_role'@'localhost' TO 'reader'@'localhost';
GRANT 'write_role'@'localhost' TO 'writer'@'localhost';
GRANT 'admin_role'@'localhost' TO 'admin1'@'localhost', 'admin2'@'localhost';
```

注意：用户在使用角色权限之前必须先激活角色，激活的语句如下。

```
SET GLOBAL activate_all_roles_on_login = ON;
```

（4）收回用户角色。

使用 REVOKE 语句收回用户角色，其语法格式如下：

```
REVOKE 'role_name'@'host_name' [,'role_name'@'host_name', … ]
FROM 'user_name'@'host_name' [,'user_name'@'host_name', … ];
```

【例 5-21】 收回用户 admin1 的角色 admin_role。

```
REVOKE 'admin_role'@'localhost' FROM 'admin1'@'localhost';
```

（5）删除角色。

删除角色的语法格式如下：

```
DROP ROLE 'role_name'@'host_name' [,'role_name'@'host_name'] … ;
```

【例 5-22】 删除角色 read_role 和 admin_role。

```
DROP ROLE 'read_role'@'localhost', 'admin_role'@'localhost';
```

5.2 并发控制

数据库是一个多用户的共享数据集合，在多个用户同时执行某些操作时，由于操作间的互相干扰，有可能产生错误的结果。即使这些操作在单独执行时都是正确的，但是在并发执行时有可能存取不正确的数据，破坏数据的一致性。因此，数据库管理系统必须提供并发控制机制以保证数据的正确性。

5.2.1 事务概述

1. 事务的概念

事务由用户定义的一系列数据操作语句构成，这些操作语句要么全部执行要么全部不执行，是数据库运行的最小的、不可分割的工作单位。所有对数据库的操作都要以事务为一个整体单位来执行或撤销，同时事务也是保证数据一致性的基本手段。无论什么情况下，DBMS 都应该保证事务能正确、完整地执行。在关系数据库中，一个事务可以是一条 SQL 语句、一组 SQL 语句或整个程序。

2. 事务的特性

事务由有限的数据库操作序列组成，但不是任意的操作序列都能成为事务，它必须同时满足以下四个特性：原子性（Atomicity）、一致性（Consistency）、隔离性（Isolation）和持续性

5 并发控
制之事务
概述

(Durability)。这四个特性也简称 ACID 特性。

(1) 原子性。

一个事务对于数据的所有操作都是不可分割的整体,这些操作要么全部执行,要么全部不执行。原子性是事务概念本质的体现和基本要求。

(2) 一致性。

事务执行完成后,数据库中的内容必须全部更新,确保事务执行后使数据库从一个一致性状态变成另一个一致性状态,此时数据库中的数据具备正确性和完整性。如果数据库只包含事务成功提交的结果,则说明数据库处于一致性状态;如果数据库系统运行过程中发生了故障,有些事务尚未完成就被迫中断,这些未完成事务对数据库所做的更新操作有一部分已写入物理数据库,这时数据库就处于一种不正确的状态,或者说不一致的状态,为了保证一致性,系统会对事务中对数据库的所有已完成的操作全部撤销,回滚到事务开始时的一致性状态。

(3) 隔离性。

隔离性也称独立性,表明一个事务的执行不能被其他事务干扰,即一个事务内部的操作及使用的数据对其他并发事务是隔离的,并发执行的各个事务之间不能互相干扰。

(4) 持续性。

持续性也称永久性,表明一个事务一旦提交,它对数据库中的数据的改变就应该是永久的,接下来的其他操作或故障不应该对其执行结果有任何影响。

事务是并发控制的基本单位,保证事务的 ACID 特性是事务处理的重要任务。事务的 ACID 特性可能遭到破坏的因素一般有两种。

(1) 多个事务并行运行时,不同事务的操作交叉执行。此时 DBMS 必须保证多个事务的交叉运行不影响这些事务的原子性。

(2) 事务在运行过程中被强行停止。此时 DBMS 必须保证被强行停止的事务对数据库和其他事务没有任何影响。

5.2.2　并发控制概述

数据库系统是多用户共享数据库资源,尤其是多个用户可以同时存取相同数据,如银行系统数据库、超市管理数据库等都是多个用户共享的数据库系统。在这些系统中,同一时间可同时运行数百个事务。若对多用户的并发操作不加以控制,就会造成数据存取错误,破环数据库的一致性和完整性。

在 DBMS 运行多事务时,如果一个事务完成以后,再开始另一个事务,这种执行方式为事务的串行执行。如果 DBMS 可以同时接受多个事务,并且这些事务在时间上可以重叠执行,这种执行方式为事务的并发执行。并发执行能提高系统资源的利用率,改善短事务的响应时间等。但并发执行可能会破坏事务的 ACID 特性。下面举例说明并发执行带来的数据不一致的问题。

设有两个校园超市收银台 A 和 B,其中 A 和 B 同时收取同一商品(洗衣粉)的费用,修改洗衣粉的库存数量。其操作过程及顺序如下。

收银台 A(事务 A)读出目前洗衣粉的库存数量,假设为 20 袋。

收银台 B(事务 B)读出目前洗衣粉的库存数量也为 20 袋。

收银台 A 此时要卖出 3 袋洗衣粉,则修改库存数量 20－3＝17,并将 17 写回数据库中。

收银台 B 此时也要卖出 4 袋洗衣粉,则修改库存数量 20－4＝16,并将 16 写回数据库中。

从上述操作可以看出,事务 B 覆盖了事务 A 对数据库的修改,使数据库中的数据不可信,这种情况称为数据的不一致性。这种不一致性就是由并发执行引起的。由于在并发执行下 DBMS 对事务 A 和 B 操作序列的调度是随机的,这会产生数据不一致,而这种不一致性是致命的,且在现实生活中是绝对不允许发生的。因此数据库管理员必须想办法避免这种情况,这就是数据库管理系统在并发控制中要解决的问题。

1. 并发操作导致的问题

数据库的并发操作会导致三种问题:丢失更新、读"脏"数据和不可重复读。下面分别介绍这三种问题。

(1) 丢失更新。

丢失更新是指当两个或两个以上的事务选择同一数据值,在更新最初的读取值时,会发生丢失更新的问题。两个事务 T1 和 T2 从数据库读取同一数据并进行更新,T1 执行更新后提交,T2 在 T1 更新后也对该数据进行了更新,此时 T2 提交的结果就破坏了 T1 提交的结果,导致 T1 的修改被 T2 覆盖掉,这样 T1 的更新就被丢失了。这是由于每个事务都不知道其他事务的存在,最后的更新将重写由其他事务所做的更新,这将导致数据丢失。

丢失更新是由于多个事务对同一数据并发进行写入操作引起的。前面例子中收银台 A 和收银台 B 同时对洗衣粉数量进行更新时,最后进行的更新数量必将替代第一个更新的数量,得到错误的结果 16 袋。如果收银台 A 完成收费以后,收银台 B 再收费就可避免这样的问题发生。

(2) 读"脏"数据。

读"脏"数据是指一个事务读取了另一个事务失败运行过程中的数据。也就是说,事务 T1 更新了某一数据,并将更新结果写入磁盘,然后事务 T2 读取了这一数据(T1 更新后的数据)。过了一段时间,由于某种原因 T1 撤销了更新操作,T1 修改过的数据又恢复为原值,此时 T2 读取的数值与数据库中实际数据值不一致。这种数据就是"脏"数据。

前面例子中,收银台 A、B 同时修改洗衣粉数量,收银台 A 修改洗衣粉数量为 17,未做提交操作,这时收银台 B 将修改后的数量 17 读取出来,之后收银台 A 执行回滚操作,数量恢复为原值 20,而收银台 B 仍然在使用已回滚的数量 17。这种修改了但未提交随后又被回滚的数据就是"脏"数据。

(3) 不可重复读。

不可重复读是指一个事务读取数据后,另一个事务对该数据进行更新,当前一个事务再次读取这个数据时,所得到的数据与之前读取的数据不一致。这里的更新操作包括以下三种情况。

事务 T1 按一定条件从数据库中读取某些记录后,事务 T2 在其中修改了部分数据,当 T1 再次按相同条件读取数据时,发现数据与前一次读取的数据不一样。

事务 T1 按一定条件从数据库中读取某些记录后,事务 T2 在其中插入数据,当 T1 再次按相同条件读取数据时,发现数据库中多出了一些数据。

事务 T1 按一定条件从数据库中读取某些记录后,事务 T2 在其中删除数据,当 T1 再次按相同条件读取数据时,发现数据库中之前的数据消失了。

前面例子中，收银台 A、B 同时修改洗衣粉数量，收银台 A 在某一时刻读取的数量是 20 袋，过了一段时间，收银台 B 卖出 4 袋将数量修改为 16，此时收银台 A 读取的值不再是最初的 20 了。

并发操作破坏了事务的隔离性从而导致出现以上三种问题。并发控制是用某种方法来执行并发操作，使一个事务的执行不受其他事务的干扰，避免造成数据的不一致。

2. 并发控制的方法

实现并发控制的主要方法是使用封锁机制。锁可以防止事务的并发问题，在多个事务并发执行时能够保证数据库的完整性和一致性。封锁是指一个事务 T 在对某个数据对象操作之前，先向系统发出请求，对其加锁。加锁后事务 T 对该数据对象有一定的控制，在事务结束之后释放锁。而在事务 T 释放锁之前，其他事务不能更新此数据对象，以保证数据操作的正确性和一致性。封锁是一种并发控制技术，用来调整对数据库中共享数据进行并行存取的技术。前面超市的例子中，当收银台 A 要修改洗衣粉数量，在读取出数量前先封锁数量，再对数量进行读取和修改操作，这是收银台 B 就不能读取和修改数量，直到收银台 A 完成操作，将修改后的数量重新写回数据库，并释放对数量的封锁后，收银台 B 才可以读取和修改数量，这样就不会导致数据不一致的问题。

1) 基本锁

具体的控制由封锁的类型决定。基本的封锁类型有两种：排他锁（Exclusive Locks，简称 X 锁）和共享锁（Share Locks，简称 S 锁）。

(1) 排他锁（X 锁）。

排他锁又称写锁，可以防止并发事务对数据进行访问，其他事务不能读取或更新锁定的数据。如果事务 T 对数据对象 R 加上 X 锁，则只允许事务 T 读取和更新 R，其他任何事务不能再对 R 加任何类型的锁，直到事务 T 释放 R 上的锁。这就保证了其他事务在 T 释放 R 上的锁之前不能再读取和更新 R。由此可见，X 锁采用的方法是禁止并发操作。

(2) 共享锁（S 锁）。

共享锁又称读锁，允许并发事务读取数据。若事务 T 对数据对象 R 加上 S 锁，则事务 T 读取 R 但不能修改 R，其他任何事务只能再对 R 加 S 锁，而不能加 X 锁，直到事务 T 释放 R 上的 S 锁。这保证了其他事务可以读取 R，而不能再释放 R 上的 S 锁之前对 R 进行修改操作。

对数据库中数据进行读取操作不会破坏数据的完整性，而更新操作才会破坏数据的完整性。加锁的真正目的在于防止更新操作对数据一致性的破坏。S 锁只允许多个事务同时读取同一数据，不能对数据进行更新操作；X 锁只允许一个事务对同一数据进行读取和更新操作，其他事务只能等待 X 锁的释放，才能对该数据进行相应的操作。

2) 基本锁的兼容性

排他锁和共享锁的控制可以用如表 5-4 所示的锁的兼容性来表示。

表 5-4 锁的兼容性

T2	T1		
	排他锁（X 锁）	共享锁（S 锁）	--（没有锁）
排他锁（X 锁）	否	否	是
共享锁（S 锁）	否	是	是
--（没有锁）	是	是	是

在表 5-4 锁的兼容性内容中,最上面一行是事务 T1 已经获取的数据对象上的锁类型,其中,--表示没有加锁。最左侧一列是事务 T2 针对同一数据对象发出的封锁请求,该请求是否被满足,用"是"和"否"在表格中表示出来。"是"表示事务 T2 的封锁请求与 T1 所获取的锁兼容,可以满足请求;"否"表示事务 T2 的封锁请求与 T1 的锁不兼容,请求被拒绝。

3) 锁的粒度

锁的粒度是指封锁对象的大小。根据对数据的不同处理,封锁的对象可以是字段、记录、表、数据库等逻辑单元,也可以是页、块等物理单元。

封锁粒度与系统的并发度和并发控制的开销密切相关。封锁粒度越小,系统能够被封锁的对象就越多,并发度越大,封锁机制越复杂,系统开销越大。相反,封锁粒度越大,系统能被封锁的对象就越少,并发度越小,封锁机制越简单,系统开销就越小。

在实际的应用中选择封锁的粒度,需要同时考虑封锁机制和并发度两个因素,对系统开销与并发度进行权衡,以获得最优的效果。一般来说,需要处理大量元组的事务可以以表作为封锁单元,而对于处理少量元素的事务,则可以以元组作为封锁单元,以提高系统的并发度。

3. 封锁协议

在使用排他锁和共享锁对数据对象进行加锁时,还需要约定一些规则:何时申请锁、持锁时间、何时释放锁等。这些规则称为封锁协议。对封锁方式规定不同的规则,就形成了不同级别的封锁协议,不同级别的协议能达到的数据一致性级别也不同。下面介绍三种封锁协议。

(1) 一级封锁协议。

一级封锁协议是指事务 T 在修改数据对象之前必须先对其加 X 锁,直到事务结束(包括正常结束和非正常结束)时才释放锁。一级封锁协议可以防止丢失更新问题的发生。

在一级封锁协议中,如果事务仅仅是读数据而不是更新数据,则不需要加锁。所以一级封锁协议不能保证可重复读和读"脏"数据。

(2) 二级封锁协议。

二级封锁协议是指在一级封锁协议基础上,加上事务 T 对要读取的数据之前必须先对其加 S 锁,读取完后立即释放 S 锁。二级封锁协议可以防止数据丢失更新问题,还可以防止读"脏"数据。

在二级封锁协议中,由于事务 T 读取完数据后立即释放了 S 锁,因此不能保证可重复读数据。

(3) 三级封锁协议。

三级封锁协议是指在一级封锁协议基础上,加上事务 T 在读取数据之前必须先对其加 S 锁,读取完后并不释放 S 锁,直到事务 T 结束才释放。三级封锁协议除可以防止丢失更新和不读"脏"数据外,还可以防止不可重复读。

三个封锁协议均规定对数据对象的更新必须加 X 锁,而它们的主要区别在于读取操作是否需要申请封锁,何时释放锁。三个级别的封锁协议的主要规则及能解决的问题如表 5-5 所示。

表5-5　不同级别的封锁协议

封锁协议	排他锁(X锁)	共享锁(S锁)	不丢失更新	不读脏数据	可重复读
一级封锁协议	必须加锁,直到事务结束才释放	不加锁	是		
二级封锁协议	必须加锁,直到事务结束才释放	加锁,读取完后立即释放锁	是	是	
三级封锁协议	必须加锁,直到事务结束才释放	必须加锁,直到事务结束才释放	是	是	是

4. 死锁和活锁

封锁技术可以有效地解决并发操作的一致性问题,但也会带来一些新的问题:活锁和死锁等问题。

1) 活锁

当两个或多个事务请求对同一数据进行封锁时,可能会存在某个事务处于永远等待锁的情况,这种现象称为活锁。例如事务 T1 封锁了数据对象 R 后,事务 T2 也申请封锁 R,于是 T2 等待;接着事务 T3 也申请封锁 R。当 T1 释放了 R 上的封锁后,系统首先批准了 T3 的请求,T2 仍然等待。这时事务 T4 又申请封锁 R,当 T3 释放了 R 上的封锁后,系统又批准了 T4 的请求,这样依次继续,T2 有可能永远等待,这就是活锁。

避免活锁最简单的方法就是采用先来先服务的策略。当多个事务请求封锁同一数据对象时,封锁子系统按申请封锁的先后顺序对事务进行排队,数据对象上的锁一旦释放就批准申请队列中的第一个事务获得锁。

2) 死锁

在同时处于等待状态的两个或多个事务中,其中每一个事务又在等待其他事务释放封锁后才能继续执行,这样出现多个事务彼此相互等待的状态就称为死锁。例如事务 T1 封锁了数据对象 R1,事务 T2 封锁了数据对象 R2。之后 T1 又申请封锁数据对象 R2,由于 T2 已经封锁了 R2,于是 T1 的申请被拒绝只能等待,直到 T2 释放 R2 上的锁。接着 T2 又申请封锁 R1,由于 R1 已经被 T1 封锁,于是 T2 的申请被拒绝只能等待,直到 T1 释放 R1。这样就出现了 T1 在等待 T2 而 T2 又在等待 T1 的局面,T1 和 T2 两个事务永远不能结束,形成死锁。

目前在数据库中解决死锁问题的方法主要有两类:一类是采取一定的措施来预防死锁的发生;另一类是允许死锁的发生,但需采取一定的手段定期诊断系统中有无死锁,若有则解除它。

(1) 死锁的预防。

预防死锁就是要破坏产生死锁的条件,通常有如下两种方法。

① 一次性封锁法。一次性封锁法要求每个事务必须一次将所有要使用的数据全部加锁,否则就不能继续执行。例如针对前面死锁中的例子,事务 T1 将需要的数据对象 R1 和 R2 一次加锁,T1 就可以执行,而事务 T2 等待。当 T1 执行完后释放 R1、R2 上的锁,T2 就获得 R1 和 R2 上的锁,继续执行。这样就不会发生死锁。一次性封锁法虽然可以有效地防止死锁的发生,但也存在不足:将事务以后要用的全部数据对象加锁,扩大了封锁的范围,降低了系统的并发度,从而影响了系统的效率;另外,需要事先精确地确定每个事务所要封

锁的所有数据对象,这对于不断变化的数据库来讲是很困难的,因此只能扩大封锁范围,将事务可能需要用到的数据进行加锁,这会进一步降低并发度。

② 顺序封锁法。顺序封锁法是要求所有事务必须按照一个预先约定的封锁顺序对所要用到的数据对象进行封锁。例如规定事务封锁数据对象 R1、R2 的顺序依次是 R1、R2,则事务 T1 和 T2 必须先封锁 R1 再封锁 R2,当 T2 请求 R1 的封锁时,由于 T1 已经封锁了R1,则 T2 就只能等待,T1 释放 R1 和 R2 的锁之后,T2 就继续执行,这样就不会发生死锁。顺序封锁在一定程度上可以有效地防止死锁,但仍然存在不足:很难预先确定所有数据对象的加锁顺序;当封锁的数据对象很多时,随着数据的不断更新,维护数据对象的顺序也很困难。

因此,预防死锁策略难以实施,在解决数据库死锁的问题上 DBMS 普遍采用诊断并解除死锁的方法。

(2) 死锁的诊断与解除。

死锁的解除是指允许产生死锁,在死锁发生后通过一定手段予以解除。一般使用超时法或事务等待图法。

① 超时法。超时法是指对每个锁设定一个时限,如果某个事务的等待时间超过了该时限,就认为发生了死锁,此时调用解锁程序,以解除死锁。超时法实现简单,但存在明显不足:时限难以设置,若设置太长,则会导致死锁发生后不能及时发现;有可能误判死锁,事务可能因为其他原因使等待超时,系统会误认为发生了死锁。

② 事务等待图法。事务等待图是一个特殊的有向图 $G = (T, U)$。T 为结点的集合,每个结点表示正在运行的事务;U 为边的集合,每条边表示事务等待的情况。若 T1 等待 T2,则 T1、T2 之间划一条有向边,从 T1 指向 T2。建立事务等待图之后,诊断死锁的问题就变成了判断有向图 G 中是否存在回路的问题。事务等待图动态地反映了所有事务的等待情况,并发控制子系统周期性地生成事务等待图,并进行检测,如果图中没有回路,则没有发生死锁,反之则说明发生了死锁。

一旦检测到系统存在死锁,DBMS 就要设法解除。通常采用的方法是选择一个处理死锁代价最小的事务,将其撤销,释放该事务持有的所有锁,使其他事务得以继续运行下去。当然,为了保证数据的一致性,对撤销事务所执行的数据更新操作必须加以恢复。

5. 并发调度的可串行性

数据库管理系统对并发事务中的操作调度是随机的,不同的调度会产生不同的结果。什么样的调度是正确的呢?显然,串行调度是正确的。一般来讲,如果多个事务在某个调度下的执行结果与这些事务在某个串行调度下的执行结果相同,那么这个调度也是正确的。虽然以不同顺序串行执行事务可能会产生不同的结果,但不会将数据库置于不一致的状态,因此这个调度是正确的。

多个事务的并发执行是正确的,当且仅当结果与按某一顺序串行地执行这些事务时的结果相同,则称这种调度策略为可串行化的调度。

可串行性是并发事务正确调度的准则。按这个准则规定,一个给定的并发调度,当且仅当它可串行化时,才认为它是正确的调度。为保证并发操作的正确性,数据库管理系统的并发控制机制必须提供一定的手段来保证调度是可串行化的。

【例 5-23】 假设有两个事务 T1 和 T2,分别包含下列操作。

事务 T1：读取 B；A＝B－3；写回 A。

事务 T2：读取 A；B＝A－3；写回 B。

假设 A、B 的初值均为 20，若按 T1→T2 的顺序执行后，其结果 A＝17，B＝14；若按 T2→T1 的顺序执行后，其结果 A＝14，B＝17。当并发调度时，如果执行的结果是这两者之一，则认为都是正确的并发调度策略。图 5-4 给出了这两个事务的四种调度策略。

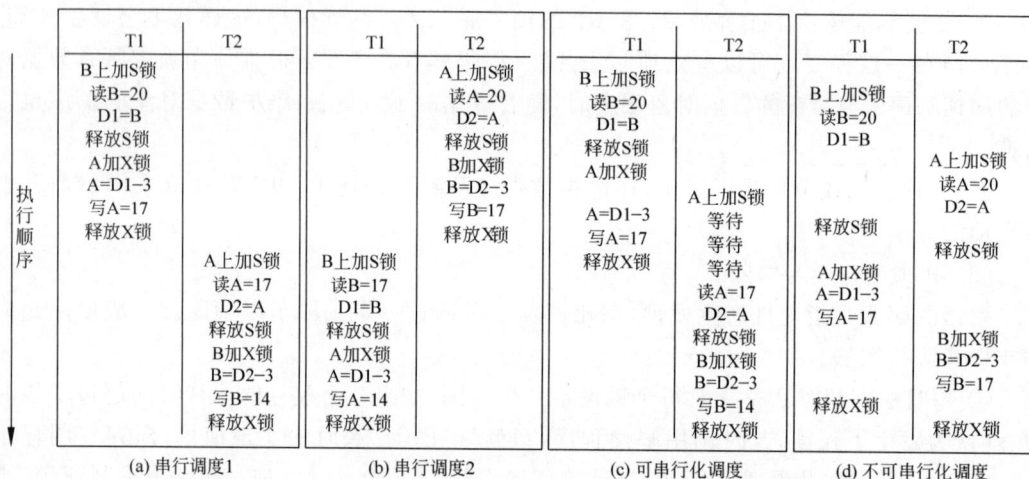

(a) 串行调度1

T1	T2
B上加S锁	
读B=20	
D1=B	
释放S锁	
A加X锁	
A=D1-3	
写A=17	
释放X锁	
	A上加S锁
	读A=17
	D2=A
	释放S锁
	B加X锁
	B=D2-3
	写B=14
	释放X锁

(b) 串行调度2

T1	T2
	A上加S锁
	读A=20
	D2=A
	释放S锁
	B加X锁
	B=D2-3
	写B=17
	释放X锁
B上加S锁	
读B=17	
D1=B	
释放S锁	
A加X锁	
A=D1-3	
写A=14	
释放X锁	

(c) 可串行化调度

T1	T2
B上加S锁	
读B=20	
D1=B	
释放S锁	
A加X锁	A上加S锁
A=D1-3	等待
写A=17	等待
释放X锁	等待
	读A=17
	D2=A
	释放S锁
	B加X锁
	B=D2-3
	写B=14
	释放X锁

(d) 不可串行化调度

T1	T2
B上加S锁	
读B=20	
D1=B	
	A上加S锁
	读A=20
	D2=A
释放S锁	
	释放S锁
A加X锁	
A=D1-3	
写A=17	
	B加X锁
	B=D2-3
释放X锁	写B=17
	释放X锁

执行顺序（箭头向下）

图 5-4　并发事务的不同调度策略

图 5-4(a) 和图 5-4(b) 是不同的串行调度策略，虽然执行结果不同，但它们都是正确的调度。图 5-4(c) 虽不是串行调度，但其执行的结果与串行调度的结果相同，所以该调度是正确的。图 5-4(d) 的执行结果与前两个串行调度的结果都不同，所以是错误的调度。

6. 两段锁协议

为保证并发调度的正确性，数据库管理系统的并发控制机制必须提供一定的手段来保证调度的可串行化。目前，数据库管理系统普遍采用两段锁协议来实现并发调度的可串行化，从而保证调度的正确性。

两段锁协议是最常用的一种封锁协议。它是指所有的事务必须分为两个阶段对数据对象进行加锁和解锁。具体包括两方面的内容：在对任何数据进行读写操作之前，要先申请并获得对该数据的封锁；在释放一个封锁之后，事务不再申请和获得对该数据的封锁。

所谓两段锁就是事务分为两个阶段：第一阶段是申请封锁，在这个阶段，事务可以申请获得任何数据对象上的任何类型的锁，但是不允许释放任何锁；第二阶段是释放封锁，在这个阶段，事务可以释放任何数据对象上的任何类型的锁，但不允许申请任何锁。如果并发执行的所有事务都遵守两段锁协议，则这些事务的任何并发调度策略都是可串行化的。

事务遵守两段封锁协议是可串行化调度的充分条件，而不是必要条件。也就是说，如果并发事务都遵守两段锁协议，则对这些事务的任何并发调度策略都是可串行化的。反之，若对并发事务的调度是可串行化的，并不意味着这些事务都符合两段锁协议。如图 5-5 所示，图 5-5(a) 遵守两段锁协议，图 5-5(b) 不遵守两段锁协议，但它们都是可串行化的调度。

数据库原理及应用·微课视频版（第2版）

5 并发控制概述之两段锁协议

	T1	T2		T1	T2
执行顺序	B上加S锁 读B=20 D1=B A加X锁 A=D1-3 写A=17 释放S锁 释放X锁	 A上加S锁 等待 等待 A上加S锁 读A=17 D2=A B加X锁 B=D2-3 写B=14 释放S锁 释放X锁		B上加S锁 读B=20 D1=B 释放S锁 A加X锁 A=D1-3 写A=17 释放X锁	 A上加S锁 等待 等待 等待 等待 读A=17 D2=A 释放S锁 B加X锁 B=D2-3 写B=14 释放X锁
	(a) 遵守两段协议			(b) 不遵守两段协议	

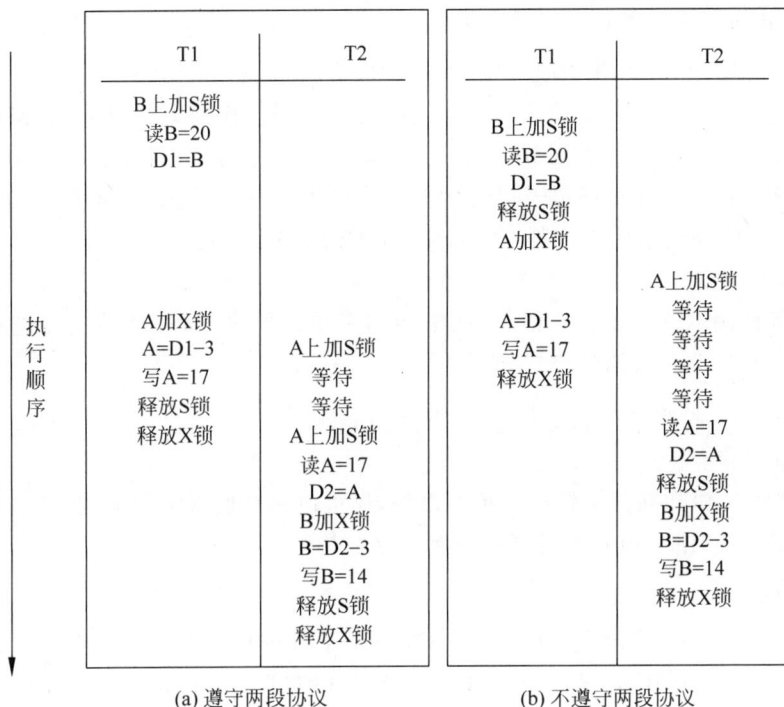

图 5-5　可串行化调度

5.2.3　MySQL 的事务与并发控制

1. MySQL 的事务处理模型

MySQL 的事务处理模型有三种：自动提交事务模型，MySQL 默认的事务处理模型，每条单独的语句就是一个事务；显式事务模型，允许用户定义事务的启动和结束，通常指定显示的开始标记 BEGIN WORK（或 START TRANSACTION）和结束标记 COMMIT（或 ROLLBACK）；隐式事务模型，在当前事务完成提交或回滚后，新事务自动启动，隐式事务模型不需要使用开始标记标识事务的开始，但需要用结束标记语句来提交或回滚事务。

系统变量@@autocommit 的值为 1 时，表示 MySQL 采用自动提交事务模型，当用户执行一条 SQL 语句后，该语句对数据库的修改就立即被提交成为永久性修改保存到磁盘上，事务执行结束。当事务由多条 SQL 语句构成时，需要关闭自动提交事务模型，通过语句 SET @@autocommit=0 来实现，此时需要明确地指示每个事务的结束标记。

（1）开始事务。

MySQL 默认事务都是自动提交的，要显示启动事务必须使用 BEGIN WORK 或 START TRANSACTION 语句标识事务的开始。其语法格式如下：

```
START TRANSACTION | BEGIN WORK;
```

说明：在存储过程中只能使用 START TRANSACTION 语句来开启一个事务，因为 MySQL 会自动将 BEGIN 识别为 BEGIN…END 语句。

（2）提交事务。

COMMIT 语句用于结束一个用户定义的事务，保证对数据的修改已经成功写入数据

库,此时事务正常结束。其语法格式如下:

```
COMMIT [WORK] [AND [NO] CHAIN] [[NO] RELEASE];
```

说明:提交事务的最简单形式,只需 COMMIT 语句,详细写法是 COMMIT WORK。AND CHAIN 子句会在当前事务结束时立刻启动一个新事务,并且新事务与刚结束的事务有相同的隔离等级。RELEASE 子句在终止当前事务后,会让数据库服务器断开与当前客户端的连接。NO 关键字用以控制 CHAIN 或 RELEASE 完成。

(3) 回滚事务。

回滚事务使用 ROLLBACK 语句,回滚会结束用户的事务,并撤销正在进行的事务开始标记后的所有修改。其语法格式如下:

```
ROLLBACK [WORK] [AND [NO] CHAIN] [[NO] RELEASE];
```

(4) 设置保存点。

ROLLBACK 语句除了撤销整个事务以外,还可以用来使事务回滚到某个点,在这之前需要使用 SAVEPOINT 语句来设置一个保存点。其语法格式如下:

```
SAVEPOINT point_name;
```

说明:point_name 为设置的保存点名称,一个事务中可以有多个保存点。设置保存点后,可以使用 ROLLBACK[WORK] TO SAVEPOINT point_name 语句回滚到 point_name 处。注意,当事务回滚到某个保存点后,在该保存点之后设置的保存点将被删除。

【例 5-24】 向 Goods 表插入数据。

```
START TRANSACTION;
INSERT INTO Goods(GoodsNO, GoodsName) values('GN011','松子');
INSERT INTO Goods(GoodsNO, GoodsName) values('GN012','瓜子');
INSERT INTO Goods(GoodsNO, GoodsName) values('GN013','花生');
INSERT INTO Goods(GoodsNO, GoodsName) values('GN014','开心果');
COMMIT;
```

【例 5-25】 学生在校园超市购买商品时,商品的库存数量不能小于 0(Goods 表中 Number 字段类型为非负整数)。创建存储过程 pro_transale 实现学生购买商品的业务。

```
CREATE PROCEDURE pro_transale(IN sno varchar(20), IN gno varchar(20), IN num int)
    BEGIN
        DECLARE CONTINUE HANDLER FOR 1690
            BEGIN
                SELECT '商品库存数量不足';
                ROLLBACK;
            END;
        START TRANSACTION;
        UPDATE Goods SET Number = Number - num WHERE GoodsNO = gno;
        INSERT INTO SaleBill VALUES(gno,sno,CURRENT_TIMESTAMP(),num);
        COMMIT;
    END;
```

注意,如果 Goods 表中 number 设置了 CHECK 约束,确定范围为 Number >= 0,则在存储过程中使用"DECLARE CONTINUE HANDLER FOR 3819"。

【例 5-26】 设置保存点示例。向 Goods 表插入数据。

```
START TRANSACTION;
```

```
INSERT INTO Goods(GoodsNO, GoodsName) values('GN016','松子');
INSERT INTO Goods(GoodsNO, GoodsName) values('GN017','瓜子');
SAVEPOINT p;
INSERT INTO Goods(GoodsNO, GoodsName) values('GN018','花生');
INSERT INTO Goods(GoodsNO, GoodsName) values('GN019','开心果');
ROLLBACK TO p;
```

2. MySQL 的并发控制

数据库管理系统的并发控制用于实现事务的并发操作,避免出现数据的不一致问题,确保事务的一致性。MySQL 使用封锁的方法进行并发控制,防止事务修改另一个未完成事务的数据。

MySQL 的锁分为表级锁和行级锁。表级锁是以数据表为单位进行封锁,行级锁是以元组为单位进行封锁。表级锁的粒度大,行级锁的粒度小。封锁粒度越小,并发访问的性能越高,越适合并发更新操作;封锁粒度越大,并发访问性能越低,更适合做并发查询操作。封锁粒度越小,完成某个功能时需要加锁、解锁的次数会增加,需要消耗的系统资源较多,可能出现资源的恶性竞争,或发生死锁。

(1)表级锁。

表级锁用于锁定整个数据表,包括读锁定和写锁定两种。对于任何针对数据表的查询或更新操作,MySQL 会隐式地加表级锁。隐式锁的生命周期非常短,且不受数据库开发人员控制。使用 LOCK TABLES 语句显示加表级锁,其语法格式如下:

```
LOCK TABLES table_name READ | [table_name WRITE]… ;
```

说明:READ 表示加表级读锁,WRITE 表示加表级写锁。在对数据表加了读锁后,事务可以对数据进行查询操作,如果对该表进行更新操作时出错,其他事务对该表可以进行数据查询操作,但更新操作会被阻塞。在对数据表加了写锁后,事务可以对数据进行查询和更新操作,但其他事务对该表进行查询和更新操作时会被阻塞。

MySQL 解锁的语法格式如下:

```
UNLOCK TABLES;
```

(2)行级锁。

行级锁用于锁定数据表的行,相比表级锁对数据进行更精细的控制。行级锁包括共享锁、排他锁。事务获得数据行的共享锁,则可以对该数据行进行查询操作而不能进行更新操作,此时其他事务可以成功申请对该数据行加共享锁,但不能成功申请加排他锁;事务获得数据行的排他锁,则可以对数据行进行查询和更新操作,此时其他事务不能成功申请对数据行加任何锁。

在查询语句中,MySQL 使用 LOCK IN SHARE MODE 和 FOR UPDATE 两个语句为满足条件的数据行加共享锁和排他锁,其语法格式如下:

```
SELECT * FROM table_name WHERE boolean_expression
LOCK IN SHARE MODE | FOR UPDATE;
```

说明:LOCK IN SHARE MODE 表示加共享锁;FOR UPDATE 表示加排他锁。但为更新语句(INSERT、UPDATE、DELETE)时,MySQL 会对符合条件的数据行自动加隐式排他锁。

（3）意向锁。

意向锁（Intention Locks，简称 I 锁）是一种表级锁，锁定的粒度是整个数据表。引入意向锁的目的是方便检测表级锁和行级锁是否兼容，从而实现多粒度封锁机制。意向锁分为意向共享锁（IS）和意向排他锁（IX）两类。意向共享锁是指事务向数据行加行级共享锁时，事务必须先取得该表的 IS 锁；意向排他锁是指事务向数据行加行级排他锁时，事务必须先取得该表的 IX 锁。

在 MySQL 中，意向锁是自动加的，不需要用户干预。当事务在向数据表中某些行加共享锁时，MySQL 会自动向该数据表加意向共享锁；当事务向数据表中某些行加排他锁时，MySQL 会自动地向该数据表加意向排他锁。如果一个事务请求的锁类型与当前锁兼容，MySQL 就将该请求的锁授予该事务。

5.3 备份及恢复管理

尽管数据库管理系统采用了许多措施来保证数据库的安全性和完整性，但故障仍不可避免，这会影响甚至破坏数据库，造成数据错误或丢失。通过备份和恢复数据库，可以防止因为各种原因而造成的数据破坏和丢失，并使数据库继续正常工作。

5.3.1 故障的种类

数据库系统中常见的故障种类包括事务内部故障、系统故障、介质故障和计算机病毒。

1. 事务内部故障

事务内部故障是指在当前事务内部操作执行过程中可能发生的故障，分为预期故障和非预期故障。

（1）预期故障。

预期故障是事务内部语句执行错误而引起事务异常终止的故障。它发生在单个事务内部，编写事务的程序员应该预先估计到这个错误并加以处理。例如：校园超市中，学生购买的商品数量比商品库存量要大时，如果继续操作就会出现问题。这种情况可以事先在事务内部语句中增加判断和 ROLLBACK 语句。当事务执行到 ROLLBACK 语句时，系统会对事务进行撤销操作（UNDO 操作），撤销事务对数据库的一切影响，保证事务的原子性。

（2）非预期故障。

非预期故障是事务内部语句执行过程中发生的无法预估并不能预处理的错误。事务内部故障大部分属于非预期故障。例如，并发执行事务发生死锁、运算溢出、违反完整性约束而被提前终止等。这些故障无法预估，必须由数据库管理系统强行执行 UNDO 操作，使数据库恢复到该事务运行之前的状态。

2. 系统故障

系统故障又称软故障，是指造成系统停止运行并要求系统重新启动的事件。导致系统故障的原因很多，例如，CPU 故障、操作系统出错、数据库管理系统错误、系统断电等。这类故障不会破坏数据库，但会影响正在运行的所有事务，导致事务以非正常的方式终止。发生系统故障后，系统必须重新启动，内存中数据库工作区内的数据会被丢失。

发生系统故障时，一些尚未完成的事务的结果可能已经写入数据库，从而造成数据库可能处于不正确的状态；系统重新启动时，应对未完成的事务进行 UNDO 操作。对于已经完成的事务，可能存在部分更改数据仍留在内存中，尚未写入数据库，这也会使数据库处于不正确的状态；系统重新启动时，应对已经完成的事务进行重新执行操作（REDO 操作）。

3. 介质故障

介质故障也称硬故障，是指外部存储介质故障，例如，磁盘损坏、强磁场干扰等。这类故障会破坏数据库或部分数据库，并影响正在存取这部分数据的所有事务。相比前两类故障发生的可能性低很多，但破坏性很强。处理这类故障的主要技术是数据备份，当遇到介质故障时，加载最近的备份文件，重新执行该备份之后提交的所有事务。

4. 计算机病毒

计算机病毒是一种能够自我复制传播的计算机指令或程序代码，它们会破坏计算机的功能或者破坏数据，影响计算机包括数据库系统的使用。对于已经感染计算机病毒的数据库文件应使用杀毒软件进行查杀，如果无法查杀，则只能使用数据库备份文件进行恢复，从而达到数据库一致性状态。

5.3.2　数据备份概述

数据备份是指定期或不定期地对数据库及其相关信息进行复制，在本地机器或其他机器上创建数据库的副本。数据库备份记录了在进行备份这一操作时数据库中所有数据的状态，当数据库因意外被损坏时，副本就可在数据库恢复时用来恢复数据库。因此，数据备份是保证系统安全的一项重要措施。

1. 备份类型

根据备份数据的大小，可以把备份分成以下四种。

（1）完全备份。

完全备份又称完全数据库备份，是数据备份常用的方式之一。完全备份将备份整个数据库，不仅包括用户表、系统表、索引、视图、存储过程等所有数据库对象，还包括事务日志部分。完全备份代表备份完成时的数据库，通过包括在备份中的事务日志可以使用备份恢复到备份完成时的数据库。

完全备份操作简单，便于使用。通常情况对于规模较小的数据库而言，可以快速完成完全备份，但随着数据库规模不断增大，进行一次完全备份，需要花费更多的时间和空间。因此，需要根据备份计划安排完全备份，对于大型数据库可以使用差分备份来补充完全备份。

（2）差分备份。

差分备份也称增量备份，与完全备份不同，它仅备份自上次完全备份以来对数据进行改变的内容。差分备份相比完全备份而言备份速度更快，空间更节省，简化了数据备份操作，减少丢失数据的可能性。为了减少还原频繁修改数据库的时间，可以执行差分备份。

如果数据库中的部分对象频繁更改，差分备份特别有用。在这种情况下，使用差分备份可以频繁地执行备份，并且不会产生完全备份的开销。

对于规模大的数据库来讲，完全备份需要大量的磁盘空间。为了节省备份时间和存储空间，可以在一次完全备份后安排多次差分备份。

（3）事务日志备份。

数据库事务日志是单独的文件，它记录了数据库的改变。事务日志备份是对事务日志进行备份，备份时复制自上次备份以来对数据库所做的改变，仅需要很少的时间，因此建议频繁备份事务日志，从而减少丢失数据的可能性。

用户可以使用事务日志备份将数据库恢复到特定的即时点或恢复到故障点。

事务日志备份和差分备份有所不同。差分备份无法将数据库恢复到出现故障前某一个指定的时刻，它只能将数据库恢复到上一次差分备份结束的时刻。

（4）文件或文件组备份。

数据库由磁盘上的许多文件构成。如果数据库非常大，执行完全备份是不可行的，则可以使用文件备份或文件组备份来备份数据库的一部分。

2. 备份设备

在创建备份时，必须选择存放备份数据库的备份设备。数据备份是可以将数据库备份到磁盘设备或磁带设备上。磁盘备份设备就是硬盘或其他磁盘上的文件，可以像操作系统文件一样进行管理，也可以将数据库备份到远程计算机的磁盘上。

3. 备份计划

创建备份的目的是恢复已损坏的数据库。但是，备份和恢复数据需要使用一定的资源，在特定的环境中进行。因此，在备份数据库之前需要对备份内容、备份频率以及数据备份存储介质等进行合理的计划。

（1）备份内容。

备份数据库应备份数据库中的表、数据库用户、用户定义的数据库对象及数据库中的全部数据。表包括系统表、用户定义的表，还应该备份数据库日志等内容。

（2）备份频率。

确定备份频率需要考虑的因素：存储介质出现故障时，允许丢失的数据量的大小；数据库的事务类型，以及事故发生的频率。

不同的数据库备份频率通常不一样。一般情况下，数据库可以每周备份一次，事务日志可以每日备份一次。对于一些重要的联机数据库，数据库可以每日备份一次，事务日志甚至可以每隔数小时备份一次。

（3）备份存储介质。

常用的备份存储介质包括硬盘、磁带和命令管道等。具体使用哪种介质，要考虑用户的成本承受能力、数据的重要程度、用户的现有资源等因素。在备份中使用的介质确定以后，一定要保持介质的持续性，一般不要轻易地改变。

5.3.3 数据恢复概述

数据恢复是指当系统运行过程中发生故障时，利用数据库的备份副本和日志文件将数据库恢复到故障前的某个一致性状态。不同故障有不同的恢复策略和恢复方法。

1. 事务内部故障的恢复

事务内部故障的恢复通常是对非预期事务故障的恢复。非预期事务内部故障是指事务在运行到正常终止点前被中止，这时可以利用事务操作的日志文件撤销该事务对数据库进行的修改。事务故障恢复的步骤如下。

（1）反向扫描事务操作的日志文件，查找该事务的更新操作。

（2）对事务的更新操作执行反向操作。也就是对已经插入的新记录执行删除操作；对已经删除的记录执行插入操作；对已经修改的数据恢复旧值。

（3）这样从后到前逐个扫描该事务的所有更新操作，按同样的方式进行处理，直到扫描到该事务的开始标记为止，事务故障就恢复完毕。

事务故障的恢复工作由数据库管理系统自动完成，不需要用户干预。

2. 系统故障的恢复

系统故障造成数据库数据不一致状态有两种情况：一是未完成事务对数据库的更新可能已写入数据库，这种情况需要强行撤销所有未完成的事务并清除事务对数据库所做的修改；二是已提交事务对数据库的更新可能还留在缓冲区，没有来得及写入磁盘上的物理数据库中，这种情况应将事务提交的更新结果重新写入数据库。因此系统故障恢复步骤如下。

（1）正向扫描日志文件，找出在故障发生前已提交的事务，将其事务标记记入重做队列，同时找出故障发生时未完成的事务，将该事务标记记入撤销队列。

（2）对撤销队列中的各个事务进行撤销处理，其方法同事务故障恢复一致。也就是对已经插入的新记录执行删除操作；对已经删除的记录执行插入操作；对已经修改的数据恢复旧值。

（3）对重做队列中的各个事务进行重做处理，方法是正向扫描日志文件，按照日志文件中所登记的操作内容重新执行事务操作，使数据库恢复到最近的某个可用状态。

系统故障恢复仍由数据库管理系统自动完成的，不需要用户干预。

3. 介质故障的恢复

发生介质故障后，磁盘上的物理数据和日志文件被破坏，这是最严重的一种故障，可能会造成数据无法恢复。其恢复方法是重装数据库，然后重做已完成的事务。具体步骤如下。

（1）装入最新的数据库备份副本，使数据库恢复到最近一次存储时的一致性状态。

（2）装入最新的日志文件副本，根据日志文件中的内容重做已完成的事务。

介质故障恢复需要数据库管理员来操作，但数据库管理员只需要重装最近存储的数据库副本和有关的日志文件副本，然后执行系统提供的恢复命令即可，其余的恢复操作仍由数据库管理系统自动完成。

除了上述针对各类故障的恢复方法外，数据库还有其他恢复技术，如检查点恢复技术、数据库镜像技术等。

5.3.4 MySQL 的数据库备份与恢复

MySQL 的备份和恢复功能为存储在 MySQL 数据库中的数据提供了重要的保护手段。MySQL 数据库管理系统实现备份和恢复的方法有多种：使用图形工具如 Navicat 的相关功能来实现、直接复制数据库相关物理文件、使用语句等。这里介绍两种常用的备份与恢复语句，包括 mysqldump 和 mysql 语句、SELECT…INTO OUTFILE 和 LOAD DATA 语句。

1. mysqldump 和 mysql 语句

mysqldump 是 MySQL 自带的一个重要的客户端工具，用于实现数据库的备份功能。mysqldump 存放在 MySQL 安装路径下的 bin 目录中。

假设 MySQL 采用默认路径安装。通过 CMD 命令或打开命令提示符进入 DOS 窗口，输入 CD C:\Program Files\MySQL\MySQL Server 8.0\bin，进入安装 MySQL 的 bin 目录，就可以使用 mysqldump 语句进行数据库备份操作。

数据库原理及应用·微课视频版（第2版）

1）mysqldump 数据备份

mysqldump 完成数据备份的基本思路：首先生成数据表结构、存储过程、自定义函数、触发器等数据库对象的 CREATE 语句，接着生成数据表记录对应的 INSERT 语句，然后将这些语句导出到 SQL 脚本文件中，从而完成数据备份工作。因此，mysqldump 语句是将数据库备份成一个脚本文件，可用于备份数据表、备份数据库和备份整个数据库系统。其语法格式如下。

（1）备份数据表。

```
mysqldump - h hostname - u username - p password dbname table_name … > filename.sql
```

说明：hostname 指定备份的主机名，如果是本地服务器，-h 选项可以省略。username 指定合法数据库用户名。password 指定用户的密码，为了安全起见，可以在使用命令备份时，省略 password，在命令运行后再输入密码。dbname 指定数据库名称。table_name 指定备份表的名称，可以是多个数据表。filename 指定备份文件的名称，备份文件名称前可以加一个绝对路径指定文件保存的位置、扩展名通常是 sql 的文件。

【例 5-27】 使用 mysqldump 备份数据库 SuperMarket 中 Student 表和 Goods 表到 D 盘 db_bk 目录下。

```
mysqldump - u root - p SuperMarket Student Goods > D:\db_bk\bk_tables.sql
```

运行结果如图 5-6 所示。

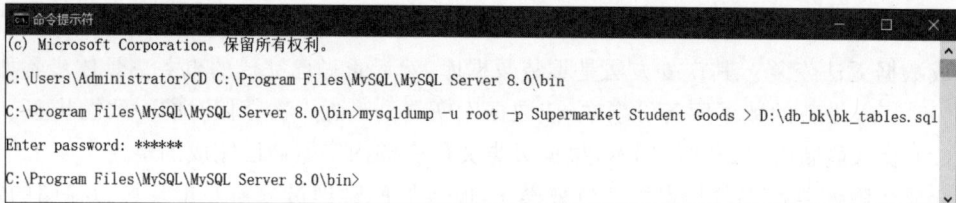

图 5-6 mysqldump 备份数据库 SuperMarket 中的表

输入 root 用户的密码后，MySQL 对 SuperMarket 中的 Student 表和 Goods 表进行备份。随后进入 D 盘查看 bk_tables.sql 文件，其内容包括创建 Student 表、Goods 表的 CREATE 语句和插入数据的 INSERT 语句。

（2）备份数据库。

```
mysqldump - h hostname - u username - p password dbname
                    | -- databases [dbname [dbname … ]] > filename.sql
```

说明：dbname 指定备份的数据库名称。--databases [dbname [dbname…]]指定备份的多个数据库名称。

【例 5-28】 使用 mysqldump 备份数据库 SuperMarket 和 School 到 D 盘 db_bk 目录下。

```
mysqldump - u root - p -- databases SuperMarket school > D:\db_bk\bk_dababases.sql
```

运行结果如图 5-7 所示。

（3）备份整个数据库系统。

```
mysqldump - h hostname - u username - p password -- all - databases > filename.sql
```

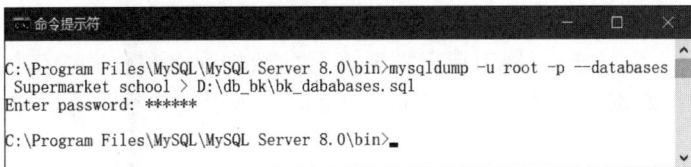

图 5-7　mysqldump 备份数据库 SuperMarket 和 School

说明：--all-databases 指定备份整个数据库系统。

【**例 5-29**】　使用 mysqldump 备份 MySQL 服务器上的所有数据库到 D 盘 db_bk 目录下。

$$mysqldump - u \ root - p -- all - databases > D:\backslash db\_bk\backslash bak\_alldababase.sql$$

运行结果如图 5-8 所示。

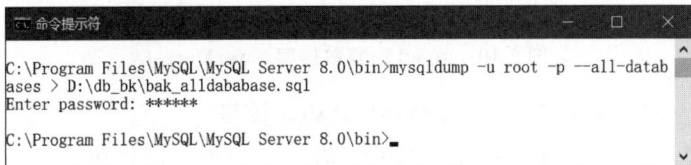

图 5-8　mysqldump 备份服务器上的所有数据库

注意：使用 mysqldump 语句进行数据备份之前，数据库管理员（DBA）需要明确备份哪些数据库对象（数据表结构、数据表记录、存储过程、自定义函数、触发器等）。确定了备份的数据库对象后，再选择对应的 mysqldump 参数列表，最后执行完成备份操作。由于篇幅的原因，这里仅罗列部分常用的参数。

--no-create-info：只导出数据，不添加 CREATE TABLE 语句。

--no-data 或-d：不导出任何数据，只导出数据表结构。

--routines 或-r：导出存储过程和自定义函数。

--triggers：备份触发器。该选项默认启用，用--skip-triggers 忽略触发器。

【**例 5-30**】　使用 mysqldump 备份数据库 SuperMarket，包括存储过程和自定义函数到 D 盘 db_bk 目录下。

$$mysqldump - u \ root - p \ SuperMarket -- routines > D:\backslash db\_bk\backslash bk\_databases.sql$$

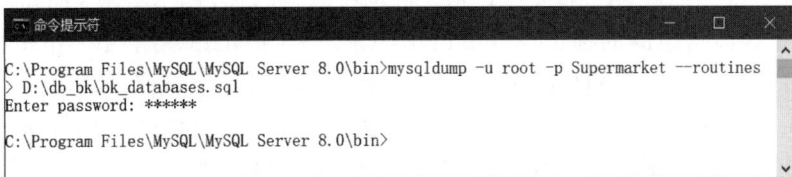

图 5-9　mysqldump 备份数据库 SuperMarket，包括存储过程和自定义函数

2）mysql 数据恢复

mysqldump 数据备份产生的文件是 SQL 脚本文件，简单的数据恢复方法就是执行 SQL 脚本 SOURCE filename.sql，也可以使用客户端工具 mysql.exe 完成数据恢复。需要注意，如果 mysqldump 语句仅备份了数据表或单个数据库时，则需要先创建数据库，然后执行 MySQL 语句，否则会出错。MySQL 语句恢复备份数据的格式如下：

```
mysql - h hostname - u username - p password [dbname] < filename.sql
```

说明：dbname 为可选项，用于指定需要恢复的数据库名称；当进行数据备份时，是对多个数据库或整个数据库系统进行备份的，恢复时不需要指定数据库。filename 表示备份文件的名称。

【例 5-31】 使用备份文件 bk_databases.sql 恢复 SuperMarket。

```
mysql - u root - p SuperMarket < D:\db_bk\bk_databases.sql
```

运行结果如图 5-10 所示。

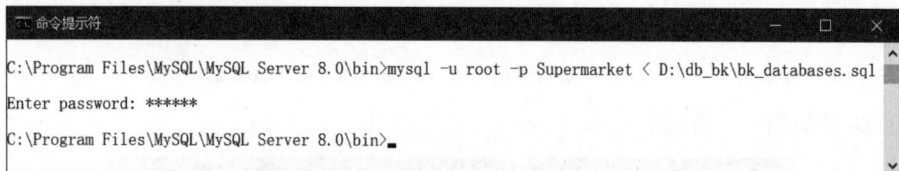

图 5-10 mysql 恢复数据库 SuperMarket

2. SELECT…INTO OUTFILE 和 LOAD DATA 语句

MySQL 数据库管理系统可以通过数据导出方法实现数据备份操作，数据导入方法实现数据恢复操作。语句 SELECT…INTO OUTFILE 和 LOAD DATA 实现文本文件的导出和导入。使用 SELECT…INTO OUTFILE 语句导出表数据的文本文件，LOAD DATA 恢复导出的表数据，但只能导出和导入表的数据内容，不包括数据表结构。

（1）SELECT…INTO OUTFILE 数据导出。

数据导出的语法格式如下：

```
SELECT column_list FROM table_name WHERE condition
    INTO OUTFILE txt_name [OPTIONS]
```

说明：txt_name 指定导出的文本文件名称。OPTIONS 指定数据行在文本文件中的存放格式，包括 FIELDS 子句和 LINES 子句。FIELDS 子句包括 TERMINATED BY、[OPTIONALLLY] ENCLOSED BY 和 ESCAPED BY 三个选项，一旦指定了 FIELDS 子句，至少要指定一个选项；LINES 子句包括 STARTING BY 和 TERMINATED BY 两个选项。

TERMINATED BY 用于指定字段值之间的符号，例如，TERMINATED BY ';'指定了分号作为两个字段值之间的标记。[OPTIONALLLY] ENCLOSED BY 用于指定包裹文件中字符值的符号，例如，ENCLOSED BY ' " '指定了文件中字符值放在双引号之间，加上 OPTIONALLLY 关键字表示所有的值都放在双引号之间。ESCAPED BY 用于指定转义字符，例如，ESCAPED BY ' * '指定"＊"为转义字符，取代"\"。

STARTING BY 用于指定一行记录开始的标记。TERMINATED BY 用于指定一行记录结束的标记。例如，TERMINATED BY '?'指定问号作为一行记录结束标记。

如果省略 FIELDS 子句和 LINES 子句，则默认采用以下子句：

```
FIELDS TERMINATED BY '\t' ENCLOSED BY ' ' ESCAPED BY '\\ '
LINES TERMINATED BY '\n '
```

注意：使用 SELECT…INTO OUTFILE 和 LOAD DATA 语句时有权限限制，需要对

指定目录进行操作,默认的指定目录为 C:/ProgramData/MySQL/MySQL Server 8.0/Uploads/。如果执行语句时提示 1290 错误,这是由于 MySQL 数据库的安全设置所引起的,这时需要更改 MySQL 的安全设置;MySQL 服务器有一个名为 secure-file-priv 的选项,它指定了可从哪个目录中读取和写入文件;如果尝试从不在这个目录中的位置读取或写入文件,就会出现 MySQL 1290 错误;可以通过修改 secure-file-priv 选项的值来实现在不同目录中进行文件的读取和写入;设置值为空,则 MySQL 将允许从任何位置读取和写入文件;通过"SHOW VARIABLES LIKE 'secure_file_priv';"语句可以查看 secure-file-priv 选项的值。

【例 5-32】 备份数据库 SuperMarket 中的 SaleBill 表中的数据到默认目录中,要求字段值用双引号标记,字段值之间用分号隔开,每行以♯号为结束标记。

```
SELECT * FROM SaleBill
INTO OUTFILE 'C:/ProgramData/MySQL/MySQL Server 8.0/Uploads/sal_content.txt'
FIELDS TERMINATED BY ';' OPTIONALLY ENCLOSED BY '"'
LINES TERMINATED BY '♯';
```

执行语句后,数据表 SaleBill 中的数据以语句中指定的标记导出到 sal_content.txt 文件中。打开文件的内容,如图 5-11 所示。

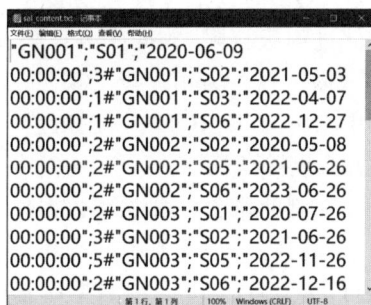

图 5-11 sal_content.txt 文件的备份结果

(2) LOAD DATA 数据导入。

数据导入的语法格式如下:

```
LOAD DATA [LOCAL] INFILE txt_name
INTO TABLE table_name(column_list) [OPTIONS];
```

说明:txt_name 用于指定待导入的数据备份文件名。table_name(column_list)用于指定需要导入数据的表名和对应的字段名。[LOCAL]是可选项,用于指定从客户端还是服务器中导入文件;指定 LOCAL 关键字,则用客户端的文件进行数据导入;省略关键字,则文件必须位于服务器中,同时需要有该文件的操作权限。OPTIONS 与 SELECT…INTO OUTFILE 语句中的含义一致,这里不再赘述。

【例 5-33】 使用例 5-32 中的备份文件 sal_content.txt 将数据导入 SuperMarket 中的 SaleBill 表中。为了能执行导入语句,先将 SaleBill 中的数据清空,即 DELETE FROM SaleBill。

```
LOAD DATA INFILE
    'C:/ProgramData/MySQL/MySQL Server 8.0/Uploads/sal_content.txt'
    INTO TABLE SaleBill
    FIELDS TERMINATED BY ';' OPTIONALLY ENCLOSED BY '"'
```

```
    LINES TERMINATED BY '#';
```

注意：使用文本文件导入数据时，需要确保文本文件的编码和导入表的编码一致。例如，表的编码定义为 utf-8，则文本文件的编码也要调整为 utf-8，否则会报乱码错误。

小结

数据库管理与维护功能用以保证数据库中数据的正确有效和安全可靠。本章从数据库的安全性管理、并发控制和数据库的备份及恢复管理三方面进行了阐述。

数据库的安全性管理是数据库管理系统中非常重要的部分，安全性管理的好坏直接影响数据库数据的安全。与数据库相关的安全措施包括用户身份鉴别、存取控制、视图机制、数据加密、审计等。本章介绍了 MySQL 数据库管理系统的安全性管理。MySQL 主要通过权限来控制用户对数据库的访问，权限信息存放在系统数据库 mysql 中，这些权限信息根据不同的级别分别存放在 user 表、db 表、tables_priv 表、columns_priv 表和 procs_priv 表中。MySQL 的用户管理包括创建用户、删除用户、修改用户名和密码等操作，使用 CREATE USER 创建用户、DROP USER 删除用户、RENAME USER 修改用户名、SET PASSWORD 修改用户密码。MySQL 的权限管理包括授予权限和收回权限，授予权限分为授予列级权限、表级权限、存储过程级权限、数据库级权限、服务器级权限，使用 GRANT 语句授权、REVOKE 语句收回权限。逐一为用户授予权限，工作量大，MySQL 提供角色管理简化用户权限管理工作，使用 CREATE ROLE 创建角色，使用 GRANT 为角色授权、为用户授予角色，使用 DROP ROLE 删除角色。

本章接着介绍了事务和并发控制的概念。事务在数据库中是非常重要的一个概念，它是保证数据并发控制的基础。事务的特点是事务中的操作是一个完整的工作单元，这些操作，要么执行全部成功，要么执行全部不成功。只要数据库管理系统能够保证系统中一切事务的 ACID 特性，即事务的原子性、一致性、隔离性和持续性，也就保证了数据库处于一致状态。并发控制是当同时执行多个事务时，为了保证一个事务的执行不受其他事务的干扰所采取的措施。并发控制的主要方法是封锁，根据对数据操作的不同，锁可以分为共享锁和排他锁两种、当只对数据做读取操作时，加共享锁；当需要对数据进行修改操作时，需要加排他锁。在一个数据对象上可以同时存在多个共享锁，但只能同时存在一个排他锁。本章介绍了最常用的封锁方法和三级封锁协议。不同的封锁和不同级别的封锁协议所提供的系统一致性保证是不同的。对数据对象施加封锁会带来活锁和死锁问题，数据库一般采用先来先服务、死锁诊断和解除等技术来防止活锁和死锁的发生。为了保证并发执行的事务是正确的，一般要求事务遵守两阶段锁协议，即在一个事务中明显地分锁申请期和释放期，它是保证事务是可并发执行的充分条件。

本章还介绍了数据库管理与维护中很重要的工作：备份和恢复数据库。数据库系统故障不可避免，常见的故障包括事务内部故障、系统故障、介质故障和计算机病毒。发生故障后需要进行处理，确保数据库中的数据恢复到出故障之前。数据备份通常有四种方式：完全备份、差分备份、事务日志备份、文件或文件组备份。完全备份是备份整个数据库，不仅包括用户表、系统表、索引、视图、存储过程等所有数据库对象，还包括事务日志部分。差分备份仅备份自上次完全备份以来对数据进行改变的内容。事务日志备份对事务日志进行备份,备份时复制自上次备份以来对数据库所做的改变,仅需要很少的时间。文件或文件组备份是备份磁盘上跟数据库相关的文件。数据库的备份地点可以是磁盘,也可以是磁带。在备份数据库时可以将数据库备份到备份设备上,也可以直接备份在磁盘文件上。数据库的恢复需要根据故障的类型选择合适的恢复策略和方法。在 MySQL 中可以通过 mysqldump 和 mysql 语句、SELECT…INTO OUTFILE 和 LOAD DATA 语句实现数据库的备份和恢复管理。

习题

一、单项选择题

1. MySQL 的 GRANT 和 REVOKE 语句主要用来维护数据库的(　　)。

　　A. 可靠性　　　　　B. 一致性　　　　　C. 安全性　　　　　D. 完整性

2. 数据库的(　　)是指数据的正确性和相容性。

　　A. 并发控制　　　　B. 完整性　　　　　C. 安全性　　　　　D. 恢复

3. 一个事务执行过程中,其正在访问的数据被其他事务修改,导致处理结果不一致,这是由于违背了事务(　　)特性引起的。

　　A. 一致性　　　　　B. 原子性　　　　　C. 隔离性　　　　　D. 持久性

4. 如果事务 T 对数据 R 已加 S 锁,则对数据 R(　　)。

　　A. 不能加 S 锁可加 X 锁　　　　　　B. 可加 S 锁不能加 X 锁

　　C. 可加 S 和 X 锁　　　　　　　　　D. 不能加任何锁

5. 数据库中的封锁机制是(　　)的主要方法。

　　A. 完整性　　　　　B. 并发控制　　　　C. 安全性　　　　　D. 恢复

6. (　　)可以防止丢失修改,读"脏"数据和不可重复读。

　　A. 一级封锁协议　　　　　　　　　　B. 二级封锁协议

　　C. 三级封锁协议　　　　　　　　　　D. 两段锁协议

7. 如果对并发操作不加以控制,则可能会带来(　　)问题。

　　A. 死锁　　　　　　B. 死机　　　　　　C. 不安全　　　　　D. 不一致

8. 四种数据库备份类型中,(　　)是指将从最近一次完全备份结束以来所有改变的数据备份到数据库。

　　A. 完全备份　　　　　　　　　　　　B. 差分备份

　　C. 事务日志备份　　　　　　　　　　D. 文件或文件组备份

9. 下面的 SQL 语句中,用于实现数据控制命令的是(　　)。

　　A. COMMIT　　　　　　　　　　　　B. UPDATE

　　C. GRANT　　　　　　　　　　　　　D. SELECT

10. 在数据库系统中,定义用户可以对哪些数据对象进行的操作被称为(　　)。

　　A. 授权　　　　　　B. 视图　　　　　　C. 审计　　　　　　D. 鉴别

11. 下面关于 MySQL 数据库对象的操作权限的描述正确的是(　　)。

　　A. 操作权限有 INSERT、DELETE、UPDATE 三种

　　B. 操作权限只能用于数据表对象,不能用于视图

  C. 可以使用 REVOKE 语句收回权限

  D. 使用 COMMIT 语句授予权限

12. 在 MySQL 中,存储用户全局权限的表是(　　)。

  A. db   B. user   C. tables_priv   D. procs_priv

13. 在 MySQL 中,存储用户列级权限的表是(　　)。

  A. columns_priv B. user   C. tables_priv   D. procs_priv

14. 在 MySQL 中,存储用户表级权限的表是(　　)。

  A. columns_priv B. user   C. tables_priv   D. procs_priv

15. 在 MySQL 中,存储用户数据库级权限的表是(　　)。

  A. columns_priv B. user   C. db   D. procs_priv

16. (　　)可以防止一个用户的工作不适当地影响另一个用户的工作。

  A. 完整性控制 B. 并发控制   C. 安全性控制   D. 访问控制

17. 下列不属于并发操作带来的问题是(　　)。

  A. 不可重复读 B. 读"脏"数据 C. 死锁   D. 丢失修改

18. 数据库管理系统普遍采用(　　)方法来保证调度的正确性。

  A. 授权   B. 封锁   C. 索引   D. 日志

19. 如果事务 T 获得了对数据 D 上的排他锁,则 T 对 D(　　)。

  A. 既能读又能写   B. 只能读不能写

  C. 只能写不能读   D. 不能读也不能写

20. 如果有两个事务,同时对数据库中同一数据进行操作,不会引起冲突的操作是(　　)。

  A. 两个都是 UPDATE   B. 一个是 SELECT,一个是 DELETE

  C. 两个都是 SELECT   D. 一个是 DELETE,一个是 SELECT

21. 假设事务 T1 和 T2 对数据库中的数据 D 进行操作,可能有如下几种情况,(　　)操作不会发生冲突。

  A. T1 正在写 D,T2 也要写 D   B. T1 正在写 D,T2 要读 D

  C. T1 正在读 D,T2 要写 D   D. T1 正在读 D,T2 也要读 D

22. 修改用户名的语句是(　　)。

  A. CREATE   B. RENAME   C. REVOKE   D. INSERT

23. 四种数据库备份类型中,(　　)是备份制作数据库中所有内容的一个副本。

  A. 完全备份   B. 差分备份

  C. 事务日志备份   D. 文件或文件组备份

24. 四种数据库备份类型中,(　　)是指将从最近一次日志备份以来所有的事务日志备份到备份设备中。

  A. 完全备份   B. 差分备份

  C. 事务日志备份   D. 文件或文件组备份

25. 四种数据库备份类型中,(　　)是对数据库中的部分文件或文件组进行备份。

  A. 完全备份   B. 差分备份

  C. 事务日志备份   D. 文件或文件组备份

26. 在使用 DROP USER 语句删除用户时,未明确指出用户的主机名,则该用户的主机名默认为是(　　　)。

    A. localhost　　　　　　B. %　　　　　　　　C. root　　　　　　　D. super

27. 在 MySQL 中,使用 GRANT 语句给 MySQL 用户授权时,用于指定权限授予对象的关键字是(　　　)。

    A. ON　　　　　　　　B. WITH　　　　　　C. FROM　　　　　　D. TO

28. 在 MySQL 中,使用 CREATE USER 创建用户时,设置密码的子句是(　　　)。

    A. IDENTIFIED BY　　　　　　　　　　B. IDENTIFIED WITH

    C. PASSWORD　　　　　　　　　　　　D. PASSWORD BY

29. 用户刚创建后,只能登录数据库,无法执行数据库操作的原因是(　　　)。

    A. 用户还需要修改密码　　　　　　　　B. 用户尚未激活

    C. 用户还没有操作数据库的权限　　　　D. 以上皆有可能

30. 新创建一个 MySQL 用户,还未授权,则该用户可执行的操作是(　　　)。

    A. SELECT　　　　　　　　　　　　　B. INSERT

    C. UPDATE　　　　　　　　　　　　　D. 登录 MySQL 服务器

31. 在 MySQL 中,备份数据库的语句是(　　　)。

    A. mysqldump　　　B. backup　　　　C. copy　　　　　　　D. mysql

32. 在 MySQL 中,还原数据库的语句是(　　　)。

    A. mysqldump　　　B. backup　　　　C. return　　　　　　D. mysql

33. 实现批量数据导入的语句是(　　　)。

    A. mysqldump　　　B. backup　　　　C. return　　　　　　D. mysql

34. 导出表数据的语句是(　　　)。

    A. mysqldump　　　　　　　　　　　　B. LOAD DATA INFILE

    C. mysql　　　　　　　　　　　　　　D. SELECT…INTO OUTFILE

35. 可用于备份表、备份数据库和备份整个数据库系统的语句是(　　　)。

    A. mysqldump　　　　　　　　　　　　B. LOAD DATA INFILE

    C. mysql　　　　　　　　　　　　　　D. SELECT…INTO OUTFILE

二、编程题

1. 假设当前系统中不存在用户 test_user,请使用 SQL 语句创建这个用户,设置其登录密码为 test_pwd。

2. 假设当前系统中不存在角色 test_role,请使用 SQL 语句创建这个角色,为这个角色授予查询 SuperMarket 所有表的权限。

3. 授予 test_user 用户 test_role 角色。

4. 收回 test_user 用户的 test_role 角色。

5. 删除 test_role 角色和 test_user 用户。

6. 假设当前系统中不存在用户 sql_user1、用户 sql_user2,请用 SQL 语句创建用户,并授权。授予用户 sql_user1 查询 SuperMarket 中 Category 表的权限;授予 sql_user2 用户修改 SuperMarket 中 Goods 表的 SalePrice 列的权限。

7. 收回用户 sql_user2 在 SuperMarket 中修改 Goods 表的 SalePrice 列的权限。

8．创建一个事务，将所有啤酒类商品的售价增加 2 元，将所有毛巾类的售价降低 1 元，并提交。

9．分别实现对数据库 SuperMarket 的备份和恢复操作。

10．备份数据库 SuperMarket 中的 Student 表和 Goods 表。

三、简答题

1．MySQL 采用哪些措施实现数据库的安全性管理？

2．MySQL 权限表存放在哪个数据库中？有哪些权限表？

3．MySQL 可以授予的权限有哪几种？

4．什么是事务？事务有哪些特征？

5．简述数据库中进行并发控制的原因。

6．简述锁的机制及锁的类型，各类锁之间的兼容性。

7．简述死锁及其解决办法。

8．第一次对数据库进行备份时，必须使用哪种备份方式？

9．差分备份方式备份的是哪段时间的哪些内容？

10．什么是数据备份？数据备份的类型有哪些？

11．MySQL 数据库管理系统常用的备份数据的方法有哪些？

12．简述进行数据库备份时，应备份哪些内容？

13．MySQL 数据库管理系统常用的恢复数据的方法有哪些？

14．什么是活锁？简述活锁产生的原因和解决方法。

15．什么样的并发调度是正确的调度？

16．根据不同的故障，给出对应的恢复策略和方法。

17．MySQL 有哪几种锁的级别？请简述各级锁的特点。

18．简述两段锁协议的概念。

19．并发操作可能产生哪几类数据不一致？用什么方法能避免各种不一致的情况。

20．使用封锁技术进行并发操作的控制会带来什么问题？如何解决？

实验

一、实验目的

（1）熟悉和掌握数据库安全性管理的方法。

（2）熟悉和掌握数据库备份和恢复的方法。

二、实验平台

操作系统：Windows XP/7/8/10。

数据库管理系统：MySQL 8.0。

图形化管理工具：Navicat Premium 15。

三、实验内容

在超市管理数据库 SuperMarket 的基础上进行实验。

1．安全性管理

（1）创建用户 stu1，密码为 pwd1；创建用户 stu2，密码为 pwd2；创建用户 stu3，密码为

pwd3。

（2）查看 MySQL 下所有的用户。

（3）修改用户 stu1 的密码为 123456。

（4）授予用户 stu1 查询 Goods 表的权限，修改进价、售价列的权限。

（5）授予用户 stu2 创建表、删除表、查询数据、插入数据的权限。

（6）授予用户 stu3 对数据库执行所有数据库操作的权限，并允许授予其他用户。

（7）收回用户 stu1 修改进价、售价列的权限。

（8）创建角色 role1，并授予查询 Student 表的权限。

（9）授予 stu1 用户 role1 的角色，并查看 stu1 的权限信息。

（10）删除 role1 角色，并查看 stu1 的权限信息。

2．备份与恢复

（1）备份数据库 SuperMarket 中的 SaleBill 表中的数据，要求字段值如果是字符就用双引号标注，字段值之间用逗号隔开，每行用分号结束。

（2）使用 mysqldump 备份数据库 SuperMarket 的 Goods 表和 SaleBill 表到 D 盘 db_bak 目录下。

（3）备份数据库 SuperMarket 到 D 盘 db_bak 下。

（4）备份 MySQL 服务器上的所有数据库到 D 盘 db_bak 下。

（5）删除数据库 SuperMarket 中 SaleBill 表的数据后，将（1）中的备份文件导入 SaleBill 中。

（6）删除数据库 SuperMarket 的所有表，并使用（3）的备份文件将其恢复。

第 6 章

关系数据理论

前面已经讨论了关系数据库的基本概念、关系模型的三个组成部分以及关系数据库的标准语言,但是还有一个很基本的问题尚未涉及——针对一个具体问题,应该如何构造一个适合于它的数据库模式,即应该构造几个关系模式,每个关系由哪些属性组成等。这是数据库设计的问题,确切地讲是关系数据库逻辑设计问题。关系数据理论为用户设计数据库提供了理论支持。本章将主要介绍关系数据理论相关概念,以及如何有效消除关系中的数据冗余和更新异常等问题,对关系进行规范化,从而设计出合理的数据库模式。

6.1 问题的提出

6.1.1 关系数据库的回顾

关系数据库是以关系模型为基础的数据库,它利用关系来描述现实世界,一个关系既可以用来描述一个实体及其属性,又可以用来描述实体间的联系。关系模式是用来定义关系的,一个关系数据库包含一组关系。定义这些关系的关系模式的全体就构成了该数据库的模式。

关系实质上是一张二维表。表的每一行叫作一个元组,每一列叫作一个属性。因此,一个元组就是该关系所涉及的属性集的笛卡儿积的一个元素。关系是元组的集合,也就是笛卡儿积的一个子集。

关系模式就是这个元组集合的结构上的描述。通常,一个关系是由赋予它的元组语义来确定的,元组语义实质上是一个 n 目谓词(n 是属性集中属性的个数)。n 目谓词为真的笛卡儿积中的元素(或者说凡符合元组语义的元素)的全体就构成了该关系模式的关系。现实世界随着时间在不断地变化,因而,在不同的时刻,关系模式的所有可能的关系也会有所变化。但是现实世界的许多已知事实却限定了关系模式的所有可能的关系必须满足一定的完整性约束条件,这些约束或者通过对属性取值范围的限定,例如,学生性别只能是"男"或者"女",或者通过对属性取值间的相互关联(主要体现于值的相等与否)反映出来。后者称为数据依赖,它是数据库模式设计的关键,关系模式应当刻画出这些完整性约束条件。于是一个关系模式应当是一个五元组,在第 2 章已经给出关系模式的形式化定义:

$$R(U,D,\text{DOM},F)$$

其中,R 为关系名,U 为组成该关系的属性名集合,D 为属性组 U 中属性所来自的域,DOM 为属性向域的映像集合,F 为属性间数据的依赖关系集合。

由于 D、DOM 对模式设计关系不大,因此在本章中仅把关系模式看作一个三元组 $R<U,$

$F>$。当且仅当 U 上的一个关系 r 满足 F 时，r 称为关系模式 $R<U,F>$ 的一个关系。

6.1.2 一个例子

关系，作为一张二维表，我们对它有一个最起码的要求：每一个分量必须是不可分的数据项。满足这个条件的关系模式就属于第一范式（1NF）。

例如，表 6-1 就是不符合第一范式的关系。

表 6-1 不符合第一范式的关系

员工工号	员工姓名	员工工资	
		基本工资	绩效工资
G00029	张明	1850	3500
G00030	王芳	1920	3900

在关系模式设计中，需要设计一个模式，它比一个包含单个关系模式的模式在某个指定的方面更合理。以下将通过一个例子来说明一个"不合理"的模式会有什么问题，分析它们产生的原因，从中找出设计一个"合理"的关系模式的办法。

在举例之前，先简单地讨论一下数据依赖。从前面章节可知，现实系统中数据间的语义，需要通过完整性来维护，例如，每个学生都应该是唯一区分的实体，这可通过实体完整性来保证。不仅如此，数据间的语义还会对关系模式的设计产生影响。这种数据语义在关系模式中的具体表现就是数据依赖。

数据依赖是通过一个关系中属性间值的相等与否体现出来的数据间的相互关系，它是现实世界属性间相互关联的抽象，是数据内在的性质，是语义的体现。

数据依赖有很多种，其中最重要的是函数依赖（Functional Dependency，FD）和多值依赖（Multivalued Dependency，MVD）。

函数依赖极为普遍地存在于现实生活中。例如结合校园超市数据库的案例，商品是该数据库中的一个关系，商品有商品编码（GoodsNO）、商品名称（GoodsName）、商品售价（SalePrice）等属性。由于一个商品编码值对应一个商品名称，一个商品名称只有一个售价，因此，当"商品编码"确定之后，商品名称及所对应的商品售价也就被唯一地确定了。就像自变量 x 确定之后，相应的函数值 $f(x)$ 也就唯一地确定了一样，即 GoodsNO 函数决定 GoodsName 和 SalePrice，或者说，GoodsName 和 SalePrice 函数依赖于 GoodsNO，记为：GoodsNO→GoodsName，GoodsNO→SalePrice。

【例 6-1】 设校园超市数据库中有一个记录超市员工每天销售量的关系模式 SALE (U)，其中，SALE 的属性由员工编号、日期、销售量、分组、组长等属性组成，U 的定义如下：

$$U=\{ENO, SaleDate, SaleAmount, Group, GName\}$$

现有如下语义，每个员工每天会有一个销售额，每个员工只能属于一个分组，每个分组只有一个组长。结合现实世界的已知事实，分析如下。

每个分组会有多个员工，但一个员工只属于一个分组。

每个组只有一个组长。

每个员工每天会有一个销售额。

于是得到了属性组 U 上的一组函数依赖集 F。

$$F = \{ENO \rightarrow Group, Group \rightarrow GName, (ENO, SaleDate) \rightarrow SaleAmount\}$$

这组函数依赖如图 6-1 所示。

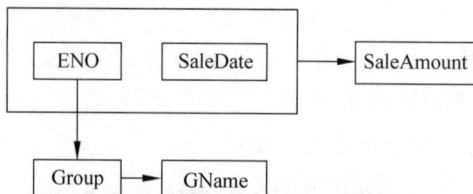

图 6-1 关系 SALE 上的一组函数依赖

如果只考虑函数依赖,就得到了一个关系模式 SALE$<U,F>$。SALE 关系的部分数据如表 6-2 所示。

表 6-2 SALE 关系的部分数据

ENO	SaleDate	SaleAmount	Group	GName
E0001	2024-05-08	1536	G1	孙宏
E0001	2024-05-10	987	G1	孙宏
E0001	2024-05-15	1230	G1	孙宏
E0002	2024-06-01	1980	G1	孙宏
E0002	2024-06-03	1520	G1	孙宏
E0010	2024-06-15	809	G2	张丽
E0010	2024-06-17	1200	G2	张丽
...	...	...	...	...

不难看出,SALE 关系存在如下问题。

1. 数据冗余

数据冗余太大,如每个分组及组长重复出现,重复次数与该组每个员工的每一日销售额出现的次数一样多,如表 6-2 所示。这将大大浪费存储空间。

2. 更新异常

由于存在数据冗余,就可能导致数据更新异常,这主要体现在以下几方面。

1)插入异常

由于主码中所包含的属性值不能取空值,如果新成立一个组,但这个组还没分配员工,就无法将这个分组插入关系中;如果一个组分配了员工,但这些员工还没有进行销售,同样也无法将这个分组的信息插入。

2)更新异常

由于数据冗余,当更新数据库中的数据时,系统要付出很大的代价来维护数据库的完整性,否则会面临数据不一致的危险。例如,如果更改一名员工到另外一个组,则需要将这个员工的所有销售对应的分组和组长进行更新。如果仅部分修改,部分不修改,就会造成数据的不一致性。同样的情形,如果一个分组更换负责人,则对应的员工的所有元组都必须修改。这就增加了系统的维护代价。

3)删除异常

如果某个分组的所有员工被调到其他分组,则这个组的信息会随着所有组员的调动而全部丢失。

综上所述,关系 SALE 虽然能满足一定的需求,但存在的问题太多,因而它不是一个合理的关系模式。一个合理的关系模式应当不会发生插入异常和删除异常,同时冗余数据应尽可能少。

那么,为什么会发生以上异常现象呢? 这是由于关系模式中属性间存在的这些复杂的依赖关系。一般地,一个关系至少有一个或多个码,其中之一为主码。根据实体完整性规则,主码的各属性不能为空,且主码唯一决定其他属性值,主码取值不能重复。在设计关系模式时,如果将各种有关联的实体数据集中于一个关系模式中,不仅造成关系模式结构冗余、包含的语义过多,也使得其中的数据依赖变得错综复杂,不可避免地要违背以上某些限制,从而产生异常。

而数据冗余产生的原因较为复杂。虽然关系模式充分地考虑文件之间的相互关联而有效地处理了多个文件间的联系所产生的冗余问题,但在关系本身内部数据之间的联系还没有得到充分的解决。如例 6-1 中,员工与分组及组长属性之间存在的依赖关系,使得数据冗余大量出现,引发各种异常。

解决数据间的依赖关系常常采用对关系的分解来消除不合理的部分,从而设计出合理的管理模式。例如,把这个单一的关系模式 SALE 改造一下,分解成以下三个关系模式。

S1(ENO,SaleDate,SaleAmount)
S21(ENO,Group)
S22(Group,GName)

对关系 SALE 进行分解后,可以看出有以下几方面的改善。

1) 数据冗余大大减少

原来重复存储多次的组长信息只用存储一次。分组信息也只需要每个员工存储一次,而不是像以前那样有一天销售记录就要存储一次。

2) 更新数据更加方便

新成立一个分组,无须有组员,无须有员工销售记录也可以存放到数据库中;员工在不同组之间的调动,不会影响分组信息的丢失;更新一个分组的组长信息只需更新一次,而不是像以前那样需要根据员工人数和员工销售天数更新多次。

由此可见,在关系数据库的设计中,不是任何一种关系模式都合理,都可以投入实际的应用。一个关系模式的函数依赖会有哪些不好的性质,如何改造一个不合理的关系模式,这就是关系数据库的规范化理论。

6.2 基本概念

规范化理论是指导人们进行数据库设计的理论,主要致力于改造关系模式,通过分解关系模式来消除其中不合适的数据依赖,以解决插入异常、删除异常、更新异常和数据冗余问题。本节介绍规范化理论的相关基本概念。

6.2.1 函数依赖

由前面的讨论可知,数据依赖可分为多种类型,而函数依赖是非常重要的数据依赖。

定义 6.1 设 R 是一个关系模式,U 是 R 的属性集合,X 和 Y 是 U 的子集。对于 $R(U)$

上的任何一个可能的关系 r，如果 r 中不存在两个元组，它们在 X 上的属性值相同，而在 Y 上的属性值不同，则称 X 函数决定 Y 或 Y 函数依赖于 X，记作 $X \rightarrow Y$。X 称为决定因素或决定属性集。

说明：

（1）函数依赖不是指关系模式 R 的某个或某些关系实例满足的约束条件，而是指 R 的所有关系实例均要满足的约束条件。

（2）函数依赖是语义范畴的概念。只能根据数据的语义来确定函数依赖。例如，"学生姓名→学生专业"这个函数依赖只有在不允许有同名人的条件下成立。

（3）数据库设计者可以对现实世界做强制的规定。例如，规定不允许同名人出现，函数依赖"学生姓名→学生专业"成立。所插入的元组必须满足规定的函数依赖，若发现有同名人存在，则拒绝装入该元组。

（4）若 $X \rightarrow Y$，并且 $Y \rightarrow X$，则记为 $X \longleftrightarrow Y$。

（5）若 Y 不函数依赖于 X，则记为 $X \nrightarrow Y$。

定义 6.2 在关系模式 $R(U)$ 中，对于 U 的子集 X 和 Y，如果 $X \rightarrow Y$，但 $Y \nsubseteq X$，则称 $X \rightarrow Y$ 是非平凡函数依赖；若 $X \rightarrow Y$，但 $Y \subseteq X$，则称 $X \rightarrow Y$ 是平凡函数依赖。

例如，在关系 S1（ENO，SaleDate，SaleAmount）中，存在：

非平凡函数依赖：（ENO，SaleDate）→SaleAmount。

平凡函数依赖：（ENO，SaleDate）→ENO，（ENO，SaleDate）→SaleDate。

对于任一关系模式，平凡函数依赖都是必然成立的，它不反映新的语义，因此若不特别声明，我们总是讨论非平凡函数依赖。

定义 6.3 在关系模式 $R(U)$ 中，如果 $X \rightarrow Y$，并且对于 X 的任何一个真子集 X'，都有 $X' \nrightarrow Y$，则称 Y 完全函数依赖于 X，记作 $X \xrightarrow{F} Y$。若 $X \rightarrow Y$，但 Y 不完全函数依赖于 X，则称 Y 部分函数依赖于 X，记作 $X \xrightarrow{P} Y$。

例如，在关系 S1（ENO，SaleDate，SaleAmount）中，由于 ENO $\nrightarrow$ SaleAmount，SaleDate $\nrightarrow$ SaleAmount，因此（ENO，SaleDate）$\xrightarrow{F}$ SaleAmount。

定义 6.4 在关系模式 $R(U)$ 中，如果 $X \rightarrow Y$，$Y \rightarrow Z$，且 $Y \nsubseteq X$，$Y \nrightarrow X$，则称 Z 传递函数依赖于 X，记作 $X \xrightarrow{传递} Z$。

注：如果 $Y \rightarrow X$，即 $X \longleftrightarrow Y$，则 Z 直接依赖于 X。

例如，在关系 SALE（ENO，SaleDate，SaleAmount，Group，GName）中，由于 ENO→Group，Group→GName，则 GName 传递函数依赖于 ENO。

6.2.2 码

码是关系模式中的一个重要概念。前面章节已经给出了有关码的定义，这里用函数依赖的概念来定义码。

定义 6.5 设 K 为 $R(U,F)$ 中的属性或属性组合。若 $K \xrightarrow{F} U$，则 K 为 R 的候选码（Candidate Key）。若候选码多于一个，则选定其中的一个作为主码（Primary Key）。

说明：

（1）候选码可以唯一地识别关系的元组。

（2）一个关系模式可能具有多个候选码，可以指定一个候选码作为识别关系元组的主码。

（3）包含在任何一个候选码中的属性，叫作主属性（Prime Attribute）。不包含在任何候选码中的属性称为非主属性（Nonprime Attribute）或非码属性（Non-key Attribute）。

（4）最简单的情况下，候选码只包含一个属性。

（5）最复杂的情况下，候选码包含关系模式的所有属性，称为全码（All Key）。

【例 6-2】 假设有一学生班级排名关系 SCR（SNO，CLASS，RANK），其中，SNO 为学号，CLASS 为班级，RANK 为学生的排名。给定语义，每个学生只属于一个班级，在这个班级只有一个排名，每个班级的排名没有并列的情况。求 SCR 的候选码、主属性和非主属性。

由现实情况和语义可知，每个学生只属于一个班级，在这个班级只有一个排名，因此（SNO）是 SCR 关系的候选码；此外，每个班级的排名没有并列的情况，则班级和排名可以唯一确定一名学生，因此（CLASS，RANK）也是 SCR 关系的候选码。由于包含在候选码中的属性是主属性，不包含在任何候选码中的属性称为非主属性，因此关系 SCR 的主属性是SNO、CLASS、RANK，没有非主属性。

定义 6.6 关系模式 R 中属性或属性组 X 并非 R 的码，但 X 是另一个关系模式的码，则称 X 是 R 的外部码，简称外码（Foreign Key）。

【例 6-3】 校园超市数据库中存在两关系：

商品（商品编码，供应商编码，商品分类，商品名，条形码，进价，售价，数量，单位，备注）

供应商（供应商编码，供应商名，地址，联系人，电话）

其中，商品关系中的"供应商编码"就是商品关系的一个外码，它与供应商关系的主码"供应商编码"相对应。

需要注意的是，在定义中说 X 不是 R 的码，并不是说 X 不是 R 的主属性，X 不是码，但可以是码的组成属性，或者是任一候选码中的一个主属性。

【例 6-4】 校园超市数据库中存在如下关系：

学生（学号，姓名，出生年份，性别，学院，专业，微信号）

商品（商品编码，供应商编码，商品分类，商品名，条形码，进价，售价，数量，单位，备注）

销售（商品编码，学号，销售时间，数量）

其中，（商品编码，学号）是销售关系的码，商品编码、学号又分别是组成主码的属性（但不是码），它们分别是商品关系和学生关系的主码，所以是销售关系的两个外码。

6.3 范式

前面已经提过关系必须是规范化的（Normalization），即每一个分量必须是不可分的数据项，但是这只是最基本的规范化。例 6-1 说明并非所有这样规范化的关系都能很好地描述现实世界，必须做进一步的分析，以确定如何设计一个好的、反映现实世界的模式。

关系数据库中的关系是要满足一定要求的，满足不同程度要求的关系等级称为范式（Normal Form，NF）。满足最低要求的叫作第一范式。

范式的概念是 Codd 最早提出的。1971—1972 年，Codd 提出了规范化的问题，并系统地提出了 1NF、2NF、3NF 的概念。1974 年，Codd 和 Boyce 又共同提出了一个新的范式的概念——BCNF。1976 年，Fagin 提出了 4NF。后来又有人提出了 5NF。

所谓"第几范式"是表示关系的某一种级别，所以经常称某一关系模式 R 为第几范式。现在把范式这个概念理解成符合某一种级别的关系模式的集合，则 R 为第几范式就可以写成 $R \in n\text{NF}$。

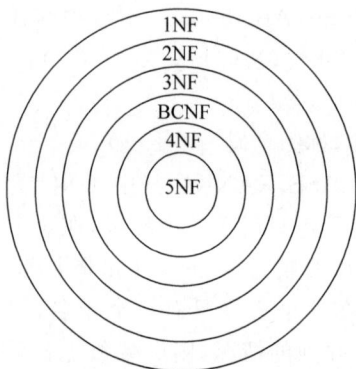

在第一范式中进一步满足一些要求的为第二范式，其余以此类推。对于各种范式之间的联系有 $5\text{NF} \subset 4\text{NF} \subset \text{BCNF} \subset 3\text{NF} \subset 2\text{NF} \subset 1\text{NF}$ 成立，如图 6-2 所示。

一个低一级范式的关系模式，通过模式分解可以转换为若干高一级范式的关系模式的集合，这种过程就叫作规范化。规范化的过程实质上是将关系模式简单化、单一化的过程，以减少关系模式出现更新异常的问题。需要说明的是，在各级范式中，1NF 级别最低，5NF 级别最高。高一级别的范式真包含在低一级别的范式中。

图 6-2　各种范式之间的关系

6.3.1　第一范式

定义 6.7　如果一个关系模式 R 的所有属性都是不可分的基本数据项，则 R 是第一范式，简称 1NF，记作 $R \in 1\text{NF}$。

第一范式是关系最基本的规范形式，简单地说，就是 R 的每一个列，不能再分割成多个列。满足第一范式的关系称为规范化关系。在关系数据库中只讨论规范化的关系，非规范的关系必须转换为规范化的关系。这种转换通常可以采用横向或纵向展开，如表 6-1 是一个非规范化关系，对其进行转换可得到如表 6-3 所示的符合 1NF 的规范化关系。

表 6-3　转换之后的规范化关系

员工工号	员工姓名	员工基本工资	员工绩效工资
G00029	张明	1850	3500
G00030	王芳	1920	3900

但是满足第一范式的关系模式并不一定是一个好的关系模式。前面讨论的 SALE 关系模式属于第一范式，但它存在大量的数据冗余，以及插入异常、删除异常、更新异常等问题。那么为什么会存在这些问题呢？我们来分析一下 SALE 关系中的函数依赖。由例 6-1 可知，SALE 关系的码是员工编号和日期（ENO，SaleDate），因此 SALE 关系存在如下函数依赖。

$$(\text{ENO}, \text{SaleDate}) \xrightarrow{F} \text{SaleAmount}$$

$$\text{ENO} \xrightarrow{F} \text{Group}$$

$$(\text{ENO}, \text{SaleDate}) \xrightarrow{P} \text{Group}$$

$$\text{Group} \xrightarrow{F} \text{GName}$$

$$\text{ENO} \xrightarrow{\text{传递}} \text{GName}$$

$$(\text{ENO}, \text{SaleDate}) \xrightarrow{P} \text{GName}$$

由以上例子可以看出,有两类非主属性:一类如 SaleAmount,它对码是完全函数依赖的;另一类如 Group、GName,它们对码是部分函数依赖,且还存在传递函数依赖。正是由于关系中存在着复杂的函数依赖,才造成了关系模式在实际的数据操作中会出现各种异常,因此,必须要将关系模式进行分解,向高一级的范式进行转换,解决复杂的函数依赖带来的问题。

6.3.2 第二范式

定义 6.8 若关系模式 $R \in 1NF$,且每一个非主属性都完全函数依赖于码,则称 R 为第二范式,简称 2NF,记作 $R \in 2NF$。

第二范式也可以理解为,不允许关系模式中存在这样的依赖:如果 X' 是码 X 的真子集,有 $X' \rightarrow Y$,其中,Y 是该关系模式的非主属性。

由第一范式向第二范式转换的方法:消除其中的部分函数依赖,一般是将一个关系模式分解成多个 2NF 的关系模式。即将部分函数依赖于码的非主属性及其决定属性移除,另外形成一个关系,从而满足 2NF。

由前面的分析可知,关系 SALE 是 1NF,但存在非主属性 Group、GName 对码的部分函数依赖,采用投影分解法,把 SALE 分解为以下两个关系模式。

```
S1(ENO,SaleDate,SaleAmount)
S2(ENO,Group,GName)
```

其中,S1 的码为(ENO,SaleDate),S2 的码为 ENO。

分解之后的关系模式 S1 和 S2 中,非主属性都完全函数依赖于码了。S1 和 S2 的函数依赖分别如图 6-3 和图 6-4 所示。

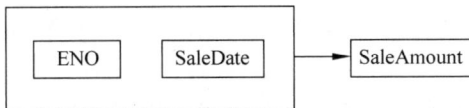

图 6-3 S1 的函数依赖

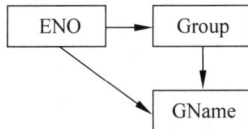

图 6-4 S2 的函数依赖

分解之后的 S1 和 S2 能部分解决 SALE 的更新异常问题。

(1) 新成立的组即使没有分配员工,也可以插入数据库中。

(2) 由于销售与分组的信息分别存放在两个关系中,因此更新一个员工到另外一个组只需修改一次,而无论这个员工的销售记录有多少,这就减轻了系统的维护代价。

(3) 如果某个组的员工均无销售记录,则只是在 S1 中没有相应的记录,而 S2 中仍然会有该组的记录,不会造成组的信息丢失。

(4) 同时由于销售与分组信息分开存放,无论销售记录有多少条,则分组的信息只会存放一次,这就大大降低了数据冗余程度。

显然,一个规范的关系模式,如果它的码只包含一个属性,那么它一定属于第二范式,因为它不可能存在非主属性对码的部分函数依赖。

SALE 关系分解之后得到的 S1 关系和 S2 关系都是第二范式,在一定程度上能够减轻原关系中存在的各种异常问题。但是将一个 1NF 关系分解为多个 2NF 关系,并不能完全消除关系模式中的各种异常情况和数据冗余。也就是说,一个属于 2NF 的关系模式也不一定是一个好的关系模式。再回到之前的例子,S2(ENO,Group,GName)是一个2NF的关系模式,S2中不存在非主属性对码的部分函数依赖。但S2关系中仍然存在冗余度大和插入异常、删除异常、更新异常等问题。

(1) 数据冗余度大:每个分组的组长是同一个人,但在关系中组长的信息会随着组员人数重复多次。

(2) 插入异常:如果要增加一个新的分组信息,如果没有分配组员,则分组的信息无法添加。

(3) 删除异常:如果调整一个组所有成员到其他分组,则该组的信息将无法存储,因为员工号是主码,主码取值不能为空。

(4) 更新问题:当一个分组需要更换组长时,必须要修改该组所有员工的组长信息,修改次数随着组员人数重复多次。

对S2关系进行分析,发现存在如下函数依赖。

$$ENO \xrightarrow{\text{F}} Group$$
$$Group \xrightarrow{\text{F}} GName$$
$$ENO \xrightarrow{\text{传递}} GName$$

综上可知,GName传递依赖于ENO,即在S2中存在非主属性对码的传递函数依赖。这是造成S2仍然存在操作异常的原因。

6.3.3 第三范式

定义6.9 如果关系R为2NF,并且R中每一个非主属性都不传递依赖于R的候选码,则称R为第三范式,简称3NF,记作$R \in$ 3NF。

第三范式定义也可以理解为:关系模式$R<U,F>$中若不存在这样的码X,属性组Y及非主属性$Z(Z \subsetneq Y)$使得$X \rightarrow Y(Y \nrightarrow X)$,$Y \rightarrow Z$成立,则称$R<U,F> \in$ 3NF。

显然,若$R \in$ 3NF,则R的每一个非主属性既不部分函数依赖于候选码也不传递函数依赖于候选码。如果R只包含两个属性,则R一定属于第三范式,因为它不可能存在非主属性对码的传递函数依赖。

第二范式向第三范式转换就是消除非主属性对码的传递函数依赖。前面讨论的关系模式S2就是存在非主属性GName传递依赖于码ENO。为了消除传递函数依赖,可以采用投影分解法,把S2分解为以下两个关系模式。

```
S21(ENO,Group)
S22(Group,GName)
```

其中,S21的码是ENO,S22的码是Group。分解之后的关系模式S21和S22中,不存在非主属性对码的传递函数依赖。S21和S22的函数依赖分别如图6-5和图6-6所示。

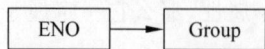

图6-5 S21的函数依赖

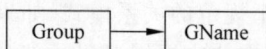

图6-6 S22的函数依赖

在关系模式R21和关系模式R22中,既没有非主属性对码的部分函数依赖也没有非主属性对码的传递函数依赖,基本上可以解决前面提到的各种异常问题。

（1）数据冗余度小，分组和组长信息只需要存放一次。

（2）在未分配组员的情况下，可以新增加分组信息。

（3）如果调整一个组所有成员到其他分组，该组的信息依然可以保留。

（4）当一个分组需要更换组长时，只需修改一次 S22 关系。

采用投影分解法将一个 2NF 的关系分解为多个 3NF 的关系，可以在一定程度上解决原 2NF 关系中存在的插入异常、删除异常、数据冗余度大、修改复杂等问题。但是将一个 2NF 关系分解为多个 3NF 的关系后，并不能完全消除关系模式中的各种异常情况和数据冗余。

【例 6-5】 假设校园超市数据库中有一个记录仓库商品管理的关系模式 SM(GoodsNO, StorageNO, ManagerNO, SNUM)，各属性分别是商品编码、仓库编码、仓库管理员编码、商品的存放数量。现有语义如下：一个管理员只在一个仓库工作；一个仓库只由一个管理员管理；一个仓库可以存储多种商品，一种商品可以存放在不同仓库；每种商品在一个仓库存放有一个存放数量。

分析 SM 存在如下函数依赖。

(GoodsNO, StorageNO)→ManagerNO
(GoodsNO, StorageNO)→SNUM
(GoodsNO, ManagerNO)→StorageNO
(GoodsNO, ManagerNO)→SNUM
StorageNO→ManagerNO
ManagerNO→StorageNO

由此可得，(GoodsNO, StorageNO) 和 (GoodsNO, ManagerNO) 都是 SM 的候选码，关系中的唯一非主属性是 SNUM，它是完全依赖于候选码的，且不是传递依赖于候选码。因此，SM 是符合第三范式的。但是 SM 仍然会存在如下异常情况。

（1）删除异常：当仓库被清空后，所有商品和数量相关信息被删除的同时，仓库信息和管理员信息也被删除了。

（2）插入异常：当仓库没有存储任何商品时，无法给仓库分配管理员。

（3）更新异常：如果仓库换了管理员，则表中所有行的管理员编码都要修改。

（4）数据冗余：仓库里存放了多少种商品，该仓库的管理员信息就会存储多少次。

由此可见，虽然 SM 属于 3NF，满足所有非主属性不存在对码的部分函数依赖和传递函数依赖，但是它仍然会存在很多问题。原因在于 3NF 没有限制主属性对码的依赖关系。为了消除主属性对码的依赖关系，1974 年，Boyce 与 Codd 提出了一个新的范式 BCNF(Boyce Codd Normal Form)，也称 BC 范式。

6.3.4 BC 范式

定义 6.10 关系模式是 1NF，如果对于 R 的每个函数依赖 $X \rightarrow Y$，若 Y 不属于 X 时 X 必含有候选码，则称 R 为 BC 范式，简称 BCNF，记作 $R \in$ BCNF。

BCNF 的定义可以这样理解：如果关系 R 为 1NF，并且 R 中不存在任何属性对码的部分依赖或传递依赖，那么称 R 为 BCNF。

一个满足 BCNF 的关系模式具有以下特性。

（1）所有非主属性对每一个码都是完全函数依赖。

(2) 所有的主属性对每一个不包含它的码,也是完全函数依赖。

(3) 没有任何属性完全函数依赖于非码的任何一组属性。

由定义可知,3NF 和 BCNF 之间的区别在于,对一个函数依赖 $X \rightarrow Y$,3NF 允许 Y 是主属性,而 X 不为候选码。但 BCNF 要求 X 必为候选码。因此 BCNF 的限制比 3NF 更严格,3NF 不一定是 BCNF,而 BCNF 一定是 3NF。

【例 6-6】 在学生班级排名关系 SCR(SNO,CLASS,RANK)中,SNO 为学号,CLASS 为班级,RANK 为学生的排名,假设每个学生只属于一个班级,在这个班级中只有一个排名,每个班级的排名没有并列的情况。

根据语义可以得到如下函数依赖。

```
SNO→CLASS
SNO→RANK
(CLASS,RANK)→SNO
```

分析可知(SNO)和(CLASS,RANK)是 SCR 关系的候选码。SCR 没有非主属性,就不会存在非主属性对码的部分或传递函数依赖,所以一定属于 3NF。同时,对于 SCR 的每个函数依赖 $X \rightarrow Y$,X 都包含候选码,所以 SCR 也属于 BCNF。

并不是所有的 3NF 都是 BCNF,要将 3NF 关系向 BCNF 关系转换就是要消除主属性对码的部分和传递函数依赖。例 6-5 讨论的 SM 是一个 3NF,存在主属性 ManagerNO 和 StorageNO 对码的部分函数依赖。为了消除主属性对码的部分函数依赖,可以把 SM 分解为以下两个关系模式。

```
SM1(GoodsNO,StorageNO,SNUM)
SM2(StorageNO,ManagerNO)
```

其中,SM1 的候选码是(GoodsNO,StorageNO),SM2 的候选码是 StorageNO 或者 ManagerNO。分解之后的关系模式 SM1 和 SM2 中,不存在主属性对码的部分函数依赖了。

分解之后的关系模式 SM1 和 SM2,既没有非主属性对码的部分或传递函数依赖,也没有主属性对码的部分或传递函数依赖,基本上可以解决前面提到的各种异常问题。

如果仅考虑函数依赖这一种数据依赖,BCNF 已完成了模式的彻底分解,消除了插入、删除和更新异常,数据冗余度大大降低。在函数依赖范畴,属于 BCNF 的关系模式规范化程度已经是最高了。但如果考虑其他数据依赖,如多值依赖,那么属于 BCNF 的关系模式仍然存在问题,不能算是一个完美的关系模式。

6.3.5 第四范式

以上完全是在函数依赖的范畴内讨论问题。属于 BCNF 的关系模式是否就很完美了呢?下面来看一个例子。

【例 6-7】 校园超市有一仓库商品管理的关系模式 WMG(W,M,G),其中,W 表示仓库,M 表示仓库管理员,G 表示商品。假设每个仓库有若干仓库管理员,有若干商品。每个仓库管理员管理多个仓库的多种商品,每种商品可以存放在多个仓库。用二维表列出关系的一个实例如表 6-4 所示。

表 6-4 WMG 的一个实例

W	M	G
W_1	M_1	G_1
W_1	M_1	G_2
W_1	M_1	G_3
W_1	M_2	G_1
W_1	M_2	G_2
W_1	M_2	G_3
W_2	M_3	G_4
W_2	M_3	G_5
W_2	M_4	G_4
W_2	M_4	G_5

关系模式 WMG 的码是 (W,M,G)，即全码，因而 WMG∈BCNF。按照上述语义规定，当某个仓库增加一个仓库管理员时，就要向这个 WMG 表中增加相应商品数目的元组。同样，某个仓库要删掉一个商品时，则必须删除相应数目的元组。这样对数据的增、删、改操作都很不方便，而且关系中数据冗余也十分明显。仔细分析后发现，在 WMG 的属性间存在一种有别于函数依赖的依赖关系，它具有如下特点。

(1) 对于一个 W 值，如 W_1，会有一组 M 值与之对应，如 M_1，M_2 与之对应。

(2) 仓库与仓库管理员的对应关系，与商品的取值无关。

上述这种依赖被称为多值依赖(Multi-Valued Dependency，MVD)。

定义 6.11 设 $R(U)$ 是一个属性集 U 上的一个关系模式，X、Y 和 Z 是 U 的子集，并且 $Z=U-X-Y$，多值依赖 $X→→Y$ 成立当且仅当对 R 的任一关系 r，r 在 (X,Z) 上的每个值对应一组 Y 的值，这组值仅决定于 X 值而与 Z 值无关。

若 $X→→Y$，而 $Z=\varphi$，则称 $X→→Y$ 为平凡的多值依赖，否则称 $X→→Y$ 为非平凡的多值依赖。

在关系模式 WMG 中，很显然存在着非平凡的多值依赖，即 $W→→M$，$W→→G$。

多值依赖具有以下性质。

(1) 多值依赖具有对称性。若 $X→→Y$，则 $X→→Z$，其中，$Z=U-X-Y$，即多值依赖具有对称的性质。从例 6-7 中可以看出，因为每个仓库管理员都管理所有商品，同时每种商品都被所有管理员管理，显然若 $W→→M$，必然就有 $W→→G$。

(2) 多值依赖具有传递性。若 $X→→Y$ 且 $Y→→Z$，则 $X→→Z-Y$。

(3) 函数依赖可以看作多值依赖的特殊情况。若 $X→Y$ 则 $X→→Y$，即函数依赖可以看作多值依赖的特殊情况。这是由于当 $X→Y$ 时，对 X 的每一个值 x，Y 有一个确定的值 y 与之对应，因此 $X→→Y$。

(4) 若 $X→→Y$ 且 $X→→Z$，则 $X→→YZ$。

(5) 若 $X→→Y$ 且 $X→→Z$，则 $X→→Y\bigcap Z$。

(6) 若 $X→→Y$ 且 $X→→Z$，则 $X→→Y-Z$，$X→→Z-Y$。

多值依赖与函数依赖相比，具有下面两个基本的区别。

(1) 在关系模式 $R(U)$ 中函数依赖 $X→Y$ 的有效性仅决定于 X，Y 这两个属性集的值。只要在 $R(U)$ 的任何一个关系 r 中，元组在 X 和 Y 上的值满足定义 6.1，则函数依赖 $X→Y$

在任何属性集 $W(XY \subseteq W \subseteq U)$ 上成立。但是对于多值依赖并非如此，多值依赖的有效性与属性集的范围有关。即 $X \rightarrow\rightarrow Y$ 在 U 上成立则在 $W(XY \subseteq W \subseteq U)$ 上一定成立。反之则不然。一般地，在 $R(U)$ 上若有 $X \rightarrow\rightarrow Y$ 在 $W(W \subseteq U)$ 上成立，则称 $X \rightarrow\rightarrow Y$ 为 $R(U)$ 的嵌入型多值依赖。

（2）若函数依赖 $X \rightarrow Y$ 在 $R(U)$ 上成立，则对于任何 $Y' \subset Y$ 均有 $X \rightarrow Y'$ 成立；而多值依赖 $X \rightarrow\rightarrow Y$ 若在 $R(U)$ 上成立，却不能断言对于任何 $Y' \subset Y$ 有 $X \rightarrow Y'$ 成立。

定义 6.12 关系模式 $R<U, F> \in 1NF$，如果对于 R 的每个非平凡多值依赖 $X \rightarrow\rightarrow Y(Y \not\subseteq X)$，$X$ 都含有候选码，则称 R 为第四范式，简称 4NF，记作 $R \in 4NF$。

由定义可知，4NF 就是限制关系模式的属性之间不允许有非平凡且非函数依赖的多值依赖。一个关系模式若属于 4NF，则必然属于 BCNF。

BCNF 关系向 4NF 转换就是要消除非平凡且非函数依赖的多值依赖，以减少数据冗余，即将 BCNF 关系分解成多个 4NF 关系模式。

以 WMG 为例，在 WMG 中，$W \rightarrow\rightarrow M$，$W \rightarrow\rightarrow G$，它们都是非平凡的多值依赖。而关系模式 WMG 的码是全码，即码为 (W, M, G)。W 不是码，对照 4NF 的定义 $WMG \notin 4NF$。

前面分析了一个关系模式如果已达到了 BCNF 但不是 4NF，这样的关系模式仍然具有不好的性质。例如，关系 $WMG \in BCNF$，但是 $WSC \notin 4NF$，对于 WMG 的某个关系，若某一仓库 W_i 有 n 个管理员，存放 m 件商品，则关系中分量为 W_i 的元组数目一定有 $m \times n$ 个。每个管理员重复存储 m 次，每种物品重复存储 n 次，数据的冗余太大。

仍采用分解的方法消去非平凡且非函数依赖的多值依赖。例如，可以把 WMG 分解为 $WM(W, M)$ 和 $WG(W, G)$。在 WM 中虽然有 $W \rightarrow\rightarrow M$，但这是平凡的多值依赖，且都不是函数依赖。WM 中已不存在非平凡且非函数依赖的多值依赖。所以 $WM \in 4NF$，同理 $WG \in 4NF$。

函数依赖和多值依赖是两种最重要的数据依赖。如果只考虑函数依赖，则属于 BCNF 的关系模式规范化程度已最高了。如果考虑多值依赖，则属于 4NF 的关系模式规范化程度是最高的了。

6.3.6 规范化小结

在关系数据库中，对关系模式的基本要求是满足第一范式。这样的关系模式就是合法的、允许的。但是，人们发现有些关系模式存在插入异常、删除异常、修改复杂、数据冗余等问题。人们寻求解决这些问题的方法，这就是规范化的目的。

关系模式的规范化过程是通过对关系模式的分解来实现的，把低一级别的关系模式分解为若干高一级别的关系模式。其具体可分为以下几步。

（1）从 1NF 关系到 2NF 关系要消除关系模式中非主属性对码的部分函数依赖，将 1NF 关系分解为若干 2NF 关系。

（2）从 2NF 关系到 3NF 关系要消除关系模式中非主属性对码的传递函数依赖，将 2NF 关系分解为若干 3NF 关系。

（3）从 3NF 关系到 BCNF 关系要消除关系模式中主属性对码的部分函数依赖和传递函数依赖，将 3NF 关系分解为若干 BCNF 关系。

（4）从 BCNF 关系到 4NF 关系要消除关系模式中非平凡且非函数依赖的多值依赖，得到若干 4NF 关系。

关系模式从 1NF 到 4NF 的规范化过程如图 6-7 所示。

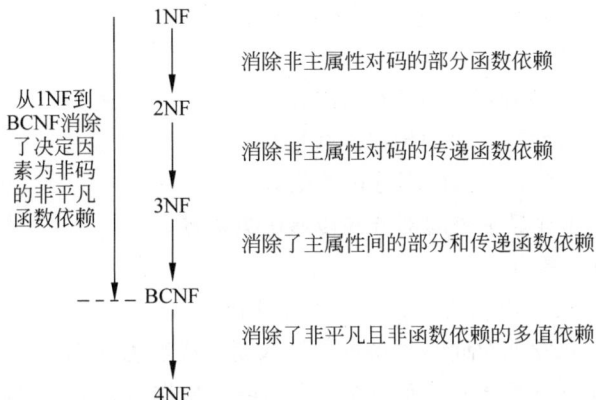

图 6-7 关系模式从 1NF 到 4NF 的规范化过程

关系模式的规范化过程,就是要消除关系模式属性间不合适的数据依赖,使模式中的各关系模式达到某种程度的"分离",通常采用"一事一地"的模式设计原则。即让一个关系描述一个概念、一个实体或者实体间的一种联系。若多于一个概念就把它"分离"出去,这也是所谓的规范化,实质上是概念的单一化。关系模式的规范化结果并不是唯一的,在设计数据库模式结构时,必须对现实世界的实际情况和用户应用需求做进一步分析。不能说规范化程度越高的关系模式就越好,要根据实际情况确定一个合适的、能够反映现实世界的模式。如图 6-7 所示的规范化步骤可以在其中任何一步终止。

小结

本章以问题为导向,由关系数据库中关系模式的存储异常问题引出了关系规范化理论的各种基本概念,包括函数依赖、平凡函数依赖、非平凡依赖、完全函数依赖、部分函数依赖和传递函数依赖等。这些概念是规范化理论的重要依据。

本章介绍了范式的概念,范式是关系数据库中的关系要满足一定要求的关系等级,满足关系中每个分量都是不可分的数据项,就是 1NF。这是规范化关系需要满足的最基本要求,1NF 也是最低一级范式。在关系数据库中,范式级别过低可能会存在插入异常、删除异常、更新异常和数据冗余等问题,这就需要将低一级范式向高一级范式进行转换,这就是关系模式的规范化。从 1NF 到 BCNF 时在函数依赖范畴讨论关系模式的规范化,在这个范围中,BCNF 即是最高级别的范式。4NF 是在多值依赖的范畴中最高级别的范式。

关系模式的规范化程度并不是越高越好,要根据现实世界实际情况,充分考虑系统效率,选择合适的数据库模式。

习题

一、单项选择题

1. 关系模式规范化的最起码的要求是达到第一范式,即满足(　　　)。

  A. 每个非码属性都完全依赖于主码

  B. 主码属性唯一标识关系中的元组

  C. 关系中的元组不可重复

  D. 每个属性都是不可分解的

2. 从第一范式（1NF）到第二范式（2NF）做了下列（ ）操作。

  A. 消除非主属性对主码的传递函数依赖

  B. 消除非主属性对主码的部分函数依赖

  C. 消除非主属性对主码的部分和传递函数依赖

  D. 没有做什么操作

3. 由于关系模式设计不当所引起的插入异常指的是（ ）。

  A. 两个事务并发地对同一关系进行插入而造成数据库不一致

  B. 由于码值的一部分为空而不能将有用的信息作为一个元组插入关系中

  C. 未经授权的用户对关系进行了插入

  D. 插入操作因为违反完整性约束条件而遭到拒绝

4. 以下关于数据依赖的描述，错误的是（ ）。

  A. 若 $X \rightarrow Y, Y \rightarrow X$，则 $X \leftarrow\rightarrow Y$

  B. 若 $X \rightarrow\rightarrow Y$，而 $Z = \varnothing$，则称 $X \rightarrow\rightarrow Y$ 为平凡的多值依赖

  C. $X \rightarrow Y$，但 $Y \subseteq X$，则称 $X \rightarrow Y$ 是非平凡的函数依赖

  D. 若 Y 函数依赖于 X，则记作 $X \rightarrow Y$

5. 若关系模式 R 中只包含两个属性，则以下描述正确的是（ ）。

  A. R 肯定属于 2NF，但 R 不一定属于 3NF

  B. R 肯定属于 3NF，但 R 不一定属于 BCNF

  C. R 肯定属于 BCNF，但 R 不一定属于 4NF

  D. R 肯定属于 4NF

6. 以下关于 BCNF 的描述中，错误的是（ ）。

  A. 所有非主属性对每一个码都是完全函数依赖

  B. 所有的主属性对每一个码也是完全函数依赖

  C. 没有任何属性完全函数依赖于非码的任何一组属性

  D. 每一个决定因素都包含码

7. 设有关系 $R(A, B, C)$ 的值如下：

A	B	C
3	6	9
2	7	3
2	8	9

下列叙述正确的是（ ）。

  A. 函数依赖 $C \rightarrow A$ 在上述关系中成立

  B. 函数依赖 $AB \rightarrow C$ 在上述关系中成立

  C. 函数依赖 $A \rightarrow C$ 在上述关系中成立

  D. 函数依赖 $C \rightarrow AB$ 在上述关系中成立

8. 关于多值依赖的性质,以下描述中( )是不正确的。

    A. 若 $X \twoheadrightarrow Y, X \twoheadrightarrow Z$,则 $X \twoheadrightarrow YZ$

    B. 若 $X \twoheadrightarrow Y, X \twoheadrightarrow Z$,则 $X \twoheadrightarrow Y \bigcap Z$

    C. 若 $X \twoheadrightarrow Y$,则 $X \twoheadrightarrow Z$,其中,$Z = U - X - Y$

    D. 若 $X \twoheadrightarrow Y \bigcap Z$,则 $X \twoheadrightarrow Z, Y \twoheadrightarrow Z$

9. 以下关于规范化的描述中,错误的是( )。

    A. 高一级范式真包含于低一级范式中

    B. 规范化程度越高的关系模式就越好

    C. 一个全码的关系一定属于 BCNF

    D. 4NF 不允许有非平凡且非函数依赖的多值依赖

10. 在关系模式 R 中,函数依赖 $X \rightarrow Y$ 的语义是( )。

    A. 在 R 的某一关系中,若任意两个元组的 X 值相等,则 Y 值也相等

    B. 在 R 的某一关系中,Y 值应与 X 值相等

    C. 在 R 的一切可能关系中,若任意两个元组的 X 值相等,则 Y 值也相等

    D. 在 R 的一切可能关系中,Y 值应与 X 值相等

二、简答题

1. 简述以下术语的含义。

函数依赖、平凡函数依赖、非平凡函数依赖、部分函数依赖、完全函数依赖、传递函数依赖、候选码、外码、INF、2NF、3NF、BCNF、多值依赖、4NF。

2. 在进行数据库设计时,构造的关系模式不合适会带来哪些问题?

3. 什么是规范化? 关系模式为什么要进行规范化?

4. 什么是范式? 简述各级范式之间的关系。

5. 简述 3NF 和 BCNF 的区别和联系。

6. 什么是全码? 证明全码必为 BCNF。

7. 试举出三个多值依赖的例子。

8. 简述从 1NF 到 4NF 的规范化步骤和方法。

9. 简述函数依赖和多值依赖的区别。

10. 多值依赖有哪些性质? 解释之。

三、综合题

1. 设关系模式 R(S♯,C♯,GRADE,TNAME,TADDR),其属性分别表示学生学号、选修课程的编号、成绩、任课教师姓名、教师地址等意义。规定每一个学生学一门课只有一个成绩;每门课只有一个教师任课;每个教师只有一个地址(此处不允许教师同名同姓)。

    (1) 试写出该关系模式 R 基本的函数依赖集和候选码。

    (2) 试把 R 分解成满足 2NF 的模式集,并说明理由。

    (3) 试把 R 分解成满足 3NF 的模式集,并说明理由。

2. 现有图书借阅关系 R(BorroeNo,BookNo,Time,WNo,Mno),其属性分别表示借书证号、图书编号、借书时间、书库编号、管理员编号等意义。给定语义如下:每个借阅者借一本书有一个借阅时间;每本书只属于一个书库;每个书库只有一个管理员。

    (1) 试写出该关系模式 R 基本的函数依赖集和候选码。

（2）关系模式 R 在使用中存在哪些不足？

（3）给出一个能够避免以上不足的解决方案。

3. 下列关系模式的候选码是什么？属于什么范式？为什么？

（1）$R(A,B,C,D)$，函数依赖有：$A \rightarrow B, A \rightarrow C, A \rightarrow D, C \rightarrow D$。

（2）$R(A,B,C)$，函数依赖有：$A \rightarrow B, A \rightarrow C, B \rightarrow C$。

（3）$R(A,B,C,D,E)$，函数依赖有：$(A,B) \rightarrow D, (A,D) \rightarrow E, (A,B) \rightarrow C$。

（4）$R(A,B,C,D,E)$，函数依赖有：$(A,B) \rightarrow E, B \rightarrow C, C \rightarrow D$。

4. 现有某企业销售部门签订的销售合同如表 6-5 所示及部分样本数据。试完成下列问题。

（1）如果用关系 XSHT(CNO, PNO, PNAME, PRICE, QTY, DATE, DNAME, TEL) 来描述该销售合同，存在什么问题？

（2）根据表中合同数据的描述，写出关系模式 XSHT 的基本函数依赖。

（3）找出关系模式 XSHT 的候选码。

（4）将 XSHT 分解成满足 3NF 的关系模式集。

表 6-5　销售合同表

合同号 CNO	产品号 PNO	产品名 PNAME	单价 PRICE	数量 QTY	供货日期 DATE	购买单位 DNAME	电话 TEL
C1	P1	BOLT	0.30	1500	2013.12	NA1	678542
	P2	NUT	0.80	500			
C2	P1	BOLT	0.30	800	2013.03	NA2	675432
	P3	CAM	25	350			
	P5	GEAR	31	175			
C3	P4	AMM	20	2000	2013.04	NA3	456322
C4	P3	CAM	25	500	2013.08	NA1	678542

第 7 章

数据库设计

随着信息技术的发展,数据库已经广泛应用于各类信息系统,大到航空售票系统、列车售票系统、电子政务系统、生产制造企业 ERP 系统、银行管理系统,小到家庭理财系统、个人事务管理软件、办公自动化(OA),无一没有数据库技术的支撑。实际上,数据库已经成为现代信息系统的基础和核心,从小型的单项事务处理系统到大型的信息系统,大都用先进的数据库技术来保持系统数据的整体性、完整性和共享性。而这一切都来自良好的数据库设计,可以说数据库设计的优劣将直接影响信息系统的质量和运行效果,没有合理的数据库设计,不可能开发出优秀的信息系统。数据库设计是数据库在应用领域中主要的研究课题。

7.1 数据库设计概述

数据库设计(Database Design)是指对于一个给定的应用环境,构造最优的数据库模式,建立数据库及其应用系统,使之能够有效地存储数据,满足各种用户的应用需求(信息要求和处理要求)。在数据库领域内,常常把使用数据库的各类系统统称为数据库应用系统。因此,数据库设计也是研究数据库及其应用系统的技术。

数据库设计在信息系统开发中具有非常重要的地位。因为数据库是信息系统的核心和基础,它把信息系统中大量的数据按一定的模型组织起来,提供存储、维护、检索数据的功能,使信息系统可以方便、及时、准确地从数据库中获得所需的信息。一个信息系统的各个部分能否紧密地结合在一起以及如何结合,关键在数据库。因此,只有对数据库进行合理的逻辑设计和有效的物理设计才能开发出完善而高效的信息系统。数据库设计是信息系统开发和建设的重要组成部分。大型数据库的设计是一项庞大的工程,属于软件工程范畴。其开发周期长、耗资多,失败的风险也大,所以必须把软件工程的原理和方法应用到数据库建设中来。

7 数据库设计概述

7.1.1 数据库设计的一般方法

设计方法(Design Methodology)是指设计数据库所使用的理论和步骤。数据库设计方法目前主要可分为三类:直观设计法、规范设计法、计算机辅助设计法。

1. 直观设计法

直观设计法也叫手工试凑法,是最早使用的数据库设计方法。由于信息结构复杂,应用环境多样,在相当长的一段时间内数据库设计主要采用这种方法。使用这种方法与设计人员的经验和水平有直接关系,对于缺少数据库设计知识和设计经验的设计人员来说,往往需要经历大量尝试和失败的过程。由于缺乏科学理论的指导和工程原则的支持,直观设计法的设计质量很难保证。因此这种方法越来越不适应信息管理发展的需要。

2. 规范设计法

为了让数据库设计能够循序渐进,目前的数据库设计多采用规范设计法。规范设计法比较常见的方法有新奥尔良(New Orleans)方法、基于 E-R 模型的数据库设计方法、基于3NF(第三范式)的设计方法等。

(1)新奥尔良方法。为了改变直观设计法设计数据库的不足,1978 年 10 月,来自三十多个国家的数据库专家在美国新奥尔良市专门讨论了数据库设计。他们运用软件工程的思想和方法,提出了数据库的设计规范,这就是著名的新奥尔良法,它是目前公认的比较完整和权威的一种规范设计法。新奥尔良法将数据库设计分为四个阶段:需求分析(分析用户要求)、概念设计(信息分析和定义)、逻辑设计(设计实现)和物理设计(物理数据库设计)。其后,S. B. Yao 等又将数据库设计分为五个步骤。又有 I. R. Palmer 等主张把数据库设计当成一步接一步的过程,并采用一些辅助手段实现每一过程。

(2)基于 E-R 模型的方法。基于 E-R 模型的数据库设计方法是由 P. P. S. Chen 于1976 年提出的,其基本思想是在需求分析的基础上,用 E-R(实体-联系)图构造一个反映现实世界实体之间联系的企业模式,然后将此企业模式转换成基于某一特定的 DBMS 的概念模式。

(3)基于 3NF 的方法。基于 3NF 的数据库设计方法是由 S. Atre 提出的结构化设计方法,其基本思想是在需求分析的基础上,确定数据库模式中的全部属性和属性间的依赖关系,将它们组织在一个单一的关系模式中,然后分析模式中不符合 3NF 的约束条件,将其进行投影分解,规范成若干 3NF 关系模式的集合。其设计主要分为五个阶段:设计企业模式、设计数据库的概念模式、设计数据库的物理模式(存储模式)、对物理模式进行评价、实现数据库。

除了以上三种方法外,规范设计法还有实体分析法、属性分析法和基于视图的设计法等,这里不再详述。规范设计法从本质上看仍然是手工设计方法,其基本思想是过程迭代和逐步求精。

3. 计算机辅助设计法

计算机辅助设计法主要是指为加快数据库设计速度,在数据库设计的某些过程中模拟某一规范化设计的方法,并以人的知识或经验为主导,通过人机交互方式实现设计中的某些部分。目前有很多计算机辅助软件工程(Computer Aided Software Engineering,CASE)工具,如 Rational 公司的 Rational Rose、CA 公司的 Erwin 和 Bpwin、Sybase 公司的 PowerDesigner以及 Oracle 公司的 Oracle Designer 等。这些工具软件可以自动地或辅助设计人员完成数据库设计过程中的很多任务,特别是大型数据库的设计离不开这类工具的支持。此外,数据库设计和应用设计应该同时进行,目前的许多计算机辅助软件工程(CASE)工具已经开始支持这两方面的结合应用。

7.1.2　数据库设计的步骤

数据库设计开始之前,首先必须选定参加设计的人员,包括系统分析人员、数据库设计人员和程序员、用户和数据库管理员。系统分析和数据库设计人员是数据库设计的核心人员,他们将自始至终参与数据库设计,他们的水平决定了数据库系统的质量。用户和数据库管理员在数据库设计中也是举足轻重的,他们主要参加需求分析和数据库的运行维护,他们的积极参与不但能加速数据库设计,而且也是决定数据库设计的质量的重要因素。程序员则在系统实施阶段参与进来,分别负责编制程序和准备软硬件环境。

目前,数据库设计人员使用最为广泛的仍然是以逻辑数据库设计和物理数据库设计为核心的规范设计方法。按照这种规范设计方法以及数据库应用系统的开发过程,数据库的设计可划分为六个阶段(见图 7-1):需求分析阶段、概念结构设计阶段、逻辑结构设计阶段、物理结构设计阶段、数据库实施阶段、数据库运行和维护阶段。

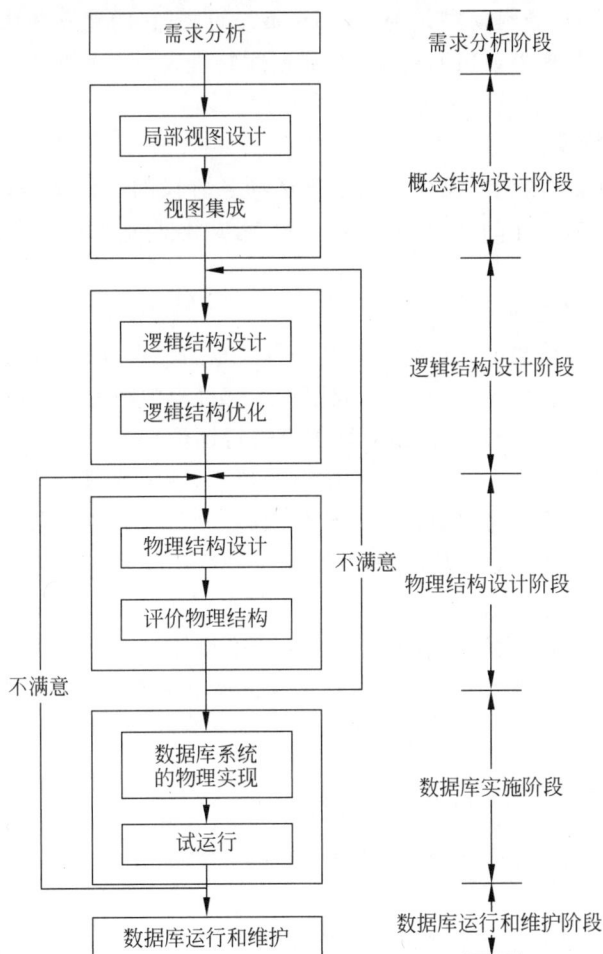

图 7-1 数据库设计的步骤

1. 需求分析阶段

需求分析是指收集和分析组织内将由数据库应用程序支持的那部分信息,并用这些信息确定新系统中用户的需求。需求分析是数据库设计的第一个阶段,也是整个设计过程中最耗时、最困难的一步。需求分析做得是否充分与准确,直接关系到数据库设计的质量,直接影响到数据库应用程序的设计与开发。

2. 概念结构设计阶段

概念结构设计就是对用户需求进行综合、归纳与抽象,建立一个独立于具体 DBMS 并且与所有物理因素均无关的企业信息模型的过程，是整个数据库设计的关键。

3. 逻辑结构设计阶段

逻辑结构设计阶段的目的是将概念设计阶段设计好的全局 E-R 模型转换为与选用的 DBMS 所支持的数据模型，并对其进行优化。逻辑模型只与所选用的 DBMS 所支持的数据模型有关，而与特定的 DBMS 和其他物理因素无关。

4. 物理结构设计阶段

数据库的物理结构设计是为逻辑数据模型选取一个最适合应用环境的物理结构（包括存储结构和存取方法）。逻辑模型是与 DBMS 无关的，但它的建立参照了一个特定的数据模型，如关系模型、层次模型或网状模型，而数据库物理设计是面向特定的 DBMS 系统，所以在进行物理设计时，必须首先确定使用的数据库系统。

5. 数据库实施阶段

在数据库实施阶段，数据库设计人员根据前面各阶段的设计文档，利用 DBMS 提供的数据定义语言来描述数据库的结构，生成数据库，完成数据的加载，编制与调试应用程序，并将数据库投入试运行。

6. 数据库运行和维护阶段

在数据库经过一定阶段的试运行并对其进行一定的评审、修改后，数据库就可以进入正式运行阶段。由于应用环境在不断变化，数据库运行过程中物理存储也会不断变化，因此在数据库的正式运行阶段，还必须不断地对数据库进行评价、调整与修改等维护工作。

数据库设计是结构设计和行为设计相结合的过程，数据库设计步骤也是从数据库应用系统设计和开发的全过程来考察数据库设计的问题。因此，它既是数据库的设计过程也是应用系统的设计过程。因此，在设计过程中要努力把数据库设计和系统其他成分的设计紧密结合。把数据和处理的需求收集、分析、抽象、设计、实现在各个阶段同时进行，相互参照，相互补充，以完善两方面的设计。数据库应用系统的设计也不是一蹴而就的，它往往是上述六个阶段的不断反复。如果所设计的数据库应用系统比较复杂，应该考虑使用 CASE 工具以简化各阶段的设计工作。

7.1.3 数据库设计的特点

数据库设计和一般软件系统的设计在开发和运行维护上有很多共同的特点，更有其自身的一些特点。

1. 数据库设计是涉及多学科的综合技术

大型数据库设计和开发是一项庞大工程，既涉及应用领域的专业知识，又涉及计算机领域的知识，是涉及多学科的综合性技术，对于从事数据库设计的人员来讲，应该具备多方面的技术和知识，主要有：

（1）计算机科学基础知识和程序设计技术。

（2）数据库基本知识和数据库设计技术。

（3）软件工程的原理和方法。

（4）应用领域的知识（随着应用系统的不同而不同）。

2. 数据库设计是硬件、软件和干件的结合

人们把技术和管理的界面称为"干件"。数据库设计要考虑应用的信息需求和处理需

求,既要考虑数据的存储方式,又要考虑数据的使用方法。所以,优秀的数据库设计不但要求设计人员对数据在磁盘上的组织方式十分熟悉,以充分利用其特点设计出访问性能尽可能高的数据库,而且要求设计人员能够有效地对整个设计过程进行控制。所以数据库设计是硬件、软件和干件的结合。

3. 数据库设计具有反复性、试探性,应分步进行

数据库设计不可能一气呵成,往往需要经过反复推敲和修改才能完成。为了保证设计的质量和进度,数据库设计通常分阶段进行,逐级审查。尽管后阶段会向前阶段反馈其要求,但在规范设计的指导下,这种反馈引起的修改不应该是大量的。并且对于同样一个应用需求,由于设计人员的不同,设计出来的数据库也是有差别的,很难说哪一个是最佳方案,设计过程中各式各样相互矛盾的要求和制约因素决定了不同的设计方案必定各有长短,具体需要什么样的设计,还取决于数据库设计人员和单位的决策。因此,数据库设计具有反复性和试探性(见图7-1)。

4. 数据库设计需要将结构设计和行为设计密切结合

数据库设计应该和应用系统设计相结合。数据库中的数据不是为存储而存储,存储是为了更好地利用,是为了分析处理,所以结构(数据)的设计必须充分考虑行为(业务处理)的可用性和方便性。早期的数据库设计致力于数据模型和建模方法的研究,着重结构特性的设计,对行为设计几乎没有提供指导,因此结构设计与行为设计是分离的,如图7-2所示。

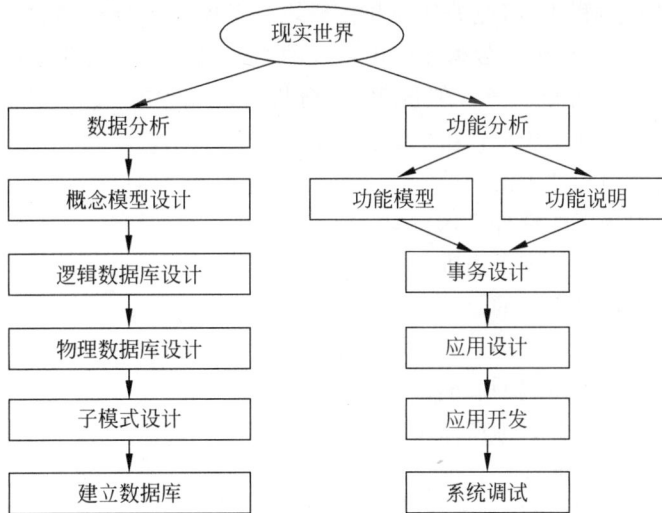

图 7-2　结构和行为分离的设计

7.2　需求分析

需求分析简单地说就是分析用户的要求。需求分析是设计数据库的起点,需求分析的结果是否准确地反映了用户的实际要求,将直接影响后面各个阶段的设计,并影响设计结果是否合理和实用。

以房子装修为例,在工人开始工作之前,装修设计师必须和客户(新房主人)进行全面的交流,必须询问客户对装修的基本构想和要求,再与客户商讨确定新房在功能上、视觉上、风格上及装修总价位上等各方面的具体要求,要具体到客户准备投入多少资金？要求使用什么类型的材料？有没有什么特殊造型？各地方颜色如何搭配……所有这些问题无论是整体目标还是具体细节问题都必须在装修设计之前清晰考虑,否则做出来的装修设计要么是装修出来整体不协调,要么就是资金可能无法控制,总体要求达不到客户的要求,成为一个失败设计的案例。

数据库设计和装修设计是一样的道理,在进行数据库设计之前,必须明确了解客户(未来将使用该数据库的人)对数据库的所有需求。不符合需求的数据库可能很好设计,但最终只能是浪费时间和金钱。数据库设计和信息系统的开发是一项成本比较昂贵的投资,失败了不但会造成资金的浪费,而且会让企业信息化的发展滞后。

7.2.1　需求分析的任务

需求分析是设计一个成功的数据库所必需也是极其关键的一个过程,其任务是通过详细调查现实世界要处理的对象(组织、部门、企业等),充分了解原系统(手工系统或计算机系统)工作概况,明确用户的各种需求,然后在此基础上确定新系统的功能。由于技术和信息需求不断进步和提高,因此新系统的需求分析必须充分考虑今后可能的扩充和改变,不能仅按当前应用需求来设计数据库。

需求分析调查的重点是"数据"和"业务处理",业务处理的对象是数据,业务处理也会产生数据。所以在建模过程中,将业务处理和数据统一考虑是十分重要的。在确定了基本的数据和业务处理后,还必须确定数据库应用系统的业务规则。所谓业务规则就是业务处理数据以及产生数据的方法和步骤。在进行需求分析时,通常需要收集以下一些信息。

(1) 对每个业务处理使用或产生的数据的详细描述。

(2) 数据如何使用和产生的细节。

(3) 数据库应用程序的额外需求。

(4) 企业每一个业务处理是由谁来完成的。

(5) 业务处理是如何完成的。

(6) 不同的职能单位所处理的数据有何不同。

(7) 哪些业务处理由特定的职能部门完成。

(8) 每一个独立的业务处理所涉及的数据是什么。

(9) 业务处理之间是如何交互的。

(10) 职能单位之间是如何交互的。

(11) 是否还存在影响业务处理的其他因素。

确定用户的最终需求是一件很困难的事,因此设计人员必须不断深入地与用户交流,才能逐步确定用户的实际需求。

7.2.2　需求信息的收集

需求分析是数据库设计最困难也最耗时的一个阶段。确定需求并不是简单地与用户在一起聊天就能够确定的,很多情况下,由于用户和调研人员对计算机和信息系统知识了解程度的不同,用户很可能提不出有效的需求,因此需求调研不但要求用户的积极参与,而且需要掌握一定的科学方法,才能够挖掘出用户的需求。具体来说,进行需求信息收集步骤如下。

1. 业务知识的研究

在准备调研前,调研人员必须对用户的专业知识和业务进行一定的研究,准备针对被调研对象所提的问题。在调研开始,就必须让用户了解到调研人员需要了解的业务需求和目标。同时调研小组对自己所了解的业务和专业知识进行集体讨论,从而确定哪些是已经明确的知识、哪些是还需要进一步向用户了解的知识、还缺少哪些知识,这样可以使得调研有明确的方向,大大减少调研的时间,也可以减少用户的厌烦感,毕竟用户是不愿意和调研人员长时间讨论问题的。

2. 制订调研计划

需求分析是一项工作量繁重、涉及人员众多、时间跨度较大的工作。任何系统的开发都是有一定时间限制的,而且用户也不是能够随叫随到,所以为了能在有限的时间内顺利地高质量地完成需求分析工作,必须及时制订调研计划,这样才能按照调研计划安排调研工作的进展。调研计划包括被调研对象、调研人员以及设计阶段的最终用户反馈过程。

3. 选用调研方法进行调研

在调研过程中,根据调研的不同特点、条件和需要,可以使用不同的调研方法。常用的有跟班作业、开调查会、请专人介绍、询问、设计调查表请用户填写、查阅记录等方法。在调研时,往往是各种方法综合使用,无论使用何种调查方法,都必须有用户的积极参与和配合。

在收集业务需求信息之前,还必须明确谁最有"发言权"、谁最了解系统、谁最了解数据、谁有权决定业务系统的目标和功能以及系统设计方法。不同类型的用户提供的需求信息有很大的差别,所以调研也要针对不同的用户分别进行。

需求信息的来源主要有客户、最终用户和管理人员。"由于客户的存在,业务才会存在",数据库的开发是由于客户的存在而存在的。要准确地获取客户需求信息,调研人员必须站在客户的角度,帮助客户提出需求信息。因为有时候客户也不知道自己到底需要什么,所以调研人员只有站在客户的角度与客户进行交流,花点儿时间来了解客户的业务和需求,才可能完全了解客户心里的真实想法,才能落实调研人员的理解和客户的想法是否完全一致,千万不要期望客户能够提供数据库设计所需的全部需求。

最终用户可能就是客户,也可能是独立的用户。如果最终用户就是客户或者是客户中的一员,那么对客户的调研也就是对最终用户的调研;如果最终用户是独立的用户,那么必须向最终用户调研。最终用户是新系统的直接使用者,对用来与数据库进行交互的应用软件最为关心,最终用户对应用软件的意见将有助于开发小组制定正确的方案,这些方案将直接影响数据库设计。

管理人员是一个组织中的决策制定者,他有权批准或不批准某个项目,因此获得管理人员对所设计的数据库系统目标的看法非常重要。如果最终用户和客户可能会属于不同的组织,在这种情况下,调研人员还必须调研不同组织的管理人员,客户管理人员最了解业务系统的目标,而作为最终用户的管理人员最了解客户数据的管理方法。而且管理人员对业务的大框架也更为熟悉,他可能并不了解所有业务,但他可以很好地安排部门内的合作以便优化工作。所以必须对管理人员进行调研。

7.2.3 需求分析的内容

在制订了详细的调研计划后,就可以按计划进行调研。进行需求分析首先是调查清楚用户的实际要求，与用户达成共识，再分析与表达这些需求。要调查的主要需求具体有以下内容。

（1）调查组织机构情况：包括了解该组织的部门组成情况、各部门的职责等。

（2）调查各部门的业务活动情况：包括了解各个部门输入和使用什么数据、如何加工处理这些数据、输出什么信息、输出到什么部门、输出结果的格式是什么，这是调查的重点。

（3）协助用户明确对新系统的各种要求：包括信息要求、处理要求、安全性与完整性要求，这是调查的又一个重点。

（4）确定新系统的边界：对前面调查的结果进行初步分析，确定哪些功能由计算机完成或将来准备让计算机完成，哪些活动由人工完成。由计算机完成的功能就是新系统应该实现的功能。

收集了需求信息之后，对调研阶段所获得的需求信息进行分析的过程叫作需求分析。在设计人员对数据库建模之前，设计人员必须对业务和数据以及对它们的使用有完全的理解，其中，最主要的就是对业务及数据分析处理的表达。

7.2.4 业务及数据分析

业务是企业、组织为实现自身目标、职能的一系列有序的活动过程。例如，扫码、装货、收款、开票等是超市收银员的业务工作。业务分析就是对上述各种流动及其交织过程的详细分析过程。数据是信息的载体，是数据库存储的主要对象。数据分析就是把数据在组织内部的业务流动情况，以数据流动的方式抽象出来，从数据流动过程来分析业务系统的数据处理模式。业务及数据分析主要包含以下几点。

1. 确定业务

首先需要确定企业、组织中包含哪些业务。判断业务的标准是是否为实现组织目标的有序活动过程。在确定业务过程中，可以忽略与目标系统的实现关系不紧密、不重要的一些业务活动。例如，校园超市管理系统数据库设计的需求分析中，超市管理系统的主要目标是实现超市商品的进销存管理，因此，对超市员工的考勤等业务活动，就没有必要纳入该业务分析活动之中。这样可以简化业务分析工作。

2. 业务流程分析

业务流程是业务的活动过程，是指企业或组织为完成某一项目标或任务而进行的跨时间或空间并在逻辑上相关的一系列活动的有序集合。业务流程分析就是从"流"的视角来理解、分析和阐述企业、组织各种管理活动的思想、观点和方法。分析过程应顺着原系统信息流动的过程逐步地进行，明确系统内部各单位、人员之间的业务关系、作业顺序和管理信息流向等。

进行业务流程分析能帮助数据库分析设计人员全面了解和描述业务处理流程，发现和处理调查过程中的错误和疏漏，找出并改进不合理的业务流程部分，优化业务处理流程。

3. 业务规则分析

业务规则是保证业务流程正常运转的一致性和相关性的必须被遵循的约束性条件。在企业管理中，业务规则通常以政策、规定、章程和制度等形式表现。在业务分析中，除分析上述显现的业务规则之外，还需要洞察在业务活动中隐藏的各种业务规则，这些规则可能是企业都会遵守的潜规则，也可能是企业独创的但还没有被明确描述出来的经验。

4. 数据流程分析

数据流程分析就是在业务流程分析的基础上,舍去物化因素,重点发现和解决数据流动过程中的问题,如数据流程不畅、前后数据不匹配以及数据处理过程不合理等。主要要做好以下几点。

(1) 收集现行系统全部的输入单据、报表和输出单据、报表,以及这些数据存储的介质的典型格式。

(2) 明确业务处理过程的处理方法和计算方法。

(3) 调查、确定上述各种数据的产生者、报送者、存储者、发生频率、发生的高峰时段及发生量等。

(4) 注明各项数据的类型、长度、取值范围、约束条件和精度等。

业务及数据分析的具体过程可以用业务流程图和数据流程图来表达。这种流程图的绘制方法并无统一、标准的步骤,读者可以参阅不同教材的具体描述,但其基本的方法是相同的。本书第 8 章校园超市管理系统案例中有对流程图绘制的详细描述。

7.2.5 数据字典

数据字典(Data Dictionary,DD)是各类数据描述的集合。对数据库设计来讲,数据字典是进行详细的数据收集和数据分析所获得的主要结果。数据字典通常包括数据项、数据结构、数据流、数据存储和处理过程五个部分,其中,数据项是数据的最小组成单位,若干数据项可以组成数据结构,数据字典通过对数据项和数据结构的定义来描述数据流、数据存储和处理过程的逻辑内容。

1. 数据项

数据项是不可再分的数据单位。对数据项的描述通常包括以下内容。

数据项描述 = {数据项编号,数据项名,数据项含义说明,别名,数据类型,长度,取值范围,取值含义,与其他数据项的逻辑关系}

其中,取值范围、与其他数据项的逻辑关系定义了数据的完整性约束条件,是设计数据检验功能的依据。

【例 7-1】 校园超市管理系统案例中,关于学生"学号"的数据项描述如下。

数据项:学号。

含义说明:唯一标识每个学生。

别名:学生编号。

类型:字符型。

长度:10。

取值范围:0 000 000 000~9 999 999 999。

取值含义:前两位表明学生所在年级,3~6 位表明学生所在专业,7、8 位表明学生所在班级,最后两位按顺序编号。

2. 数据结构

数据结构反映了数据间的组合关系。它可以由若干数据项组成,也可以由若干个数据结构组成,或者由若干数据项和数据结构混合组成。对数据结构的描述通常包括以下内容。

数据结构描述 = {数据结构编号,数据结构名称,含义说明,组成:{数据项名或数据结构名}}

【例 7-2】 "学生"数据结构的描述如下。

数据结构：学生。

含义说明：是校园超市管理系统的主体数据结构，定义了一个学生的有关信息。

组成：学号，姓名，出生年份，性别，学院，专业微信号。

3. 数据流

数据流是数据结构在系统内的传输途径，表示某一处理过程的输入或输出。对数据流的描述通常包括以下内容。

数据流描述＝{数据流名，说明，数据流来源，数据流去向，组成：{数据结构}，平均流量，高峰期流量}

其中，数据流来源是说明该数据流来自哪个过程；数据流去向是说明该数据流将到哪个过程去；平均流量是指在单位时间（每天、每周、每月等）里的传输次数；高峰期流量则是指在高峰时期的数据流量。

【例 7-3】 "入库单"数据流的描述如下。

数据流：入库单。

说明：采购员采购入库商品时提交的入库信息。

数据流来源：采购员。

数据流去向：审核。

组成：商品编码，商品名称，数量……

平均流量：200 张/天。

高峰期流量：300 张/天。

4. 数据存储

数据存储是数据结构停留或保存的地方，也是数据流的来源和去向之一。对数据存储的描述通常包括以下内容。

数据存储描述＝{数据存储名，说明，编号，流入的数据流，流出的数据流，组成：{数据结构}，数据量，存取方式}

其中，数据量是指每次存取多少数据，每天（或每小时、每周等）存取几次等信息。存取方法包括是批处理还是联机处理，是检索还是更新，是顺序检索还是随机检索等。另外，流入的数据流要指出其来源，流出的数据流要指出其去向。

【例 7-4】 "库存台账"数据存储的描述如下。

数据存储：库存台账。

说明：记录库存的基本情况。

流入数据流：入库单。

流出数据流：……

组成：商品编码，商品名称，数量……

数据量：每年 3000 张。

存取方式：随机存取。

5. 处理过程

处理过程描述业务处理的处理逻辑和输入、输出。具体的处理逻辑一般用判定表或判定树来描述。数据字典只需要描述处理过程的说明性信息，通常包括以下内容。

处理过程描述 ={处理过程编号,处理过程名,说明,输入:{数据流},输出:{数据流},处理:{简要说明}}

其中,简要说明中主要说明该处理过程的功能及处理要求。功能是指该处理过程用来做什么(而不是怎么做),处理要求包括处理频度要求,如单位时间里处理多少事务,多少数据量;响应时间要求等。这些处理要求是后面物理设计的输入及性能评价的标准。

【例 7-5】 "审核"处理过程的描述如下。

处理过程:审核。

说明:审核入库单信息是否合格。

输入:入库单。

输出:合格或不合格入库单。

处理:对采购员提交的入库单进行审核,检查入库单填写是否符合要求,产品实际入库数量和金额与入库单上填写的数据是否一致。

由此可见,数据字典是关于数据库中数据的描述,即元数据,而不是数据本身。数据字典是在需求分析阶段建立,在数据库设计过程中不断修改、充实、完善的。

需求分析需要注意不能仅按当前应用来设计数据库,而应充分考虑可能的扩充和改变,使设计易于变动。否则以后再想加入新的实体、新的数据项和实体间新的联系不但十分困难,而且新数据的加入会影响数据库的概念结构,最终将影响逻辑结构和物理结构。

7.3 概念结构设计

需求分析阶段的任务是调研,从而能够明确数据库设计小组需要"做什么"的问题,而概念结构设计是将需求调研阶段所获取的应用需求抽象为信息世界某种数据模型即概念模型。本节将介绍概念模型的特点、概念模型的 E-R 表示方法以及概念结构的设计方法与步骤。

7.3.1 概念模型的特点

早期的数据库设计在进行需求分析之后,直接把用户信息需求转换为 DBMS 能处理的逻辑模型,导致了设计的注意力往往被牵扯到更多的细节限制方面,而不能集中在最重要的信息组织结构和处理模型上。为了改变这种局面,在需求分析阶段和逻辑设计之间增加了概念设计阶段,从而使得设计人员可以仅从用户观点来看待数据及处理需求和约束,便于设计人员和用户之间的交流,也使得数据库设计各阶段的任务趋于单一化。概念模型是现实世界和机器世界的中介,既独立于数据库的逻辑结构,又独立于某一数据库管理系统(DBMS),概念模型必须能够真实充分地反映现实世界。所以作为概念模型,至少有以下一些特点。

(1) 能充分真实地反映现实世界,包括实体和实体之间的联系,能满足用户的数据和处理的要求,是现实世界的一个真实模型。

(2) 易于被人们理解,能够为非计算机专业人员所接受,方便开发人员和用户间的沟通。

(3) 易于更改,当现实世界改变时概念模型也能够容易地被修改和扩充。

（4）易于向关系、网状或层次等各种数据模型转换。

概念模型是各种数据模型的共同基础，它比数据模型更独立于机器、更抽象，从而更加稳定。描述概念模型的方法很多，其中较早出现的、最著名最常用的是实体-联系法（Entity-Relationship Approach，E-R 方法）。下面将介绍这种方法。

7.3.2　概念模型的 E-R 表示方法

在 1.3.3 节了解到概念模型是对现实世界的抽象表示，是现实世界到机器世界的一个中间层次，可以利用概念模型进行数据库的设计以及在设计人员和用户之间进行交流，并简单地介绍了 E-R 模型涉及的主要概念，包括实体、属性、实体之间的联系等。下面首先对实体之间的联系做进一步介绍，然后讲解 E-R 图。

1. 实体之间的联系

（1）两个实体之间的联系可以分为三类：一对一联系（$1:1$）、一对多联系（$1:n$）、多对多联系（$m:n$）。

① 一对一联系（$1:1$）。

若有实体集 A 和 B，对于实体集 A 中的每一个实体，实体集 B 中有 0 个或 1 个实体与之联系，反之亦然，则称实体集 A 与实体集 B 具有一对一的联系，记为 $1:1$。

例如，在校园超市管理系统中，一个学生对应一个学生证，一个学生证也只与一个学生相对应，则学生与学生证之间是一对一的联系，如图 7-3(a)所示。

② 一对多联系（$1:n$）。

若有实体集 A 和 B，对于实体集 A 中的每一个实体，实体集 B 中有 0 个或多个实体与之联系，反之，对于实体集 B 中的每一个实体，实体集 A 中有 0 个或 1 个实体与之联系，则称实体集 A 与实体集 B 具有一对多的联系，记为 $1:n$。

例如，校园超市管理系统中的商品类型，一个商品类型可以包含多种商品，但每一种商品只能属于一种商品类型，则商品类型与商品间的联系就为一对多的联系，如图 7-3(b)所示。

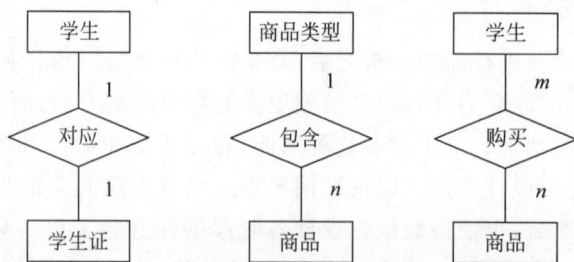

(a) $1:1$联系　　　　(b) $1:n$联系　　　　(c) $m:n$联系

图 7-3　两个实体之间的三种联系

③ 多对多联系（$m:n$）。

若有实体集 A 和 B，对于实体集 A 中的每一个实体，实体集 B 中有 0 个或多个实体与之联系，反之，对于实体集 B 中的每一个实体，实体集 A 中有 0 个或多个实体与之联系，则称实体集 A 与实体集 B 具有多对多的联系。

例如,一个学生可以购买多种商品,每种商品可以被多个学生购买,则学生和商品之间的联系就是多对多联系,如图 7-3(c)所示。

在实体之间的这三种联系中,一对一联系是一对多联系的特例,而一对多联系又是多对多联系的特例。

(2)两个以上的实体之间也存在一对一、一对多和多对多联系。

例如,在大学里,一个学生拥有唯一的身份证和学生证,则学生与身份证和学生证之间是一对一的联系,如图 7-4 所示。

又如,学校毕业生进行毕业设计时,一个教师可以指导多个毕业生,一个毕业生只有一位老师指导;同时一个教师指导的毕业设计题目也可以有多个,但每个题目只由一个老师来指导。教师、毕业生和毕业设计题目这三者之间是一对多的联系,如图 7-5 所示。

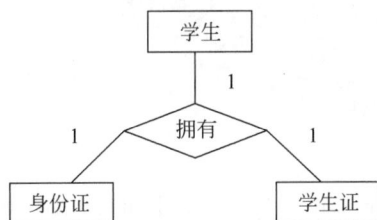

图 7-4　三个实体之间的一对一联系实例

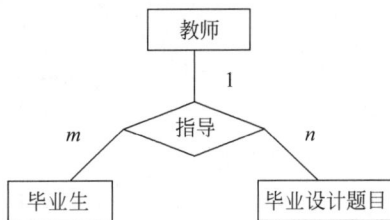

图 7-5　三个实体之间的一对多联系实例

再如,一个厂家可以生产多种零件组装成多种产品,每个产品可以使用多个厂家生产的零件,每种零件可以有不同的厂家生产,则在厂家、零件和产品之间是多对多的联系,如图 7-6 所示。

(3)单个实体内部也存在一对一、一对多和多对多联系。

例如,如图 7-7 所示,人这个实体中的"夫妻"关系在法律规定一夫一妻制的语义下即是实体内部的一对一联系;又如,员工实体内部之间有领导与被领导的一对多联系,即某一员工"领导"若干员工,而一个员工只被一个员工直接领导;课程之间的先修联系,由于一门课程可以有多门先修课,同时一门课程也可以作为多门课程的先修课,因此课程实体内部的"先修"联系即是多对多联系。

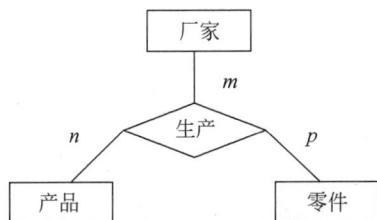

图 7-6　三个实体之间的多对多联系实例

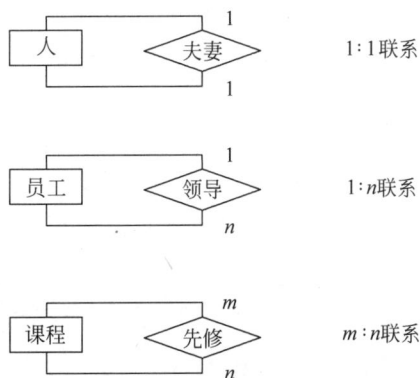

图 7-7　单个实体内部之间的三种联系

2. 用 E-R 图表示概念模型

使用 E-R 图工具来描述现实世界的概念模型,规则如下。

实体：用矩形表示，矩形框内写明实体名。

属性：用椭圆形表示，并用无向边将其与相应的实体连接起来。

联系：用菱形表示，菱形框内写明联系名，并用无向边分别与有关实体连接起来，同时在无向边旁标上联系的类型（1∶1、1∶n 或 m∶n）。

注：联系本身也是一种实体，也可以有属性。如果一个联系具有属性，则这些属性也要用无向边与该联系连接起来。

例如，学生实体具有学号、姓名、出生年份、性别、学院、专业、微信号等属性，用 E-R 图表示如图 7-8 所示。

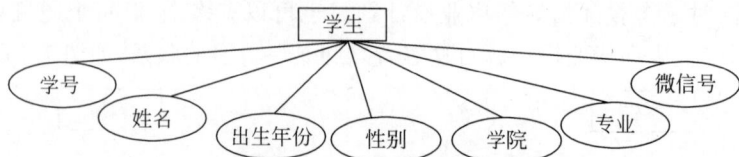

图 7-8　学生实体及属性

3. E-R 模型实例

【例 7-6】　用 E-R 图表示校园超市案例中学生、商品和商品类型之间的关系的概念模型。每个实体有如下属性。

学生：学号，姓名，出生年份，性别，学院，专业，微信号。

商品：商品编码，商品名，条形码，进价，售价，单位，备注。

商品类型：类型编码，类型名称。

这些实体之间有如下联系。

一个学生可以购买多种商品，每种商品可以被多个学生购买，则学生和商品之间的联系就是多对多联系。

一种商品类型可以包含多种商品，但每种商品只能属于一种商品类型。

通过分析，得到学生、商品和商品类型的概念模型如图 7-9 所示。

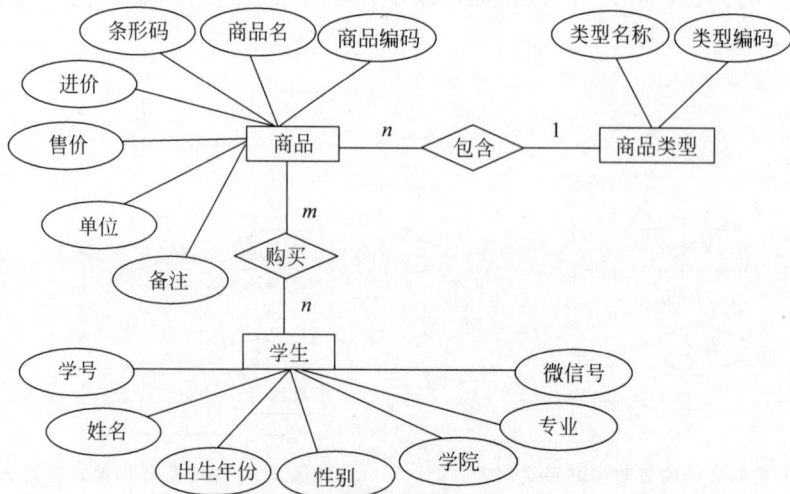

图 7-9　学生与商品、商品类型的 E-R 图

7.3.3 概念结构设计的方法与步骤

对一个单位的需求调研分析可能来自于不同的部门、不同的用户组,甚至是不同的应用需求,也就是说,一个数据库应用程序可能有一个或多个用户视图。用户视图是指从一个单独的工作角色(如经理或主管),或者从企业应用领域(如销售、人事或库存管理)的角度来定义数据库应用程序的需求。不同来源的需求分析之间的矛盾和不一致现象是不可避免的,因此用户视图之间可能是相互独立的,也可能存在重叠的部分。如何在多用户视图需求基础上设计出合理的概念模型?一般有下列几种方法。

1. 自顶向下(Top-Down)方法

从全局出发,先设计出全局概念模型框架,然后在全局框架中进行逐步细化、具体化,如图 7-10 所示。

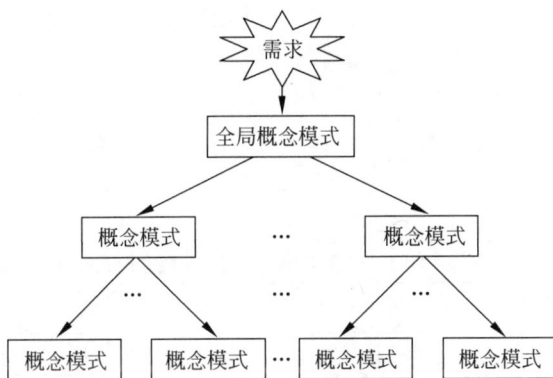

图 7-10 自顶向下的设计方法

2. 自底向上(Bottom-Up)方法

从局部应用出发,先设计出各局部应用的概念模型,再对局部应用的概念模型进行综合,形成全局概念模型,如图 7-11 所示。

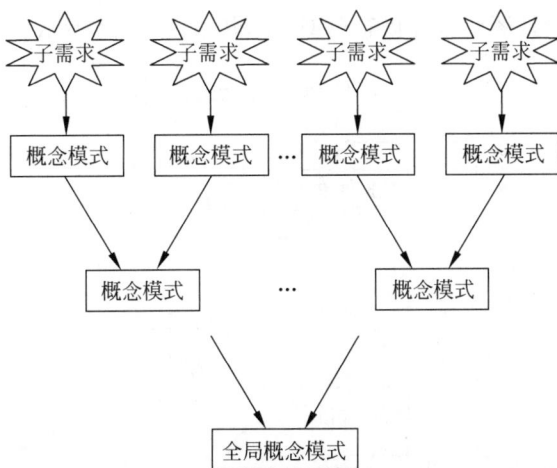

图 7-11 自底向上的设计方法

3. 逐步扩张(Inside-Out)方法

首先定义最基本、最核心的概念模型,逐步扩大至其相关的概念模型,以滚雪球的方式

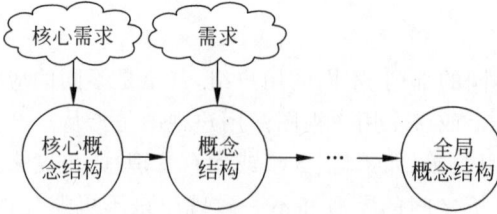

图 7-12　逐步扩张的设计方法

进行概念模型的扩张,最终形成全局的概念模型,如图 7-12 所示。

4. 混合策略方法

采用自顶向下和自底向上相结合的方法。用自顶向下策略设计一个全局概念结构的框架,以它为骨架集成由自底向上策略中设计的各局部概念结构。

无论采取哪一种概念模型设计方法,在实际应用中,最常用的策略是自底向上的方法,即采用自顶向下的方法进行需求分析,然后采用自底向上的方法进行概念模型设计,如图 7-13 所示。

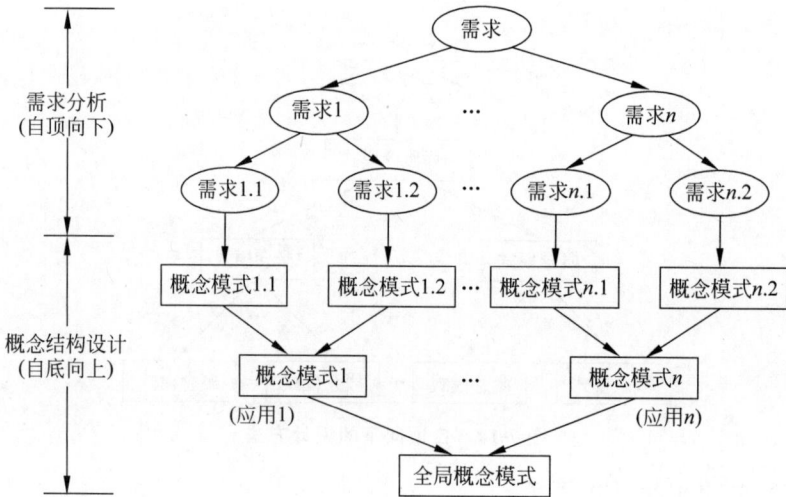

图 7-13　混合策略的设计方法

采用这种方法的概念模型设计一般可分三步来完成:进行数据抽象,设计局部视图;将局部视图综合成全局视图及全局概念模型;评审,如图 7-14 所示。

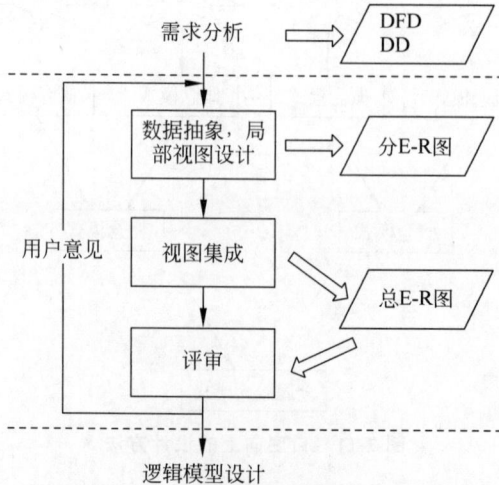

图 7-14　概念模型设计步骤

7.3.4　数据抽象与局部视图设计

概念模型是对现实世界的一种抽象。一般来讲,抽象是对实际的人、物、事和概念的人为处理,它抽取人们关心的共同特性,忽略非本质的细节,并把这些特性用各种概念精确地加以描述。在设计概念模型时,常用的抽象方法有分类(Classification)、聚集(Aggregation)和概括(Generalization)。分类定义某一概念作为现实世界中一组对象的类型,这些对象具有某些共同的特性和行为,它抽象了对象值和型之间的 is member of 的语义。在 E-R 模型中,实体就是这种抽象。聚集是将若干对象和它们之间的联系组合成一个新的对象,它抽象了对象内部类型和成分之间 is part of 的语义。在 E-R 模型中,若干属性的聚集组成了实体,就是这种抽象;概括将一组具有共同特性的对象合并成更高一层意义上的对象,它抽象了类型之间的 is subset of 的语义。例如,学生是一个实体,本科生、研究生也是实体,本科生、研究生均是学生的子集。我们把学生称为超类(Superclass),本科生、研究生称为学生的子集(Subclass)。

局部用户的信息需求是构造全局概念模型的基础,因此在设计概念模型时,首先要根据需求分析的结果从单个用户或某个局部应用需求出发,分别建立相应的局部概念模型,即分 E-R 图。具体做法如下。

1. 选择局部应用

需求分析阶段所产生的文档可以确定每个局部 E-R 图描述的范围。每个应用系统都可以分成几个子系统,每个子系统又可以进一步划分成更小的子系统。设计局部 E-R 图的第一步就是选择适当层次的子系统,这些子系统中的每一个都对应了一个局部应用。从这些子系统出发,设计各个局部 E-R 模型。

2. 逐一设计各局部应用的 E-R 图

选择好局部应用之后,接下来就该设计出每个局部应用的分 E-R 图。设计分 E-R 图需要确定实体类型、标识联系类型、标识属性并将属性与实体类型和联系类型相关联、确定属性域、确定实体的码、检查模型中的冗余并结合用户事务和用户一起审查局部概念数据模型。

在设计分 E-R 图时,大量的数据都可以从该局部应用相对应的数据流图和数据字典中进行抽取。在现实世界中,具体的应用环境常常对实体和属性做了大体的自然的划分,这种划分体现在数据字典的"数据结构""数据流""数据存储"中,它们已是若干属性有意义的聚合。在设计分 E-R 图时,为了简化数据库设计的结果,都遵循一个原则:现实世界中能作为属性对待的,尽量作为属性对待。但有时候标识一个特定的对象是实体还是属性并不是显而易见的,在这种情况下,决定一个对象是否作为属性对待,可以参考下面两条准则。

(1) 作为"属性",不能再具有需要描述的性质。即属性不能是另一些属性的聚集。

(2) 属性不能与其他实体具有联系,即 E-R 图中的联系是实体之间的联系。

符合上述两条的"事物"一般作为属性来对待。能够作为属性的,尽量作为属性对待,目的在于简化 E-R 图的处置。

【例 7-7】　商品是一个实体,商品编码、商品名、商品类型、条形码、进价、售价、单位、备注是商品的属性。商品类型如果没有再需要描述的性质,则作为属性对待,如图 7-15 所示。商品类型如果还有类型编号、类型名称等属性描述,就只能作为实体来对待,并与商品实体之间存在联系，如图 7-16 所示。

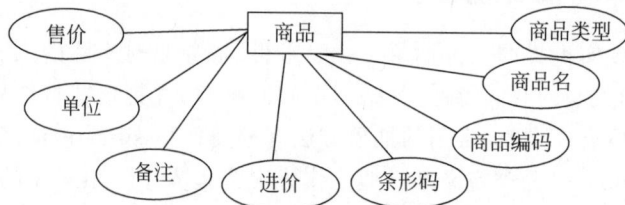

图 7-15 商品类型作为商品的属性

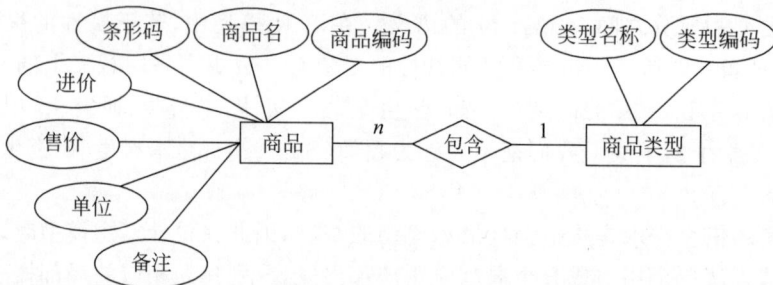

图 7-16 商品类型作为实体

下面来看一个设计分 E-R 图的例子。

【例 7-8】 对校园超市管理系统的库存管理和销售管理部分进行概念模型设计，其中，库存管理涉及仓库、仓库管理员、商品、商品类型等信息，有以下语义约束。

（1）一个仓库可以由多个管理员管理，一个仓库管理员只在一个仓库工作。

（2）一个仓库可以存放多种商品，每种商品只存放在一个仓库中，存放有存放的数量。

（3）商品在进行库存管理时，需要按类型来存放，一种商品类型可以包含多种商品，但每种商品只能属于一种商品类型。

销售管理涉及商品、学生等信息，有以下语义约束。

（1）一个学生可以购买多种商品，每种商品可以被多个学生购买，则学生和商品之间的联系就是多对多联系。

（2）学生在购买商品时只用考虑商品本身，而无须考虑商品类型。

根据上述约定，可以得到如图 7-17 所示的库存管理局部 E-R 图、如图 7-18 所示的销售管理局部 E-R 图。

7.3.5 视图集成

综合各分 E-R 图从而得到反映所有用户需求的全局概念模型的过程就是视图集成的过程。根据集成的过程不同，视图集成可分为一次集成法和逐步集成法。一次集成法由于在集成时要同时考虑所有分 E-R 图，比较复杂，难度也比较大；而逐步集成法采用逐步叠加的方式进行视图集成，因此相对比较简单，也是目前使用较多的一种方法。无论采用哪一种方法，视图集成一般都分为两步走：第一步是合并，即将各分 E-R 图合并生成初步 E-R 图；第二步是修改和重构，即消除初步 E-R 图中不必要的冗余，生成基本 E-R 图。

1. 合并分 E-R 图，生成初步 E-R 图

由于各分 E-R 图是来自于不同的用户或应用需求，不同的应用通常又由不同的设计人

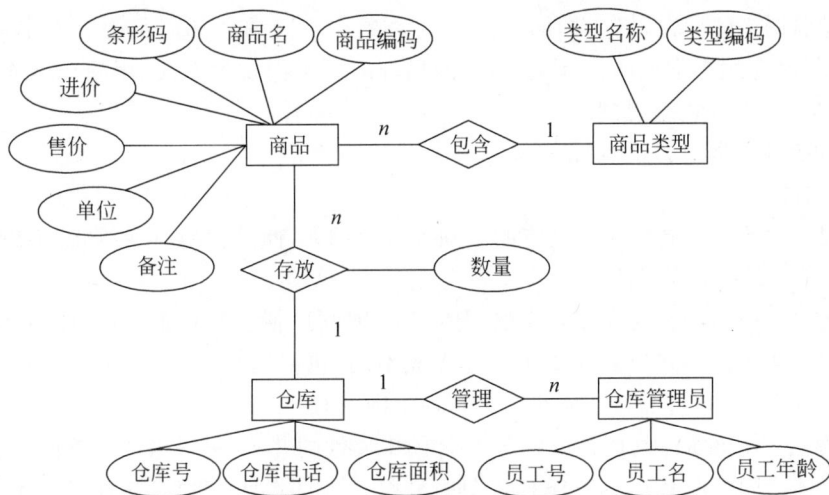

图 7-17 库存管理局部 E-R 图

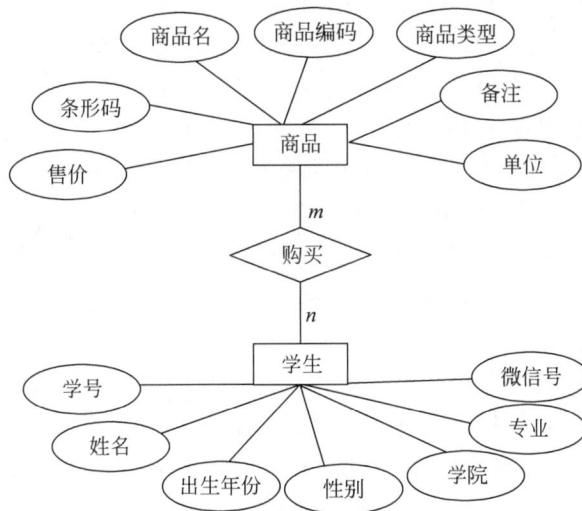

图 7-18 销售管理局部 E-R 图

员进行概念结构的设计,因此在视图集成过程中就会发现各分 E-R 图之间存在一些不一致定义甚至是矛盾的现象即冲突。各分 E-R 图之间的冲突主要有三类:属性冲突、命名冲突和结构冲突。

1)属性冲突

(1)属性域冲突,即属性值的类型、取值范围或取值集合不同。例如,商品编码在销售管理分 E-R 图设计中是以整型定义的,而在库存管理分 E-R 图中则以字符型定义。

(2)属性取值单位冲突,如同样是单价,有的以元为单位,有的以万元为单位。

属性冲突一般通过讨论协商手段加以解决。

2)命名冲突

此类冲突在属性名、实体名、联系名之间均可发生。

(1)同名异义,即不同意义的对象在不同的局部应用中具有相同的名字。例如,"单位"既可作为商品长度或重量的度量等属性,又可作为员工所在的部门。

（2）异名同义（一义多名），即同一意义的对象在不同的局部应用中具有不同的名字。例如，有的局部应用把学生叫作"学生"，有的局部应用则把学生看成"用户"，但实际上是同一实体，相应地，属性也应得到统一。

命名冲突通常通过讨论、协商等行政手段加以解决。

3）结构冲突

（1）同一对象在不同应用中具有的不同抽象。例如，商品类型，在库存管理应用中为实体，在销售管理应用中为属性。

解决方法：把属性变换为实体或把实体变换为属性，使同一对象具有相同的抽象。

（2）同一实体在不同分 E-R 图中属性组成不同，包括属性个数、次序。例如，商品实体在库存管理中具有"售价"属性，而在销售管理中则没有。

解决方法：使该实体的属性取各分 E-R 图中属性的并集，再适当调整属性的次序。

（3）实体之间的联系在不同分 E-R 图中呈现不同的类型。例如，在局部应用 A 中实体 E_1 和 E_2 是一对一联系，而在局部应用 B 中却是多对多联系。

解决方法：根据应用的语义对实体联系的类型进行综合或调整。

视图集成的目的不在于把若干分 E-R 图形式上合并为一个 E-R 图，而在于消除冲突使之成为能够被全系统中所有用户共同理解和接受的统一的概念模型。

2. 修改和重构，生成基本 E-R 图

由于初步 E-R 图来自各分 E-R 图的简单合并，各分 E-R 图所对应的局部应用间有可能存在内容叠加的现象，因此在初步 E-R 图中会存在一些冗余的数据和实体间冗余的联系。所谓冗余数据是指可由基本数据导出的数据。冗余的联系是可由其他联系导出的联系。冗余的存在容易破坏数据库的完整性，给数据库维护增加困难，应当加以消除。消除了冗余的 E-R 图称为基本 E-R 图。

消除冗余的方法主要有分析法和规范化理论方法。当然在生成基本 E-R 图时并不是所有的冗余都必须消除，有时候适当地保留冗余能够提高数据库应用程序的效率。因此，哪些冗余信息必须消除，哪些冗余信息可以保留，还应根据用户的具体应用需求加以确定。

【例 7-9】 将例 7-8 设计的分 E-R 图生成全局基本 E-R 图。

在集成例 7-8 设计的销售管理分 E-R 图和库存管理分 E-R 图时发现，在销售管理中，商品类型是作为属性，而在库存管理中是实体，出现了结构冲突的第一种情况。分析后可知，商品类型具有再需要描述的性质，因此合并后商品类型作为实体。此外，商品实体在销售管理中没有"进价"属性，而在库存管理中具有"进价"属性，出现了结构冲突的第二种情况，合并时对两个分 E-R 图商品的属性求并集。经过解决冲突以及消除冗余后得到的全局基本 E-R 图如图 7-19 所示。

7.3.6 评审

消除了所有冲突和冗余信息后，还应该把全局概念模型提交评审。评审分为用户评审与 DBA 及应用开发人员评审两部分。用户评审是让用户确认全局概念模型是否准确完整地反映了用户的信息需求和现实世界事物的属性间的固有联系；DBA 及应用开发人员评审则侧重于确认全局概念模型是否完整、各种划分是否合理、是否存在不一致，以及各种文档是否齐全等。

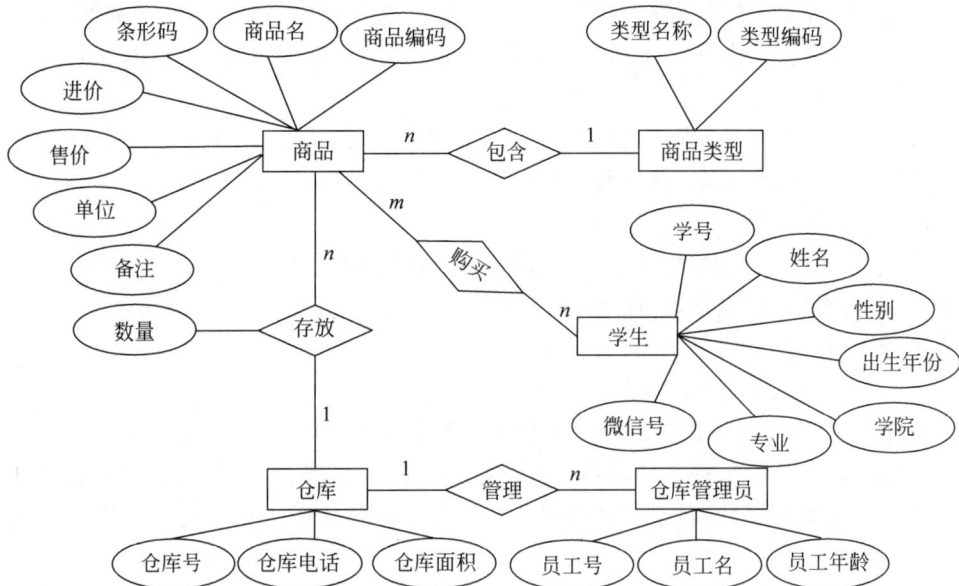

图 7-19　集成之后的全局基本 E-R 图

7.4　逻辑结构设计

概念设计的结果是得到一个与 DBMS 无关的概念模型,概念模型设计阶段的主要用途有以下两个。

(1) 让数据库设计人员不要过早地介入设计中的一些细节问题,而应把全部精力投入到数据库的全局结构和宏观规划中。

(2) 概念模型通俗易懂,便于设计人员和用户之间的充分交流。

逻辑结构设计的任务就是把概念模型转换为基于特定数据模型(选用的 DBMS 所支持的数据模型)但独立于特定 DBMS 和其他物理条件的企业信息模型的过程。这些模型在功能上、完整性和一致性约束及数据库的可扩充性等方面均应满足用户的各种需求。现行的 DBMS 一般只支持关系、网状或层次三种模型中的某一种,逻辑设计主要把概念模型转换成 DBMS 能处理的逻辑模型。因此逻辑模型设计过程分为以下三步进行。

(1) 把概念模型向一般的关系、网状、层次模型转换。

(2) 对数据模型进行优化。

(3) 设计用户子模式。

由于关系模型是目前使用最广泛的数据模型,新设计的数据库应用系统都普遍采用支持关系数据模型的 RDBMS,所以下面只讨论概念模型向关系数据模型转换的原则与方法。

7.4.1　概念模型向关系模型的转换

关系模型的逻辑结构是一组关系模式的集合。而 E-R 图则是由实体、实体的属性和实体之间的联系三个要素组成的。所以将 E-R 图转换为关系模型实际上就是要将概念设计中所得到的 E-R 图的实体和实体间的联系转换成等价的关系模式。E-R 图中实体和联系都可以转换为关系,实体的属性转换为关系的属性。这种转换一般遵循如下原则。

（1）一个实体转换为一个关系模式,实体的属性就是关系的属性,实体的码就是关系的码。

例如,图7-19中的每个实体都可以转换为如下关系模式,关系的码用下画线标注。

商品（<u>商品编码</u>,商品名,条形码,进价,售价,单位,备注）

商品类型（<u>类型编码</u>,类型名称）

学生（<u>学号</u>,姓名,性别,出生年月,学院,专业,微信号）

仓库（<u>仓库号</u>,仓库电话,仓库面积）

仓库管理员（<u>员工号</u>,员工名,员工年龄）

对于实体间的联系有以下不同的情况。

（2）一个1∶1联系可以转换为一个独立的关系模式,也可以与任意一端对应的关系模式合并。如果转换为一个独立的关系模式,则与该联系相连的各实体的码以及联系本身的属性均转换为关系的属性,每个实体的码均是该关系的候选码。如果与某一段实体的关系合并,则需要在该关系模式的属性中加入另一个关系模式的码和联系本身的属性。

7 概念模型向关系模型的转换-实体

【例7-10】 现有员工实体有员工号、员工姓名、员工性别、工资等属性,其中,员工号是员工实体的码;工资账户实体有开户行、账号、银行地址、电话等属性,其中,账号是工资账户的码;员工实体与工资账户实体之间是一对一联系,如图7-20所示。

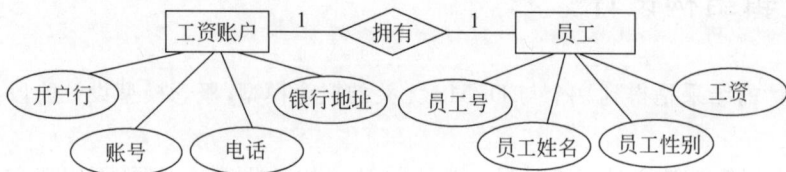

7 概念模型向关系模型的转换-联系

图7-20　员工与工资账户E-R图

① 将该1∶1联系转换为独立的关系模式如下。

拥有（<u>员工号</u>,账号）或者拥有（员工号,<u>账号</u>）

② 将该1∶1联系合并到员工端结果如下。

员工（<u>员工号</u>,员工姓名,员工性别,工资,账号）

工资账户（开户行,<u>账号</u>,电话,银行地址）

③ 将该1∶1联系合并到工资账户端结果如下。

员工（<u>员工号</u>,员工姓名,员工性别,工资）

工资账户（开户行,<u>账号</u>,电话,银行地址,员工号）

7 概念模型向关系模型的转换-其他

（3）一个1∶n联系可以转换为一个独立的关系模式,也可以与n端对应的关系模式合并。如果转换为一个独立的关系模式,则与该联系相连的各实体的码以及联系本身的属性均转换为关系的属性,而关系的码为n端实体的码。

例如,图7-19中商品和仓库之间的一对多联系如果转换为独立的关系模式,结果如下。

存放（<u>商品编码</u>,仓库号,数量）

如果与n端的关系模式合并,则结果如下。

商品（<u>商品编码</u>,商品名,条形码,进价,售价,单位,备注,数量,仓库号）

仓库（<u>仓库号</u>,仓库电话,仓库面积）

（4）一个 $m:n$ 联系转换为一个独立的关系模式，与该联系相连的各实体的码以及联系本身的属性均转换为关系的属性，各实体的码共同组成该关系模式的码。

例如，图 7-19 中学生与商品之间的多对多联系转换之后得到独立的关系模式，结果如下。

购买（商品编码，学号）

（5）三个或三个以上的实体间的一个多元联系可以转换为一个关系模式，与该多元联系相连的各实体的码以及联系本身的属性均转换为关系的属性，关系的码为诸实体码的组合。

例如，图 7-6 中厂家、产品、零件三者之间的多对多联系转换为一个独立的关系模式，结果如下。

生产（<u>厂家号，产品号，零件号</u>）

（6）具有相同码的关系模式可以合并。

按照上述原则，图 7-19 中的实体和联系可转换为下列关系模式，其中，下画线表示属性是该关系模式的码。

商品（<u>商品编码</u>，商品名，条形码，进价，售价，单位，备注，数量，类型编码，仓库号）

商品类型（<u>类型编码</u>，类型名称）

学生（<u>学号</u>，姓名，性别，出生年月，学院，专业，微信号）

仓库（<u>仓库号</u>，仓库电话，仓库面积）

仓库管理员（<u>员工号</u>，员工名，员工年龄，仓库号）

购买（<u>商品编码，学号</u>）

7.4.2　关系模型的优化

从 E-R 图转换而来的关系模式还只是逻辑模式的初步形式，而且数据库逻辑设计结果也不是唯一的。为进一步提高数据库应用系统的性能以及更方便数据的一致性处理，还应该根据实际应用的具体需求对逻辑模式进行适当的修改、调整数据模型的结构，即对逻辑数据模型进行优化处理。关系模型的优化即是对所得到的关系模式进行规范化处理，其一般步骤如下。

（1）确定数据依赖。按需求分析阶段所得到的语义，分别写出每个关系模式内部各属性间的数据依赖以及不同关系模式属性之间的数据依赖。

（2）对于各个关系模式之间的数据依赖进行极小化处理，消除冗余的联系。

（3）按照数据依赖的理论对关系模式逐一进行分析，考察是否存在部分函数依赖、传递函数依赖、多值依赖等，确定各关系模式分别属于第几范式。

（4）按照需求分析阶段得到的各种应用对数据处理的要求，分析对于这样的应用环境这些模式是否合适，确定是否要对它们进行合并或分解。但需要注意，并不是规范化程度越高的关系就越优，需要同时考虑时间效率，需要权衡响应时间和潜在问题两者的利弊。

（5）对关系模式进行必要的合并和分解。

① 对于多个关系模式具有相同的主码，并且对这些关系模式的处理主要是多关系的查询操作，则可对这些关系模式按照组合使用频率进行合并。

② 关系模式的分解可分为水平分解和垂直分解。

水平分解是把关系模式按分类查询的条件分解成几个关系模式，这样可以减少应用系统每次查询需要访问的记录次数,从而提高查询效率。

垂直分解是把关系模式中经常在一起使用的属性分解出来,形成一个子关系模式。

7.4.3　用户子模式设计

根据用户需求设计了局部应用视图,并将局部应用视图进行集成后形成了数据库应用系统的概念模型,用 E-R 图表示。在将概念模型转换为逻辑模型后,即生成了整个应用系统的模式后,还应该根据局部应用需求,结合具体 DBMS 的特点,设计用户的外模式。外模式的设计也是逻辑设计的一部分。

目前,关系数据库管理系统一般都提供了视图概念,支持用户的虚拟视图。可以利用这一功能设计更符合局部用户需要的用户外模式。

定义数据库模式主要是从系统的时间效率、空间效率、易维护等角度出发。由于用户外模式与模式是独立的,因此在定义用户外模式时应该更注重考虑用户的习惯与方便。具体包括以下几方面。

(1)使用更符合用户习惯的别名。用视图机制可以在设计用户视图时重新定义某些属性名,使其与用户习惯一致,以方便使用。

(2)针对不同级别的用户定义不同的外模式,以满足系统对安全性的要求。例如,对于关系模式商品(商品编码,商品名,条形码,进价,售价,单位,备注,数量,类型编码,仓库号),对于顾客不允许查询商品的进价、仓库号、类型、备注等属性,则可以创建一个视图商品 1(商品编码,商品名,条形码,售价,单位,数量)。通过该视图,可以防止顾客访问本不允许访问的数据,保证了系统的安全性。

(3)简化用户对系统的使用。如果某些局部应用中经常要使用某些复杂的查询,为了方便用户,可以将这些复杂查询定义为视图,用户每次只对定义好的视图进行查询,大大简化了用户的使用。

7.5　物理结构设计

从前面章节可以看到,逻辑结构设计阶段完全独立于数据库的实现细节,如目标 DBMS 的特定功能和应用程序,但依赖于目标数据模型。在完成了逻辑结构设计之后,数据库设计人员必须明确怎样将数据库的逻辑设计转换为可以使用目标 DBMS 实现的物理数据库设计。如果说逻辑数据库设计关注于"是什么",那么物理数据库设计则关注于"怎么做",数据库物理设计者必须知道计算机系统怎样处理 DBMS 操作,并需要对目标 DBMS 的功能有充分的了解。所以数据库的物理结构设计就是对于一个给定的逻辑数据模型选取一个最适合应用环境的物理结构的过程,包括存储结构、存取方法以及为实现数据高效访问而建立的索引和任何完整性约束、安全策略等。数据库的物理设计通常分为以下三步。

(1)确定数据库的物理结构,在关系数据库中主要指存取方法和存储结构。

(2)对物理结构进行评价,评价的重点是时间和空间效率。

(3)撰写物理设计说明书和相关文档。

7.5.1　确定数据库的物理结构

数据库的物理结构主要是指数据库的存储记录格式、存储记录安排和存取方法。而物理结构设计就是要对于给定的基本数据模型选取一个最合适的应用环境的物理结构的过程，完全依赖于给定的硬件环境和数据库产品。数据库物理结构设计的主要目的之一就是高效地存取数据。度量数据库存储效率的常用参数有事务吞吐量、响应时间和磁盘存储空间等。并且各参数之间是互相影响、互相制约的，如数据存储量的增加会导致响应时间的增加或事务吞吐量的减小，所以数据库设计者必须在多个影响因素之间取得平衡。物理结构设计的主要内容包括存储记录的结构设计、确定数据的存放位置、存取方法的设计、确定系统配置等。当然，不同的 DBMS 所能提供的对数据进行物理安排的手段、方法差异很大，因此设计人员必须仔细了解 DBMS 在这方面提供了什么方法，再针对具体的应用需求，对数据进行合理的安排。

1. 存储记录的结构设计

包括记录的组成、数据项的类型、长度以及逻辑记录到存储记录的映射；并且对数据项类型特征做分析，对存储记录进行格式化，决定如何进行数据压缩或代码化。确定存储记录的结构要综合考虑存取时间、存取空间和维护代价等各方面的综合因素，有时候适当的冗余能够有效提高数据查询效率，这种情况下就可以牺牲一定的磁盘空间来换取更快的查询。

2. 确定数据的存放位置

根据其属性和使用频率的不同，可将数据分为易变部分、稳定部分、存取频率高的部分和存取频率低的部分。为了提高数据库系统的性能，有必要将不同类型的数据分开存放，指定不同的存放位置。如数据库备份文件、日志文件备份等，由于只在故障恢复时使用，而且数据量很大，可以考虑放在磁带上；如果条件允许，可以将表和索引分别存放在不同的磁盘，以提高数据的查询性能。

3. 存取方法的设计

物理结构设计中最重要的一个考虑，是把存储记录在全范围内进行统一物理安排。数据库系统是多用户共享的系统，对同一个关系要建立多条存取路径才能满足多用户的多种应用要求。物理结构设计的任务之一就是要确定选择哪些存取方法，即建立哪些存取路径。数据库常用的存取方法有三类：索引存取方法、聚簇(Cluster)存取方法和 Hash 存取方法。

1) 索引存取方法的选择

索引是一种可以使 DBMS 更快地检索到文件记录，从而提高用户查询响应速度的数据结构。数据库中的索引类似于书后索引，作为与文件关联的辅助结构，检索信息时使用，通过使用索引，可以避免每次寻找信息时都顺序检索整个文件，从而提高数据库的查询效率。

所谓选择索引存取方法实际上就是根据应用要求确定对关系的哪些属性建立索引、哪些属性列建立组合索引、哪些索引要设计为唯一索引等。一般情况下，对于在查询条件和连接条件中经常出现的属性以及经常作为聚合函数的参数的属性，有必要为其建立索引。

索引对使用 DBMS 并不是必需的，但它对性能有十分重要的影响。当然关系上定义的索引数并不是越多越好，系统为维护索引要付出代价，查询索引也要付出代价。例如，若一个关系的更新频率很高，这个关系上定义的索引数不能太多。因为更新一个关系时，必须对这个关系上有关的索引做相应修改。

2）聚簇存取方法的选择

所谓聚簇就是把有关的元组集中在一个物理块内或物理上相邻的区域，以提高对某些数据的访问速度。

在聚簇存取方法中，由于将不同类型的相关联的记录分配到相同的物理区域中去，可以充分利用物理顺序性的优点，从而提高访问速度，即把经常在一起使用的记录聚簇在一起，以减少物理 I/O 次数。所以，聚簇功能可以大大提高按聚簇码进行查询的效率。例如，要查询日化用品类的所有商品，设日化用品有 500 种商品，在极端情况下，这 500 种商品所对应的数据元组分布在 500 个不同的物理块上。尽管对商品关系已按所属类型建有索引，由索引很快找到了日化用品类商品的元组标识，避免了全表扫描，然而再由元组标识去访问数据块时就要存取 500 个物理块，执行 500 次 I/O 操作。如果将同一类型的商品元组集中存放，则每读一个物理块可得到多个满足查询条件的元组，从而显著地减少了访问磁盘的次数。一般在满足下列条件时，才考虑建立聚簇。

（1）当应用中主要是通过聚簇键进行访问或连接时。

（2）对应每个聚簇键值平均元组数适当的情况。如果太少，聚簇的效益不明显，甚至浪费空间；如果太多，需采用多个连接块，同样不利于提高性能。

（3）聚簇键值应相对稳定，以减少修改聚簇键所引起的维护开销。

注意：聚簇只能提高某些应用的性能，而且建立与维护聚簇的开销是相当大的。对已有关系建立聚簇，将导致关系中元组移动其物理存储位置，并使此关系上原有的索引无效，必须重建。当一个元组的聚簇码值改变时，该元组的存储位置也要做相应移动，聚簇码值要相对稳定，以减少修改聚簇码值所引起的维护开销。

3）Hash 存取方法的选择

有些数据库管理系统提供了 Hash 存取方法。Hash 存取方法是使用散列函数根据记录的一个或多个字段的值来计算存放记录的页地址。可以按以下规则来考虑是否选择 Hash 存取方法。

如果一个关系的属性主要出现在等值连接条件中或主要出现在相等比较选择条件中，而且满足下列两个条件之一，则此关系可以选择 Hash 存取方法。

（1）如果一个关系的大小可预知，而且不变。

（2）如果关系的大小动态改变，而且数据库管理系统提供了动态 Hash 存取方法。

4. 确定系统配置

DBMS 产品一般都提供了一些系统配置变量、存储分配参数，供设计人员和 DBA 对数据库进行物理优化。初始情况下，系统都为这些变量赋予了合理的默认值。但是这些值不一定适合每一种应用环境，在进行物理设计时，需要重新对这些变量赋值，以改善系统的性能。

系统配置变量很多，例如，同时使用数据库的用户数，同时打开的数据库对象数，内存分配参数，缓冲区分配参数（使用的缓冲区长度、个数），存储分配参数，物理块的大小，物理块装填因子，时间片大小，数据库的大小，锁的数目等。这些参数值影响存取时间和存储空间的分配，在物理结构设计时就要根据应用环境确定这些参数值，以使系统性能最佳。

在物理结构设计时对系统配置变量的调整只是初步的，在系统运行时还要根据系统实际运行情况做进一步的调整，以期切实改进系统性能。

7.5.2 评价物理结构

数据库物理设计过程中需要对时间效率、空间效率、维护代价和各种用户要求进行权衡,其结果可以产生多种方案,数据库设计人员必须对这些方案进行细致的评价,从中选择一个较优的方案作为数据库的物理结构。对物理设计者来说,主要应考虑以下一些开销。

(1) 查询和响应时间。

响应时间定义为从查询开始到查询结果开始显示之间所经历的时间,包括 CPU 服务时间、CPU 队列等待时间、I/O 队列等待时间、封锁延迟时间和通信延迟时间。

一个好的应用程序设计可以减少 CPU 服务时间和 I/O 服务时间,例如,如果有效地使用数据压缩技术,选择好访问路径和合理安排记录的存储等,都可以减少服务时间。

(2) 更新事务的开销:主要包括修改索引、重写物理块或文件、写校验等方面的开销。

(3) 报告生成的开销:主要包括检索、重组、排序和结果显示方面的开销。

(4) 主存储空间开销:包括程序和数据所占有的空间的开销。一般对数据库设计者来说,可以对缓冲区分配(包括缓冲区个数和大小)做适当的调整,以减少空间开销。

(5) 辅助存储空间:分为数据块和索引块两种空间。设计者可以控制索引块的大小、装填因子、指针选择项和数据冗余度等。

评价物理数据库的方法完全依赖于所选用的 DBMS,主要是从定量估算各种方案的存储空间、存取时间和维护代价入手,对估算结果进行权衡、比较,选择出一个较优的合理的物理结构。如果该结构不符合用户需求,则需要修改设计。

7.5.3 撰写物理设计说明书和相关文档

物理设计的结果是物理设计说明书,其内容包括存储记录格式、存储记录位置分布及访问方法,能满足的操作需求,并给出对硬件和软件系统的约束。在设计过程中,效率问题的考虑只能在各种约束得到满足且确定方案可进行之后进行。

目前,随着 DBMS 功能和性能的提高,特别是在关系 DBMS 中,物理结构设计的大部分功能和性能可由 RDBMS 来承担,所以选择一个合适的 DBMS 能使数据库物理结构设计变得十分简单。

7.6 数据库的实施

在完成了数据库的物理结构设计并对数据库的物理结构设计进行初步评价后,就可以根据前面的物理设计说明书开始着手建立数据库和组织数据入库了,即数据库的实施阶段。数据库的实施主要包括以下几方面。

1. 定义数据库结构

使用所选用的 DBMS 提供的数据定义语言来严格描述数据库的结构,或者直接采用 CASE 工具根据需求分析和设计阶段的成果直接生成数据库结构,既可以直接创建数据库,又可以先生成 SQL 脚本,再用生成的 SQL 脚本创建数据库。

2. 组织数据入库

一般数据库系统中,数据量都很大,而且数据来源于部门中的各个不同的单位,数据的组织方式、结构和格式都与新设计的数据库系统有相当的差距,组织数据录入就要将各类源数据从各个局部应用中抽取出来,输入计算机,再分类转换,最后综合成符合新设计的数据库结构的形式,输入数据库。因此,这样的数据转换、组织入库的工作是相当费力费时的工作。

如果存在老系统,要入库的数据在原来的系统中的格式可能与新系统中不完全一样,有的差别可能还比较大,不仅向计算机内输入数据时发生错误,转换过程中也有可能出错。因此,在源数据入库之前要采用多种方法对它们进行检验,以防止不正确的数据入库,这部分的工作在整个数据输入子系统中是非常重要的。

3. 应用程序的调试

数据库应用程序的设计应该与数据库设计同时进行,因此,在组织数据入库的同时还要调试应用程序。有关应用程序的设计、编码和调试的方法及步骤请参考相关课程。

4. 数据库试运行

加载了一定的数据,并调试好应用程序之后,就可以开始数据库的试运行。数据库的试运行阶段还要进行联合调试,在试运行阶段主要工作如下。

1) 测试系统的功能需求

实际运行数据库应用程序,执行对数据库的各种操作,测试应用程序的功能是否满足设计要求。如果不满足,对应用程序部分则要修改、调整,直到达到设计要求为止。

2) 测试系统的性能需求

测试系统的性能指标,分析其是否达到设计目标。在对数据库的物理设计阶段评价数据库的物理性能时已经确定了一些系统的物理参数值,但设计时的考虑只是近似的估计,和实际系统运行总有一定的差距,因此必须在试运行阶段实际测量和评价系统性能指标。如果测试的结果与设计目标不符,则要返回物理结构设计阶段,重新调整物理结构,修改系统参数,某些情况下甚至要返回逻辑结构设计阶段,修改逻辑结构。

重新设计物理结构甚至逻辑结构会导致重新组织数据入库。因此,在组织数据入库时最好分期分批进行,先输入小批量数据做调试用,待试运行基本合格后,再大批量输入数据,逐步增加数据量,逐步完成运行评价。值得注意的是,在数据库试运行阶段,由于系统还不稳定,硬、软件故障随时都可能发生。而系统的操作人员对新系统还不熟悉,误操作也不可避免,因此应首先调试运行 DBMS 的恢复功能,做好数据库的转储和恢复工作。一旦故障发生,能使数据库尽快恢复,尽量减少对数据库的破坏。

7.7 数据库的运行和维护

数据库经过试运行后,如果符合设计目标,就可以投入正式运行了。这就标志着数据库设计和应用开发工作的结束和运行维护阶段的开始。本阶段的主要工作如下。

1. 数据库的转储与恢复

数据库的转储和恢复是数据库系统正式运行后最重要的维护工作之一。数据库管理员要针对不同的应用需求制订不同的转储计划,以保证一旦发生故障能尽快将数据库恢复到某种一致性状态,并尽可能减少对数据库的破坏。

2. 维护数据库的安全性和完整性

在数据库系统运行过程中,要针对应用环境的变化,及时调整安全策略;同样,数据库的完整性约束条件也会变化,也需要数据库管理员不断修正,以满足用户要求。

3. 检测并改善数据库性能

在数据库系统运行过程中,监督系统运行,分析数据库存储空间和响应时间,不断改进系统性能。

4. 数据库的重组织和重构造

数据库运行一段时间后,由于记录的不断增、删、改,会使数据库的物理存储变坏,从而降低数据库存储空间的利用率和数据的存取效率,使数据库的性能下降。这时需要数据库管理员对数据库进行重组织或部分重组织,以提高系统性能。

数据库应用环境也有可能发生变化,这将会导致实体及实体间的联系也发生相应的变化,使原有的数据库设计不能很好地满足新的需求增加新的功能,这时就需要对现有功能按用户需要进行修改或扩充,即进行数据库的重构造。

当然,如果应用变化太大,重构也无济于事,说明此数据库应用系统的生命周期已经结束,应该设计新的数据库应用系统了。

小结

设计一个数据库应用系统需要经历需求分析、概念结构设计、逻辑结构设计、物理结构设计、数据库的实施、数据库运行与维护六个阶段,设计过程中往往还会有许多反复。

数据库的各级模式正是在这样一个设计过程中逐步形成的。需求分析阶段综合各个用户的应用需求(现实世界的需求),在概念结构设计阶段形成独立于机器特点、独立于各个DBMS产品的概念模式(信息世界模型),用 E-R 图来描述。在逻辑设计阶段将 E-R 图转换为具体的数据库产品支持的数据模型如关系模型,形成数据库逻辑模式。然后根据用户处理的要求和安全性的考虑,在基本表的基础上再建立必要的视图(View)形成数据的外模式。在物理设计阶段根据 DBMS 特点和处理的需要,进行物理存储安排,设计索引,形成数据库内模式。

为加快数据库设计速度,目前很多 DBMS 都提供了一些辅助工具(CASE 工具),设计人员可根据需要选用。例如,需求分析完成之后,设计人员可以使用 PowerDesigner 对业务处理进行建模,设计概念模型,将概念模型转换为关系数据模型,最终生成物理数据库。但是利用 CASE 工具生成的仅仅是数据库应用系统的一个雏形,比较粗糙,数据库设计人员需要根据用户的应用需求进一步修改该雏形,使之成为一个完善的系统。

习题

一、单项选择题

1. 数据字典中,描述数据结构停留和存储位置的是(　　)。

    A. 数据项   B. 数据存储

    C. 数据流   D. 处理过程

2. 反映了数据之间的组合关系的是(　　)。

    A. 数据项   B. 数据结构   C. 数据流   D. 数据存储

3. 在学校里,教师和学生两个实体之间的联系是(　　)。

    A. 一对一   B. 一对多   C. 多对多   D. 多对一

4. 首先定义局部应用的概念结构,然后将它们集成起来,这是概念结构设计的(　　)方法。

    A. 自顶向下   B. 自底向上

    C. 逐步扩张   D. 混合策略

5. 概念设计中,首先定义最重要的核心概念结构,然后向外扩充,直至总体概念结构的方法是属于(　　)的方法。

    A. 混合策略   B. 逐步扩张

    C. 自顶向下   D. 自底向上

6. 在合并分 E-R 图中,实体间的联系在不同的分 E-R 图中为不同的类型,这属于(　　)。

    A. 属性冲突   B. 联系冲突

    C. 命名冲突   D. 结构冲突

7. 有的部门把零件号定义为整数,有的部门把它定义为字符型,这属于(　　)。

    A. 同名异义   B. 异名同义

    C. 属性值单位冲突   D. 属性域冲突

8. 以下冲突中,属于属性冲突的是(　　)。

    A. 零件重量有的以千克为单位,有的以斤为单位

    B. 科研处把项目称为课题,生产管理处把项目称为工程

    C. 职工在某一局部应用中被当作实体,而在另一局部应用中被当作属性

    D. 实体间联系在不同分 E-R 图中为不同类型

9. 下面有关 E-R 模型向关系模型转换的叙述中,不正确的是(　　)。

    A. 一个实体转换为一个关系模式

    B. 一个 $1:1$ 联系可以转换为一个独立的关系模式,也可以与联系的任意一端实体所对应的关系模式合并

    C. 一个 $1:n$ 联系可以转换为一个独立的关系模式,也可以与联系的任意一端实体所对应的关系模式合并

    D. 一个 $m:n$ 联系转换为一个关系模式

10. 下列说法中正确的是(　　)。

    A. 聚簇索引可以加快查询速度,因此在进行数据库物理设计时,要尽量多建聚簇索引

    B. 如果一个属性经常在查询条件中出现,则考虑这个属性上建立索引

    C. 聚簇索引可以建立多个

    D. 索引技术主要解决数据量大的问题

二、简答题

1. 试述数据库设计的基本步骤。

2. 简述数据库设计的特点。

3. 需求分析阶段的任务和目标是什么？如何调查客户需求？

4. 什么是数据字典？数据字典包含哪几个部分？

5. 什么是数据库的概念结构？简述其设计策略。

6. 简述数据库概念结构设计的重要性及其步骤。

7. 什么是数据库的逻辑结构设计？简述其设计步骤。

8. 试述将 E-R 模型转换为关系模型的一般规则。

9. 简述数据库物理设计的内容和步骤。

10. 数据库实施阶段的内容包含哪几方面？

11. 数据库的运行维护主要包含哪些工作？

三、综合题

1. 某公司的药品销售中，一个审核员可以审核多张订单，一张订单只能由一个审核员审；一张订单包含多个订单条目，也可以订购多种药品；每个订单条目可以包含于多个订单中；每种药品可以由多张订单订购，订购包括订购时间和订购数量。用 E-R 图画出此概念模型。

2. 设某汽车运输公司数据库中有三个实体集。

一是"车队"实体集，属性有车队号、车队名等。

二是"车辆"实体集，属性有牌照号、厂家、出厂日期等。

三是"司机"实体集，属性有司机编号、姓名、电话等。

其中，车队与司机之间存在"聘用"联系，每个车队可聘用若干司机，但每个司机只能应聘于一个车队，车队聘用司机有"聘用开始时间"和"聘期"两个属性。

车队与车辆之间存在"拥有"联系，每个车队可拥有若干车辆，但每辆车只能属于一个车队。

司机与车辆之间存在着"使用"联系，司机使用车辆有"使用日期"和"千米数"两个属性，每个司机可使用多辆汽车，每辆汽车可被多个司机使用。

(1) 画出相应的 E-R 图。

(2) 将该 E-R 图转换为关系模型，并注明每个关系的主码、外码。

3. 现有某企业销售部门签订的销售合同如表 7-1 所示及部分样本数据。

表 7-1　销售合同表

合同号 CNO	产品号 PNO	产品名 PNAME	单价 PRICE	数量 OTY	供货日期 DATE	购买单位 DNAME
C1	P1	BOLT	0.30	1500	2013.12	NA1
	P2	NUT	0.80	500		
C2	P1	BOLT	0.30	800	2013.03	NA2
	P3	CAM	25	350		
	P5	GEAR	31	175		
C3	P4	AMM	20	2000	2013.04	NA3
C4	P3	CAM	25	500	2013.08	NA1

根据以上信息，完成以下问题。

（1）用 E-R 图表示该问题的概念模型。

（2）将 E-R 图转换为关系模式，并标明每个关系模式的主码和外码。

4. 某课程管理系统涉及如下实体：学生实体，包含学号、姓名、性别、年龄；课程实体，包含课程号、课程名、学分；教师实体，包含教师号、教师名、职称。

有如下语义：一个学生可以选修多门课程，每门课程可由多个学生选修，选修会获得一个成绩；学生选修每门课都有对应教师指导；一个教师可以讲授多门课程，每门课程可由多个教师讲授。

根据以上描述完成以下题目。

（1）分别设计学生选课和教师授课的两个分 E-R 图。

（2）根据概念结构设计方法，将以上分 E-R 图集成为总 E-R 图。

（3）将此总 E-R 图转换为关系模式，并标明每个关系模式的主码和外码。

第 8 章

数据库设计案例——校园超市管理系统

8.1 背景分析

  超市是现在最为常见的一种实体零售业态,与其他实体类零售业态相比,超市的销售额增速仅次于购物中心,比百货店、专业店要高出许多。超市进入校园也已经是很久之前的事了,超市是高校里面学生和老师获取基本生活物品的重要来源,同时也是现在人们生活中商品的主要来源之一。校园超市作为校园环境内重要的商品交易场所,也同时为学生和老师提供诸多的方便。但是校园学生的活动存在一定的规律性,如下课期间人多、上课期间超市相对光顾的人少,如何提高超市的线下支付效率是目前很多小型超市面临的问题。通过对校园超市管理系统的信息化升级,可以在一定程度上提高超市商品的管理效率,以及提高商品交易时的支付效率。

  21 世纪,超市的竞争也进入了一个全新的阶段,竞争已不再是规模的竞争,而是技术的竞争、管理的竞争、人才的竞争。技术的提升和管理的升级是连锁超市业的竞争核心。零售领域目前呈多元发展趋势,多种业态,如超市、仓储店、便利店、特许加盟店、专卖店、货仓等并存。如何在激烈的竞争中扩大销售额、降低经营成本、扩大经营规模,成为超市努力追求的目标。

  随着社会经济的发展,大学校园设施和建设不断完善,校园用户的生活需求增长,校园超市如今随处可见且业绩蒸蒸日上。目前,一个大学校区内往往有多个超市。这些超市都本着"情系教育,服务师生"的经营理念,以校园后勤服务为依托,以确保师生身心健康为前提,以现代商业管理现代化为手段,实行现代超市管理模式经营。为何如今校园超市发展速度如此之快? 期间到底有哪些有利因素和不利因素? 接下来将从 SWOT 角度分析校园超市的发展。SWOT 分析是目前战略管理与规划领域中广泛使用的分析工具,其中的 S 指的是优势(Strength),W 指的是弱点(Weakness),O 指的是机会或者机遇(Opportunity),T 指的是威胁(Threat)。通过分析,作者给出有关校园超市内外环境、问题的有效信息,清晰地展示出现有情况下校园超市的优势与不足,并激励组织调动其优势,从而最大限度地利用机会,规避风险。

1. 优势

1) 良好的地理环境

  校园超市地处学校内部,客源充足,客流量稳定。校园超市一般地理位置优越,位于每天学生来往学校食堂的必经之路,如此,学生会顺便在超市买东西。或者超市会分布在女生宿舍和男生宿舍楼下,这是学生每天回宿舍的必经之路。按几千名学生进进出出的人次来算，数量是相当惊人的，其利润也是相当惊人的。

2）美观整洁的内部环境

"佛要金装，人要衣装"。一个人衣着整齐会看起来精神饱满，令人赏心悦目。平时我们去学校超市买东西，会发现学校超市的内部环境、整体布局还是比较美观整齐的，货架上的货物摆放整齐、有条不紊，具有一定的规律性。区域划分明确，分类清楚，进入超市就算没有导购员的指导，依然能很快找到所需的商品。此外，超市内部墙壁的装潢也很别致，以黄色为主的超市看起来很亮丽、很独特；以粉色为主的超市很符合女生的风格，处在女生楼下也比较吸引女生，看起来很温馨；以蓝色为主的超市处在男生宿舍楼下，很符合男生风格，看起来很沉稳。一句话，学校超市的内部环境可以给人带来视觉上的冲击、精神上的享受。

3）庞大的消费市场

校园超市的主要消费群体是学生，学生群体虽然没有收入，但学生一般有一定的生活费，其消费能力是不容忽视的。首先，大学生总是偏于就近原则，为了方便，学生一般都在学校里买各种生活用品，需要什么买什么。其次，大学生这个年龄段对于零食的需求虽然无法与中小学生相比，但也是不容忽视的，而且他们对零食的口感、包装等的要求也很高，所以他们往往会选择一些价格贵且好吃的零食，这无形中会提高他们的消费水平，同时也增加超市的收入。此外，校园超市还有教师和家属作为小部分的消费群体，他们的消费水平虽然不能跟占据数量优势的学生相比，但也可起到一定作用。

2. 劣势

1）缺乏高水平的形象管理人员

走进学校的超市我们都会有这样一个疑惑：超市的营业人员没有校外的超市统一着装，而且大多数营业人员是校内的学生兼职，他们没有经过专业的培训，管理上也有欠缺。如果在超市购买高峰期，他们就会显得手忙脚乱，效率低下，有时排了很久的队才可以付账离开，无形中情绪便会消极，服务态度也变得僵硬了。

2）商品结构和价格不合理

此外，在超市购物，总会遇到这样的事，商品在货架上的标价跟在柜台上实际的付款价格不等，而营业人员总会以很"充分"的理由解释。部分商品价格过高，如零食一类，价格比校外超市贵 0.5 元到 1 元不等。商品结构不合理主要体现在商品的份额上，如日化商品占超市营业额的比重较小，但是其占用面积却很多。

3）拒绝使用校园一卡通付款

在校园超市买东西的另一个不便就是不能使用校园一卡通消费，如果平时不带现金只带一卡通就没有办法在超市购物；如果只收现金，人多时营业员就会显得很忙乱，而且超市买东西总要多找零钱，如果使用一卡通就不会很麻烦。

4）缺乏长久经营的理念

当今的学校超市面临着另一个严重问题：由于价格贵给大多数学生心理上带来阴影。现今的校园超市虽然占据着有利的地理环境，却丢失了人和，好景是不会长的。如果校园超市的利润之高令人驻足，不出意外的话，以后校园就会增加更多的超市、小卖部，这样学生完全可以货比三家，这样即使地理环境再好，只要是对钱有概念的人都不会再去以前的超市购物了，这是一个可怕的潜在危机。

3. 机遇

1）会员积分制

在诸如沃尔玛、家乐福这样的大超市付账时,营业员总会问类似这样的问题:请问有会员卡吗?多少积分可以换某种礼品;如果有会员卡的话这个产品可以打八折。有了会员卡,顾客在购买商品时就会有一种买赚了的心理。现在校园超市都没有实现会员积分制,如果有了这个制度,学生在买东西时就算价格没有减少很多,有会员卡积分换礼品总还是会起到吸引回头客的作用的。

2）假日折扣活动

可以在清明、五一、端午、十一小长假期间推出一系列折扣活动,毕竟小长假也还是有很多同学在校园里不回家,这时可趁机推出折扣活动,吸引更多同学,换回人缘、客源,博得广大同学认可,毕竟口碑的作用也是不可小觑的。

3）提高管理水平

校园超市的老板可以加强对营业员营业能力的培训,通过专项资金进行营业培训,提高职业道德素质,聘请专职人员,而不能为了贪图工资便宜,而雇用太多的兼职学生。只有营业员的营业态度提高了,学生的满意度才会提高,切勿对顾客感到厌烦或者情绪化。

4）实现一卡通消费制

校园不比校外复杂,校园里更多的消费者是学生,学生每个人都会有一卡通,如果每个超市都可以实现一卡通消费,那么学生在购买东西时就会比较便利,同时也可以提高营业员的效率,不用再为找零钱或者数钱而耽误时间。

4. 威胁

1）竞争者众多

随着社会经济的发展,目前学校周边已经有很多的商店、超市,例如好又多超市、多多超市、华容超市、天外天超市等,这些超市的规模不但比校园超市大,而且商品种类多,可选择的机会也比较多,部分商品在价格上也比校内超市便宜0.5元到1元不等。相比之下,如果时间允许,学生更愿意到校外超市购物。此外,校内的超市也逐年增多,校内超市之间的竞争也渐渐加大。

2）超市自身不利因素

校园超市处在学校里面,虽然有着丰厚稳定的利润,但是其租金和相关业务费也比校外超市贵。学校超市面积小,规模不大,商品种类不齐全,如生活用品就相对较少,无法满足大多数学生的购物需求。部分商品价格不合理。

3）消费人群单一

虽然校内超市有学生作为稳定的消费人群,但从另一方面来说,仅有学生这一消费人群就太单一了,校外超市的消费人群众多,对于不同商品的需求就会增多;而学生在一定程度上对于消费品的要求不是很多,学生在日常生活中对于商品的需求大多是零食而已,而校外人群的需求范围就广了,衣食住行不等。

5. SWOT 分析结果

优势 VS 机遇:加强对营业人员的专业培训,提高营业人员的服务态度,进而提高管理水平。进一步美化内部环境。充分利用地理位置的优越性,向大中型超市发展。利用会员卡积分和一卡通消费在节假日进行促销折扣,以积分换礼品。

优势 VS 威胁：增加商品种类，扩大消费人群，随着商品种类的增多，越来越多的教师和教师家属便会渐渐在校内超市驻足，渐渐扩大超市的市场份额。适当实行减价策略，争取与校外超市做到同质同价。

劣势 VS 机遇：尽快与学院领导协商解决校园一卡通进驻超市，更早实现，更好保证找零无失误；内部调整商品价格不明确问题，减少洗化类商品的摆放，调整商品结构；在超市楼下和各个宿舍楼前建立宣传栏，张贴每日促销活动，并适当协商在各个楼下建立小的促销点，在学生闲暇时段进行销售。

劣势 VS 威胁：仅针对日化用品这一项来说，调整货源，提高产品质量，同时在学生中调查最喜爱的洗化品牌是什么。针对调查结果调整商品。购物尽快实现校园一卡通以方便学生。吃饭时段将面包、饼干、奶制品适量放到各个宿舍楼下建立小的促销点，以解决学生赶时间问题等购物不便利的缺陷。

8.2 需求分析

8.2.1 校园超市现状

校园超市的发展必须要解决以下问题。

（1）物流管理方式落后，很难根据销售、库存情况及时进行配货、补货、退货、调拨。

经过调查发现，校园超市在物流管理方面，仍使用传统的人工管理模式，浪费人力资源，效率低，准确率低。有些商品紧缺，学生们要排队购买或商品供不应求，特别是在有限的课间时间，使学生大为不满。还有一些商品，长期积压，损坏严重，造成重大经济损失，引起销售人员的极大不满，已多次向校园超市的管理人员反映，但此类问题仍屡屡发生，得不到根本性的解决。

连锁超市是以零售为前导，以商品进销、存配、流转管理为基础。一个大型超市，它的物流管理势必非常复杂，如果没有一个强大的信息系统来支持，那么就会造成一部分商品大量积压，而另一些商品供不应求的局面，这种局面必然会给超市带来巨大的经济损失。有些超市为了避免这样的情况发生，就会对物流管理投入大量的人力。虽然这样解决了物流方面的问题，但是这又有悖于管理学的原则，效率低，浪费了人力资源，解决不了根本性的问题。

通过 Internet 加强超市与供货商之间的信息连接，可帮助超市完成物流管理。经过以上分析，本系统必须具有以下功能。

① 销售人员可以通过系统将销售量、库存量报告给经理。

② 顾客可通过系统传达需求量信息。

③ 经理通过系统可以查询到销售、库存、需求的信息。

④ 系统通过网络与供货商传递价格、需求量等信息。

⑤ 系统可以做信息分析。

⑥ 经理查询数据分析，并做出决策。

（2）学生顾客难与超市互动，使购物效率大大降低。

顾客购物，最想了解的就是商品的价格和质量。而在超市里面，销售人员数量很少，顾客无法询问到商品的优缺点，不能就商品的价格和质量进行对比，这样就降低了顾客的购买欲。还有,很多顾客对超市货物摆放的位置不了解,常常会因为要去找某个商品而耽误大量时间,给顾客购物造成了很大的不便。还有在购物高峰期,经常出现收费台收费速度跟不上,造成学生缴费时拥挤不堪,排很长的队伍。校园超市应有会员服务,对会员的管理也是一个复杂的问题。经过调查,校园超市由于规模较大,上述这些问题都存在,且比较严重。经过分析,超市应该能够支持如下操作。

① 学生可从导购台上通过触摸屏查询到超市介绍、营业区分布、商品购买指南,声文并茂地获得所需的信息,查询信息内容可定制。

② 通过安装条码扫描仪,顾客可从查询机上查到商品价格、有关商品证书等,通过输入密码,超收工作人员可以进行盘货,核对价格。

③ 支持多种收款方式: 顾客交款、营业员交款。

④ 支持会员制折扣卡销售,可以采用严格会员制或自由会员制。

⑤ 记录学生信息、累计学生消费金额等功能。

⑥ 支持多种促销方式: 折扣、折让、VIP 优惠卡、赠送。

⑦ 允许退货及错误更正。

⑧ 收款员非常规操作记录,有助于减少财务损失,方便汇总打印各种营业报表。

⑨ 前台交易开单、收款、退货、会员卡、折扣和优惠等。

⑩ 下载后台资料和将清款后的业务数据上传后台。

⑪ 完成前台交易中的扫描条码或输入商品编码、收款、打印收据、弹出银箱等一系列操作。

(3) 财务、账务管理混乱,透明度低。

超市财务管理一直都存在一些问题。

① 财务人员工作量大,存在大量的报表,如日报表有收款员明细日报表、收银员部门日报表、收款机明细日报表、收款机部门日报表、营业员明细日报表、大类时段分析表、日商品实时明细表、日商品销售排名表、供应商日销售明细、日商品优惠明细表、日商品退货表;月报表有月度分类统计表、月商品销售排名表、月商品优惠统计表、月商品退货统计表;账务有商品账、柜组账、部门账、客户账。

② 财务管理不透明。

因此,系统需要能够支持:

① 报表、账务、进货退货表可自动运行,减少系统管理员的工作量。

② 可及时发现计算机系统或人为造成的错误。

③ 生成监测报告通知系统管理员。

(4) 系统存在安全问题。

信息系统尽管功能强大、技术先进,但由于受到自身体系结构、设计思路以及运行机制等限制,也隐含许多不安全因素。常见因素有数据的输入与输出,存取与备份,源程序以及应用软件、数据库、操作系统等漏洞或缺陷,硬件、通信部分的漏洞,超市内部人员的因素,病毒,"黑客"等因素。因此,为使本系统能够真正安全、可靠、稳定地工作,必须考虑如下问题。

① 为保证安全,不致使系统遭到意外事故的损害,系统应该能防止火、盗或其他形式的人为破坏。

② 系统要能重建。

③ 系统应该是可审查的。

④ 系统应能进行有效控制，抗干扰能力强。

⑤ 系统使用者的使用权限是可识别的。

8.2.2 业务需求及分析

超市的基本工作流程如下：首先超市有专人进行定期采购商品，或者根据超市库存量进行采购，还有一种方式就是由供应商定期进行供货。商品采购回来后，需要对采购商品进行基本的审核、分装及入库处理。商品入库后，才能够将商品上架。商品上架后，顾客将所需商品选中后，到超市前台收银柜台进行结账支付。另外，超市管理人员定期要对超市里面的商品进行盘点、清理。

超市管理员要定期对商品的类型进行整理或添加，因为为了迎合顾客需求，超市可能随时对商品种类进行调整，这时就需要对超市的基本信息进行管理，先有库存管理人员对仓库商品数量进行管理，并对库存量达到警戒的商品进行采购提示，然后由采购人员根据相应周期和超市对接的供应商采购进行需求沟通，并制订采购计划，审核通过后就进行商品采购，同时在商品的基本维护中还包括如下基本功能：对商品类别、商品计量单位等进行维护。

基本采购流程如图 8-1 所示。

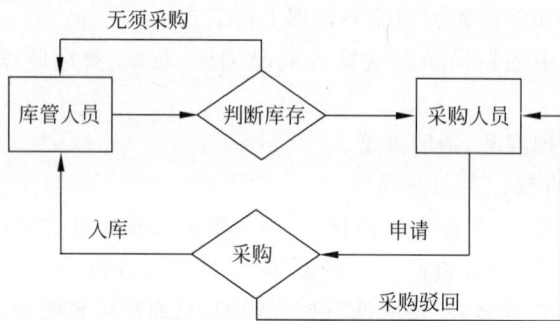

图 8-1　基本采购流程

同时，商品上架销售的过程中除了基本销售之外，还要对库存进行日常基本的盘点。库管人员需要周期性地对库存情况进行盘点，从而获取仓库的实际情况，对仓库的商品进行补仓、补货。库存盘点流程图如图 8-2 所示。

图 8-2　库存盘点流程图

顾客从货架上挑选自己所需要的商品，然后将所选取的商品由销售人员通过扫码设备对商品进行扫码询价，设备自动对所购商品进行价格合计，最后顾客根据合计金额进行结算，销售结算流程图如图 8-3 所示。

8.2.3 数据需求及分析

在校园超市管理系统中，结合业务需求，需要对超市中整体系统进行数据需求的分析调研。校园超市主要的数据与普通超市的数据需求类似，首先是商品的基本信息、商品的销售

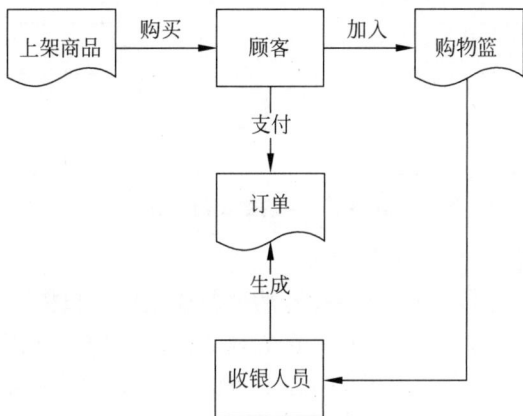

图 8-3　销售结算流程图

信息，围绕这两个关键信息，超市还需要进行外围信息的准备和维护。

数据需求分析可以用数据流程图来描述，数据流程图的图例如图 8-4 所示。

外部实体　　　数据流　　　　逻辑处理　　　　数据存储

图 8-4　数据流程图的图例

外部实体：指系统以外，又和系统有联系的人或事物，它说明了数据的外部来源和去处，属于系统的外部和系统的界面。外部实体中支持系统数据输入的实体称为源点，支持系统数据输出的实体称为终点。

数据流：一组顺序、大量、快速、连续到达的数据序列。一般情况下，数据流可被视为一个随时间延续而无限增长的动态数据集合。

逻辑处理：一个实体单元为了向另一个实体单元提供服务，应该具备的规则与流程和处理方式。

数据存储：数据流在加工过程中产生的临时文件或加工过程中需要查找的信息。数据以某种格式记录在计算机内部或外部存储介质上。

1．库房盘点数据流

超市的库房管理人员，会定期对超市仓库和货架上的货品进行清点。首先库管员手上应该先拿有超市的商品名录或系统自动导出的商品清单数据，然后进行商品盘点，最后得到实时的商品盘点数据，如图 8-5 所示。

图 8-5　库存盘点数据流程图

2．商品采购数据流

通过上述流程获取商品的实时库存情况，采购人员根据实时的库存数据和事先制定好的库存采购标准，进行采购清单的编写，如图 8-6 所示。

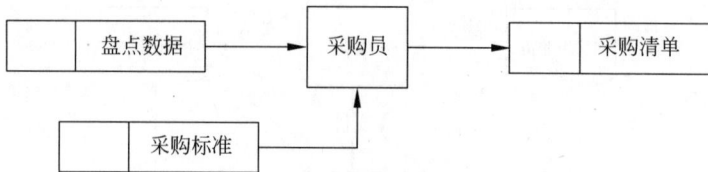

图 8-6　采购数据流程图

3. 商品销售数据流

顾客进入超市后,选择自己所需的商品,然后前往收银台扫描条形码,寻价并结算,收银员在结算商品的同时会对库存商品进行库存数量的修改,并产生顾客消费的消费清单,后台记录下销售记录为后续的查询统计积累基础业务数据,如图 8-7 所示。

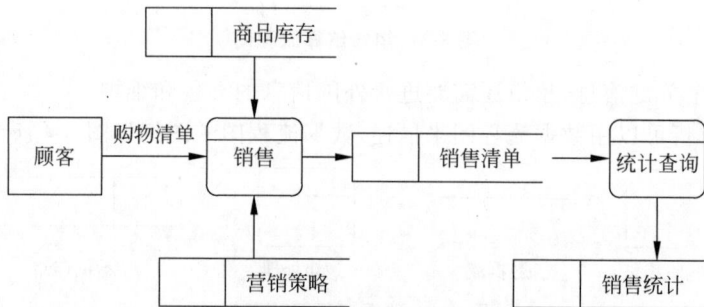

图 8-7　超市销售流程图

8.2.4　利用 BPM 对业务及数据需求建模

BPM(Business Process Model,业务处理模型)帮助识别、描述和分解业务流程,可以分析不同层级的系统,关注控制流(执行顺序)或数据流(数据交换)。BPM 是 PowerDesigner 建模工具的核心模块之一。表 8-1 列出了 BPM 模型中的主要图例,下面用 BPM 来表达需求分析。

表 8-1　BPM 中的主要图例

对　象	工具图标	说　明
Process	⬭	处理过程
Flow(Resource Flow)	→	连接过程、起点、终点的流程(连接资源的流程)
Start	●	流程中的起点
End	◉	流程中的终点
Decision	◇	当流程中存在多个路径时的选项
Message	▱	定义过程之间数据的交互
Resource	▤	资源

1. 库房盘点 BPM 图

超市的库房管理人员(简称库管员)在该业务流程开始,会根据目前现有的商品清单,对仓库内的商品进行清点。首先库管员手上应该拿有超市的商品名录或系统自动导出的商品清单数据,然后进行商品盘点,最后得到实时的商品盘点数据,如图 8-8 所示。

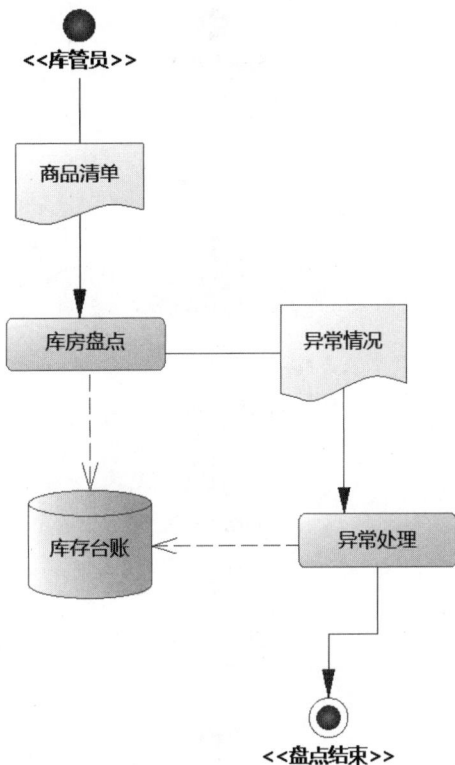

图 8-8 库房盘点 BPM 图

2. 商品采购 BPM 图

通过对校园超市的实际调查分析,了解到校园超市的商品入库管理主要有以下两项管理功能。

(1)入库审核:采购员提交入库单,库管员负责对商品入库单进行审核,检查入库单填写是否符合要求,产品实际入库数量和金额与入库单上填写的数据是否一致。不合格的入库单返回采购人员,合格的单据转给库管员登记库存台账。

(2)登记库存台账:库管员依据合格的入库单登记商品入库台账,记录每一笔入库业务。

校园超市商品采购 BPM 图如图 8-9 所示。

3. 商品销售 BPM 图

商品销售是超市非常重要的一个环节,学生顾客进入超市后,选择自己所需的商品,然后前往收银台扫描条形码,寻价并结算,收银员在结算商品的同时会对库存商品进行库存数量的修改,并产生顾客消费的消费清单,后台记录下销售记录为后续的查询统计积累基础业务数据,如图 8-10 所示。

8.2.5 功能需求及分析

为了满足超市管理系统的需要,以及上述业务需求和数据流需求,将目前超市的用户角色分为收银员、采购员、库管员、超市管理员。根据这个角色分配得到如下的角色功能分配结构图。

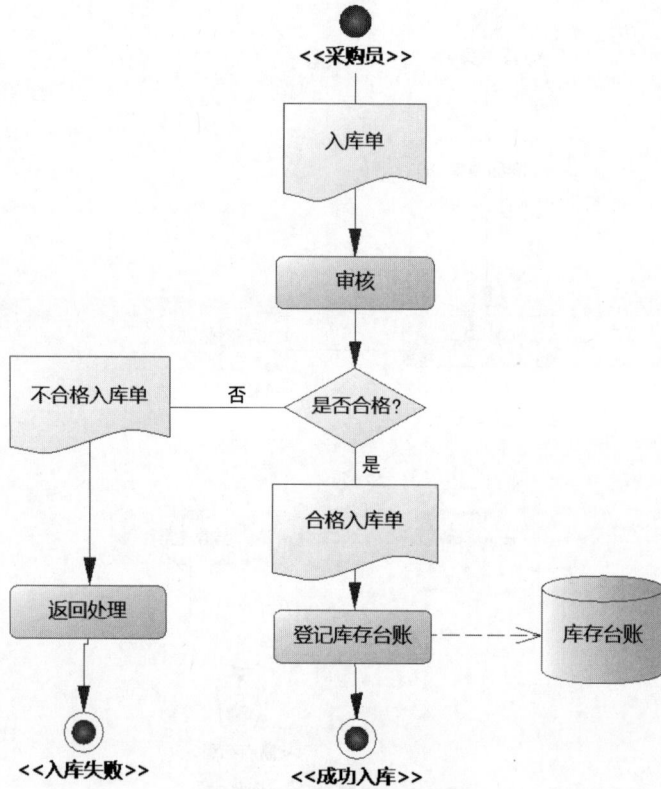

图 8-9　商品采购 BPM 图

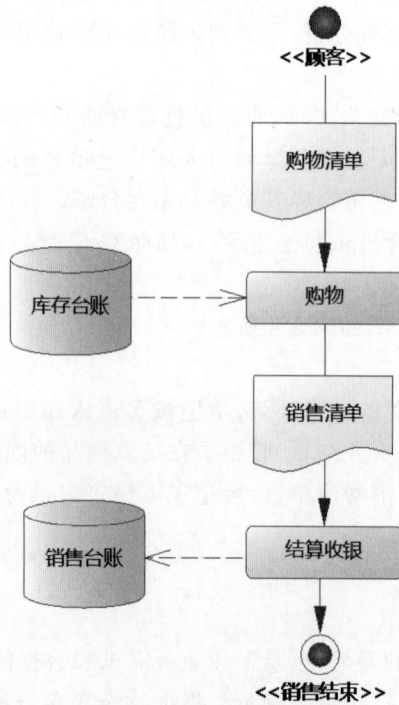

图 8-10　商品销售 BPM 图

（1）采购员的功能分配：库存查询、采购计划、供应商管理、入库申请，如图 8-11 所示。

库存查询主要是采购人员可以自行对库存的商品情况进行实时的查询，以便了解商品的库存情况从而作为采购计划编制的重要参考。

采购计划主要是采购人员对库存商品中存量有亏缺的商品进行采购申请，采购申请中商品供应商必须为系统内部的供应商。

供应商管理主要是系统要对超市所需商品的供应商进行系统管理，这里也涉及超市与这些供应商之间的协议内容。

入库申请主要是采购员在采购计划实施后，要对采购的商品进行编码入库。

（2）收银员的功能分配：商品收银、商品查询、销售查询、个人销售统计，如图 8-12 所示。

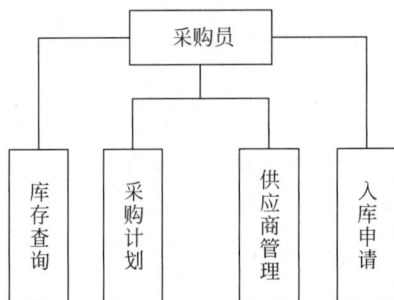

图 8-11　采购员的功能分配结构图　　　　图 8-12　收银员的功能分配结构图

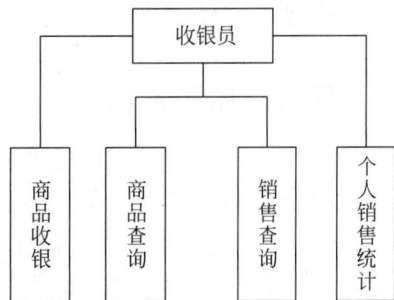

商品收银主要是对顾客需要购买的商品进行收银结算，在收银过程中需要对商品的数量和商品进行快速的修改。

商品查询主要是对超市的商品进行快速的、多条件的查询，从而了解商品的基本信息。

销售查询主要是对顾客的销售情况进行多维的查询。

个人销售统计主要是收银员可以对个人在值班期间的收银情况进行查询，从而对每个收银员的当日或周期内容的工作量进行统计查询。

（3）库管员的功能分配：商品查询、库存盘点、库存结算、采购申请，如图 8-13 所示。

商品查询的功能与采购员的商品查询功能类似。

库存盘点主要是库管员获取库存的商品基本清单，同时结合上一周期的商品盘点情况对当下库存的商品情况进行数量以及商品的基本实物情况进行检查盘点，从而获取到商品的最新的属性信息。

库存结算主要是在库存盘点功能得到商品盘点情况后，对商品数量有异常的情况进行真实的商品数据更新。

图 8-13　库管员的功能分配结构图

采购申请主要是在盘点之后对亏缺商品进行采购需求的申请。

（4）超市管理员的功能分配：用户管理、商品查询、销售统计、库存查询，如图 8-14 所示。

用户管理主要是对系统登录的用户以及系统角色进行管理，并且可以对用户的个人信

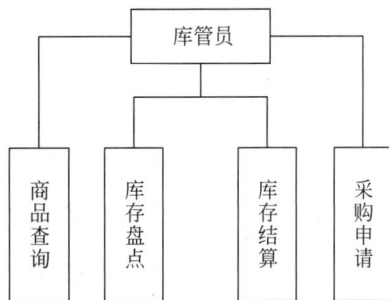

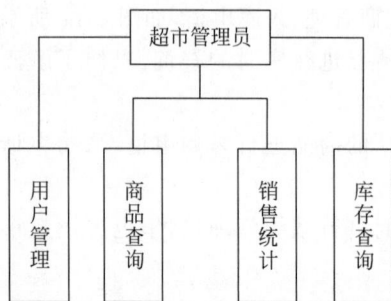

图 8-14　超市管理员的功能分配结构图

息和密码进行基本维护。

商品查询与上述的商品查询功能相同。

销售统计主要是从收银员和商品两个大维度对销售情况进行交叉的查询统计，从而获得如日销售统计、月销售统计、收银员销售统计、某类或某种商品的销售统计等综合性的信息。

库存查询主要是对超市的库存情况进行查询，特别是商品的数量、批次、批次价格、采购价格、上架情况。

8.3　概念结构设计

8.3.1　确定实体和属性

根据前面对超市管理系统的需求分析、数据需求分析以及功能需求分析，系统主要围绕超市的商品管理以及顾客进行消费为主要业务核心，确认如下实体。

实体：商品实体、学生实体、销售单实体、销售清单实体、批次实体、批次明细实体、用户实体、用户类型实体。其中，用下画线标注了实体的码。

商品实体：商品编码、商品名称、条形码、进价、售价、数量、单位、备注。

商品类别实体：类别代码、类别名称。

这两个实体如图 8-15 所示。

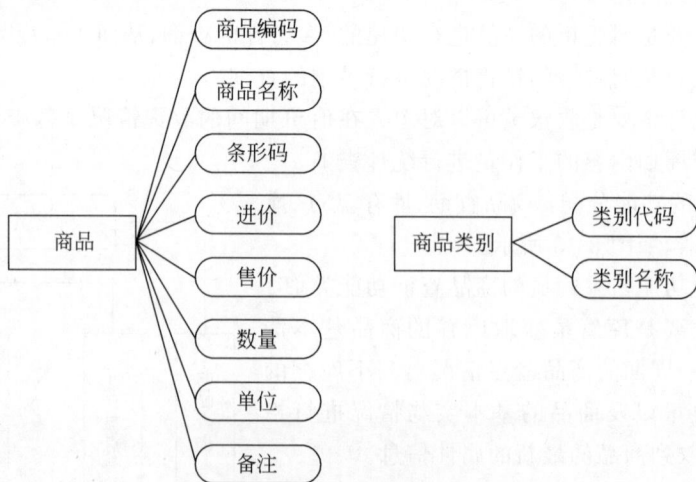

图 8-15　商品实体、商品类别实体

学生实体：学号、姓名、密码、手机号、积分，如图 8-16 所示。

销售单实体：销售单号、销售日期、收银员、折扣率、结算金额，如图 8-17 所示。

销售清单实体：清单号、商品编码、数量、售价，如图 8-18 所示。

批次实体：批次号、批次名称、采购日期、采购员，如图 8-19 所示。

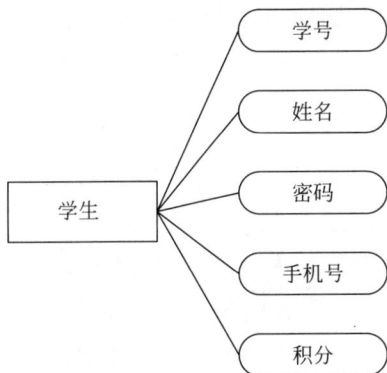

图 8-16　学生实体

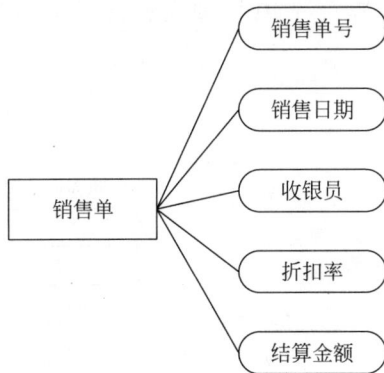

图 8-17　销售单实体

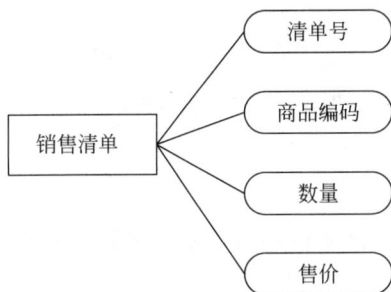

图 8-18　销售清单实体

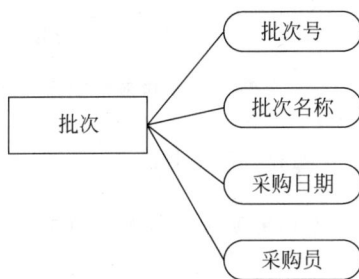

图 8-19　批次实体

批次明细实体：明细号、批次号、商品编码、采购价、采购数量，如图 8-20 所示。

用户实体：用户名、姓名、密码、性别、生日、类型编码。

用户类型实体：类型编码、类型名称。

这两个实体如图 8-21 所示。

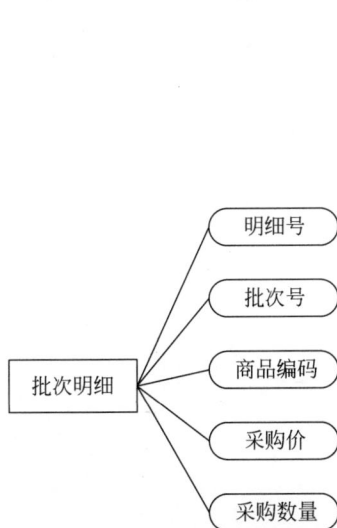

图 8-20　批次明细实体

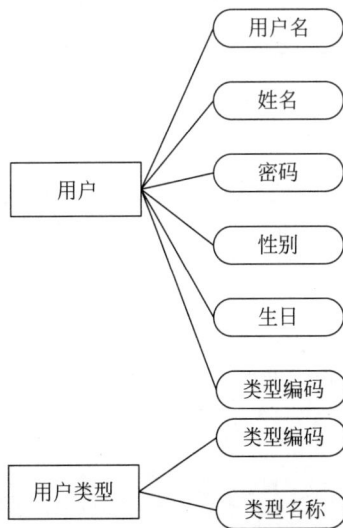

图 8-21　用户实体、用户类型实体

供应商实体：供应商编码、单位名称、联系人、联系电话、地址，如图 8-22 所示。

库存盘点实体：<u>盘点编码</u>、盘点日期、商品编码、盘点前数量、盘点数量、缘由，如图 8-23 所示。

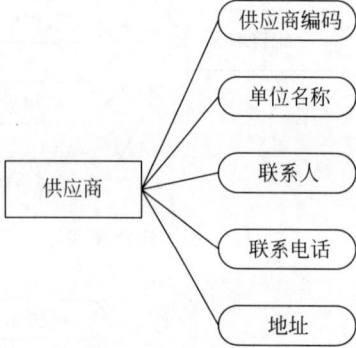

图 8-22　供应商实体　　　　　　　图 8-23　库存盘点实体

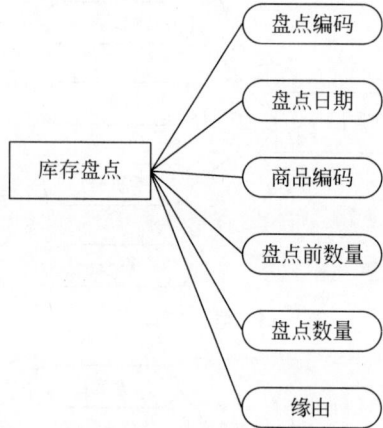

8.3.2　集成 E-R 图

通过上述的实体和属性分析，可以得到如图 8-24 所示的超市管理系统总 E-R 图。

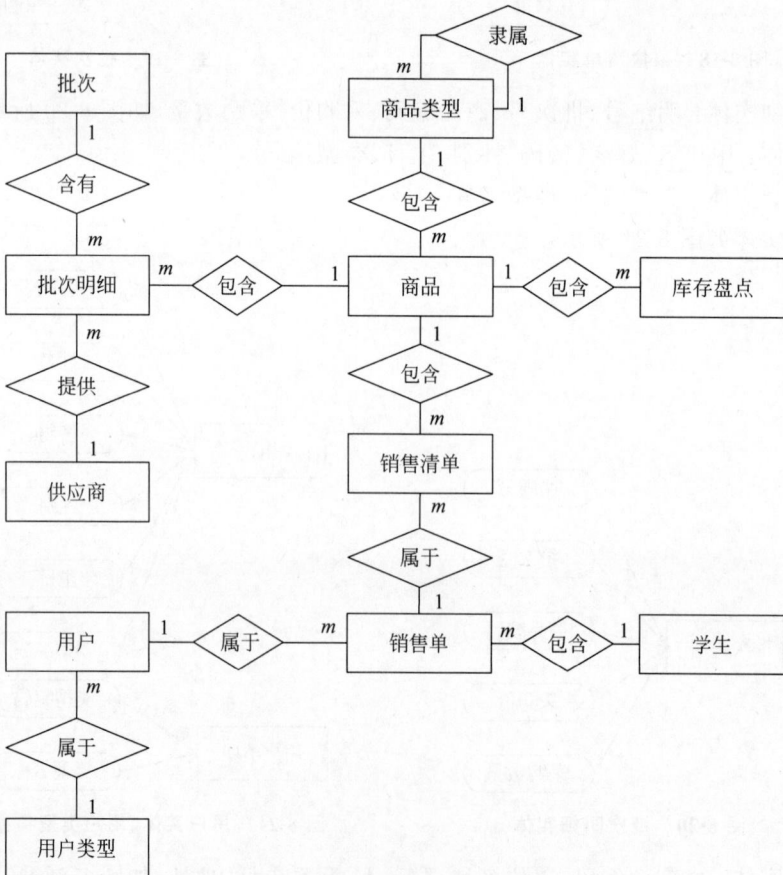

图 8-24　超市管理系统总 E-R 图

8.3.3　设计 CDM 图

在进行概念模型分析设计中，案例使用 PowerDesigner 这个当下最为流行的建模工具，PowerDesigner 是 Sybase 公司的 CASE 工具集，使用它可以方便地对管理信息系统进行分析设计，它几乎包括数据库模型设计的全过程。

概念数据模型（Conceptual Data Model，CDM）是按用户的需求对数据和信息建模，通常用 E-R 图来表示。CDM 所包含的对象通常并没有在物理数据库中实现。它给出了商业或业务活动中所需要数据的形式化的表示。

在 CDM 图中，实体及属性的表示如图 8-25 所示。

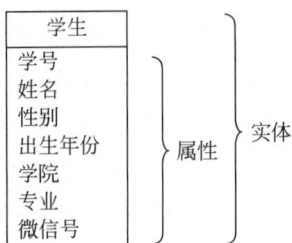

图 8-25　CDM 图中实体与属性的表示

在 CDM 中，三种联系的表示如图 8-26 所示。

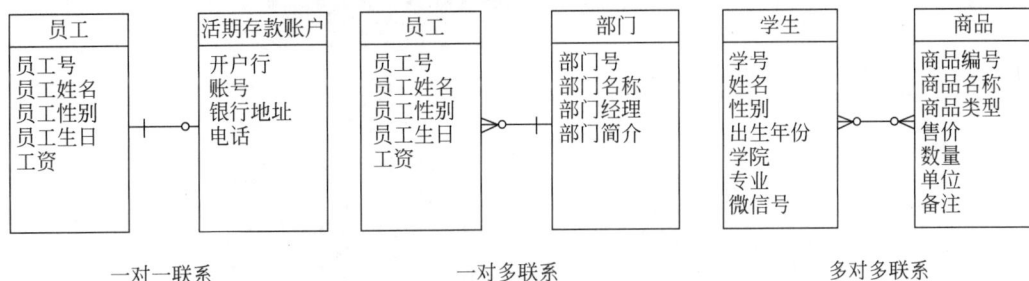

图 8-26　CDM 中三种联系的表示

在开始设计 CDM 之前，首先要了解数据存储常用的数据类型，如表 8-2 所示。

表 8-2　常用数据类型

标准数据类型	DBMS 数据类型	内　　容	说　　明
Integer	int/INTEGER	32b integer	整型
Short Integer	smallint/SMALLINT	16b integer	短整型
Long Integer	int/INTEGER	32b integer	长整型
Number	numeric/NUMBER	Numbers with a fixed decimal point	数值型
Decimal	decimal/NUMBER	Numbers with a fixed decimal point	数字型
Float	float/FLOAT	32b floating point numbers	浮点型
Short Float	real/FLOAT	Less than 32b point decimal	短浮点型
Money	money/NUMBER	Numbers with a fixed decimal point	小数类型
Serial	numeric/NUMBER	Automatically incremented numbers	整型（自增）

通过前期的分析，校园超市管理系统可分为下面三个 CDM（概念数据模型）图模块来进行分析：盘点模块概念模型、采购模块概念模型、销售模块概念模型。

盘点模块主要是对商品的库存信息进行周期性的数量检查盘点，其 CDM 如图 8-27 所示。

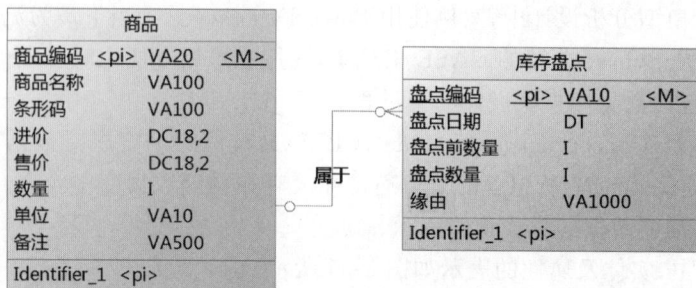

图 8-27　校园超市管理系统盘点模块 CDM

根据前面采购需求中所分析的情况，采购模块中包含商品的信息管理，其中包括商品的类型管理，为了能更灵活地管理商品纷繁复杂的类别，商品类别采用一元关系的一对多的联系类型，从而形成树形的类别管理，大大增强了类别管理的灵活性，同时还包括供应商信息的管理、商品采购批次和批次明细管理的功能数据结构。采购模块 CDM 如图 8-28 所示。

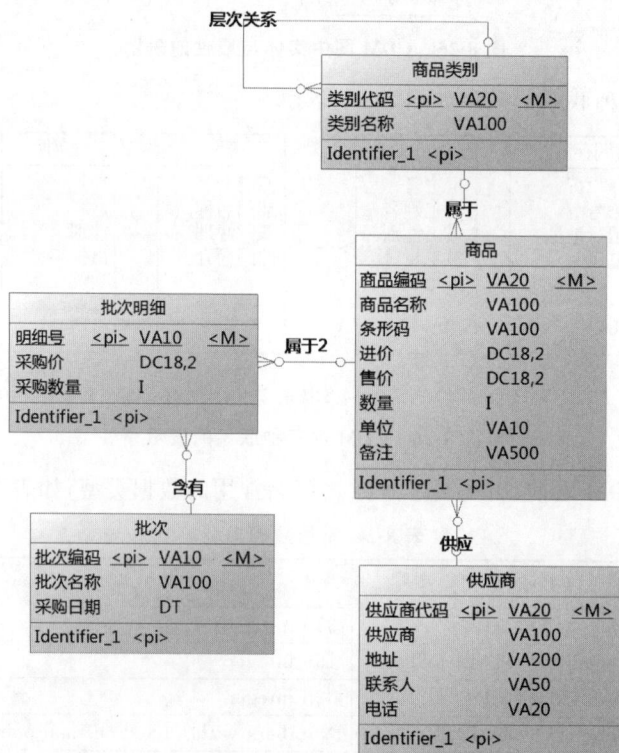

图 8-28　校园超市管理系统采购模块 CDM

商品的销售模块是校园超市管理系统中最为核心的业务功能模块，该模块首先包含对学生根据前面采购需求中所分析的情况，采购模块中包含商品的信息管理、供应商信息的管理、商品采购批次及批次明细管理。销售模块 CDM 如图 8-29 所示。

需要注意上述三个模块 CDM 图中商品实体模型都是共用的，由此可见，商品在校园超市管理系统中的主要地位。

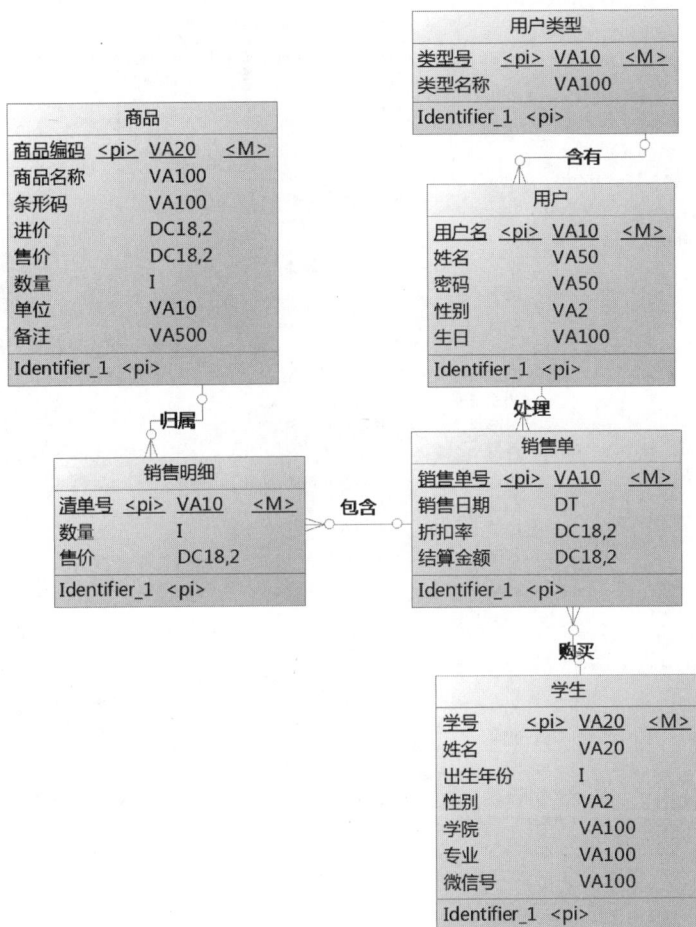

图 8-29　校园超市管理系统销售模块 CDM

8.4　逻辑数据库设计

8.4.1　由 CDM 转换生成 PDM

通过 8.3 节已经分析、设计好的 CDM 图，PowerDesigner 工具可以非常方便地进行 PDM（Physical Data Model，物理数据模型）自动映射生成，下面介绍如何通过 PowerDesigner 自身所带的工具生成 PDM。

实际情况下，校园超市管理系统所涉及的实体比前面章节的实体更复杂，更完善的 CDM 总体设计图如图 8-30 所示。

PDM 是以常用的 DBMS 理论为基础，将 CDM 中所建立的现实世界模型生成相应的 DBMS 的 SQL 脚本，并利用该脚本在数据库中产生现实世界信息的存储结构，同时保证数据在数据库中的完整性和一致性。在生成 PDM 之前最好对已经设计的 CDM 进行基本的检查，PowerDesigner 能够根据设计的 CDM 排查出 CMD 中存在的错误类（⊗）问题，这类问题将直接导致 PowerDesigner 无法生成 PDM；另外，工具也可以排查出 CDM 中可能存

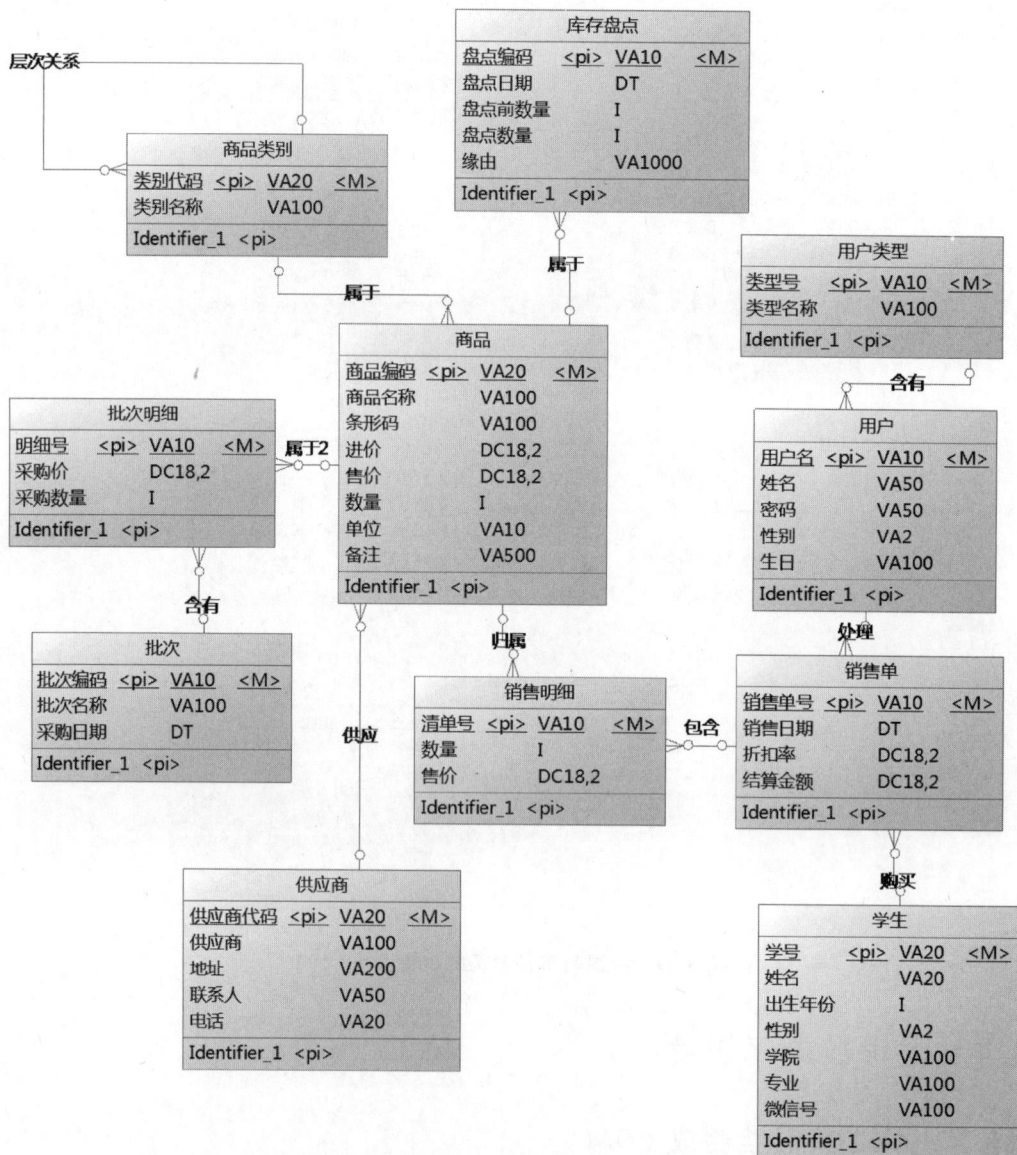

图 8-30　校园超市管理系统 CDM 总体设计图

在的一些警告类（⚠）问题，对于这类问题，设计人员可以根据实际情况选择性地进行排除或忽略。

　　检查模型操作如图 8-31 所示。

　　得到的检查模型结果如图 8-32 所示。

　　该检查结果表示，校园超市管理系统 CDM 中存在三个警告类问题，都是指模型中存在相同的数据项：姓名、描述、时间。原则上，CDM 中不能存在相同的实体名和相同的数据项名，但为了设计方便和对数据项命名的方便（主要是对数据项命名，系统中的实体名还是必须保持唯一性），PowerDesigner 默认是不能使用相同的数据项名的，或者即使使用也会采用公用的方式。在设计 CDM 时需要将默认的设置进行修改，如图 8-33 所示。

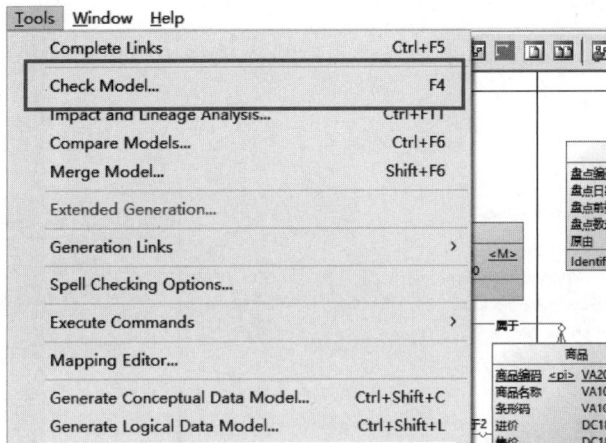

图 8-31 检查模型操作

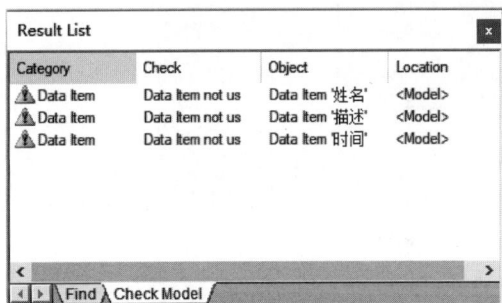

图 8-32 检查模型结果

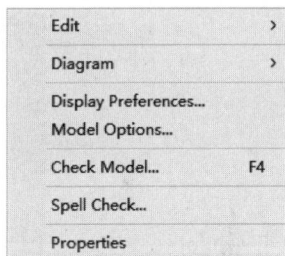

图 8-33 数据模型选项

单击 Model Options 命令,弹出如图 8-34 所示的对话框。

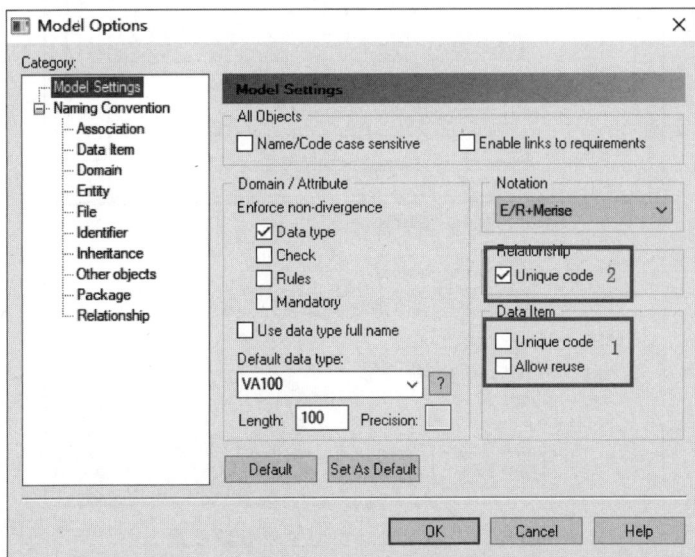

图 8-34 检查模型结果

图 8-34 中标 1 处的两个复选框,取消勾选表示概念模型中可以出现相同的数据项命

名,并且不共享不公用。

图 8-34 中标 2 处的复选框,取消勾选表示概念模型中可以出现相同的联系命名,同时不共享不公用。

下面继续前往 PDM 生成的路线,通过如图 8-35 所示的操作进行 PDM 的生成。

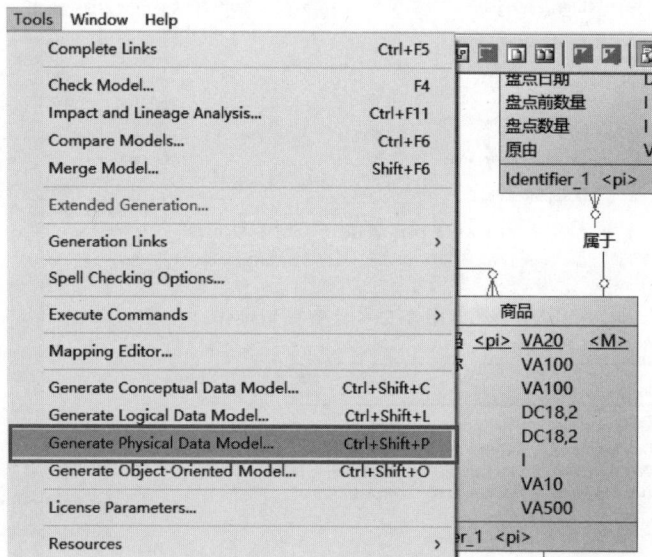

图 8-35　生成 PDM

单击 Generate Physical Data Model 菜单项,得到如图 8-36 所示的窗体。

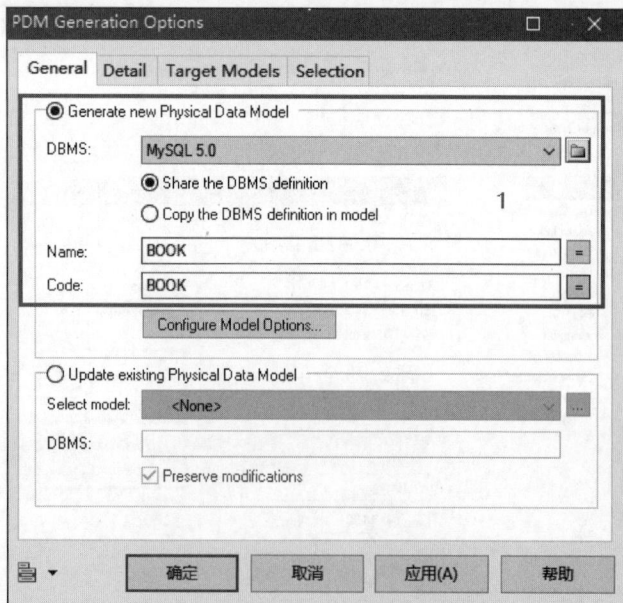

图 8-36　物理数据模型生成参数设置

注:DBMS 内针对 MySQL 只有选项 MySQL 5.0,不过所生成的 SQL 语句仍然可以在 MySQL 8.0 中运行,没有影响。

在图中的 PDM 生成参数设置中,DBMS 选择对应的选项,这里选择 MySQL 5.0,设置 Name 和 Code,然后单击"确定"按钮,从而得到如图 8-37 所示的校园超市管理系统 PDM。

库存盘点

盘点编码	varchar(10)	<pk>
商品编码	varchar(20)	<fk>
盘点日期	datetime	
盘点前数量	int	
盘点数量	int	
缘由	varchar(1000)	

商品类别

类别代码	varchar(20)	<pk>
商品类_类别代码	varchar(20)	<fk>
类别名称	varchar(100)	

用户类型

类型号	varchar(10)	<pk>
类型名称	varchar(100)	

商品

商品编码	varchar(20)	<pk>
类别代码	varchar(20)	<fk1>
供应商代码	varchar(20)	<fk2>
商品名称	varchar(100)	
条形码	varchar(100)	
进价	decimal(18,2)	
售价	decimal(18,2)	
数量	int	
单位	varchar(10)	
备注	varchar(500)	

用户

用户名	varchar(10)	<pk>
类型号	varchar(10)	<fk>
姓名	varchar(50)	
密码	varchar(50)	
性别	varchar(2)	
生日	varchar(100)	

批次明细

明细号	varchar(10)	<pk>
批次编码	varchar(10)	<fk1>
商品编码	varchar(20)	<fk2>
采购价	decimal(18,2)	
采购数量	int	

销售单

销售单号	varchar(10)	<pk>
学号	varchar(20)	<fk1>
用户名	varchar(20)	<fk2>
销售日期	datetime	
折扣率	decimal(18,2)	
结算金额	decimal(18,2)	

批次

批次编码	varchar(10)	<pk>
批次名称	varchar(100)	
采购日期	datetime	

销售明细

清单号	varchar(10)	<pk>
销售单号	varchar(10)	<fk2>
商品编码	varchar(20)	<fk1>
数量	int	
售价	decimal(18,2)	

供应商

供应商代码	varchar(20)	<pk>
供应商	varchar(100)	
地址	varchar(200)	
联系人	varchar(50)	
电话	varchar(20)	

学生

学号	varchar(20)	<pk>
姓名	varchar(20)	
出生年份	int	
性别	varchar(2)	
学院	varchar(100)	
专业	varchar(100)	
微信号	varchar(100)	

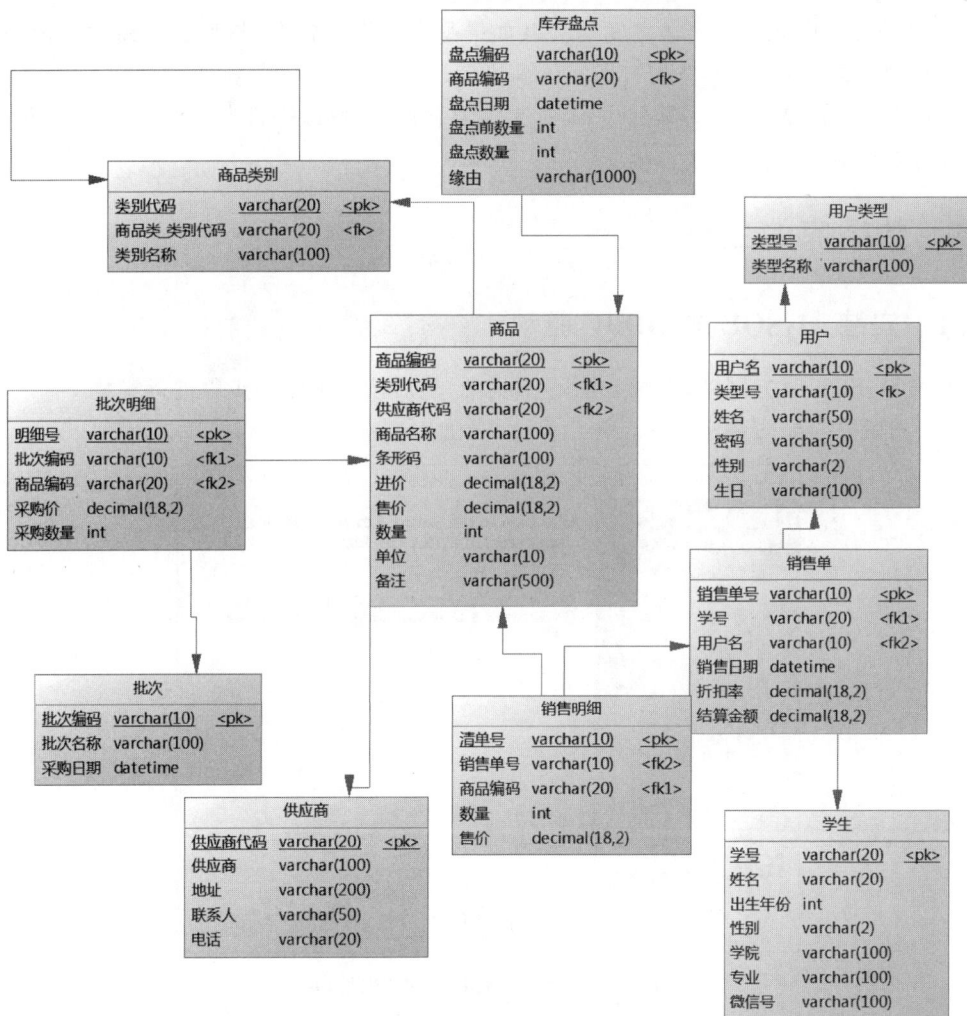

图 8-37　校园超市管理系统 PDM

8.4.2　对 PDM 图进行优化

由于在设计 CDM 图的过程中,已经结合概念结构设计方法对实体自身属性集、实体与实体之间的联系进行了优化,因此由 CDM 图生成的 PDM 图能直接满足物理表的创建。但对于有些实体之间的多对多联系,可以进一步进行关系优化。如销售单实体与商品实体之间的多对多联系,按照从概念结构向关系模式转换的原则,多对多联系生成物理模型时会生成三个表,在校园超市管理系统的 CDM 图中为了优化关系,直接加入了一个销售明细实体来替代这个多对多联系,这样可以保证在生成的 PDM 图中有三个表。这样处理的好处是销售明细表中的主键可以由数据库设计人员自行定义,而不是由销售单表和商品表的主键共同组成,为后期的开发提供了数据操作的便利。

在校园超市管理系统中还存在类似的其他情况,基本优化策略如下。

(1) CDM 图中实体与实体之间的关系尽量不要出现一对一的联系,如果有则需要进行优化。

（2）CDM 图中实体与实体之间的关系如果是多对多的情况，按照关系模式理论，可以直接在 CDM 图中对关联实体用普通实体来代替。

（3）可以在 PDM 图中对某些主码，如果需要自增的，可以进行自增设置，从而简化主码的设置管理和维护。

8.5 数据库的生成

8.5.1 安装 MySQL 的 ODBC 驱动

进入 MySQL 官方网站，下载 ODBC 数据源，然后按照下面的步骤进行安装。

（1）初始界面如图 8-38 所示，单击 Next 按钮。

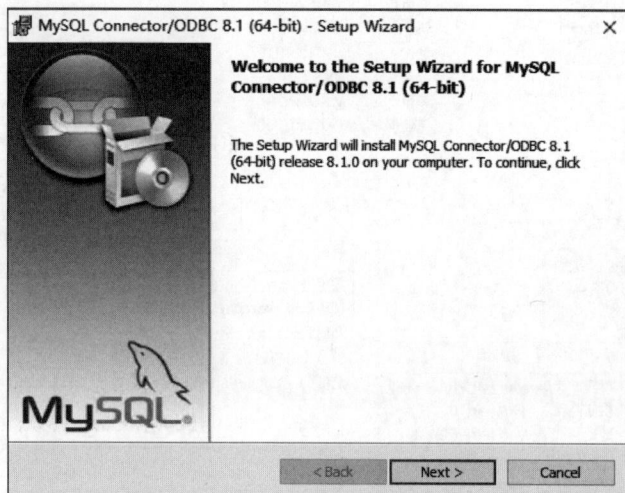

图 8-38 安装 MySQL ODBC 驱动（1）

（2）进入如图 8-39 所示的软件协议界面，选择接受协议（I accept the terms in the license agreement），单击 Next 按钮。

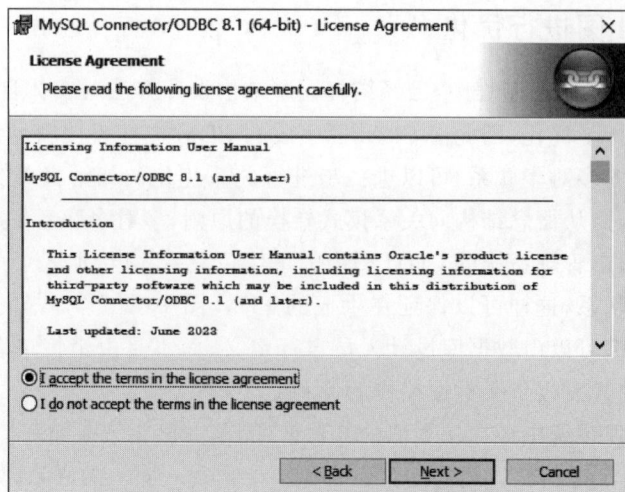

图 8-39 安装 MySQL ODBC 驱动（2）

（3）进入如图 8-40 所示的安装类型界面，选择经典（Typical）安装，单击 Next 按钮。

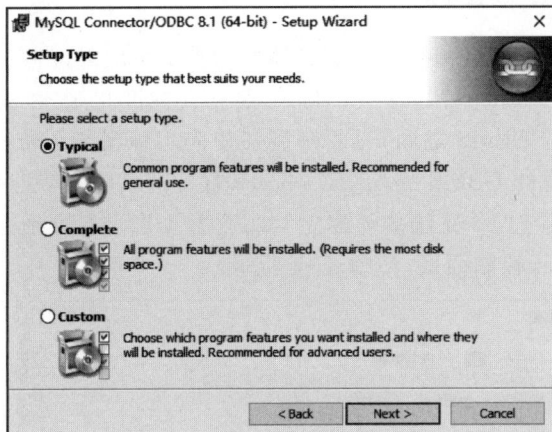

图 8-40 安装 MySQL ODBC 驱动（3）

（4）进入如图 8-41 所示的准备安装界面，单击 Install 按钮开始安装。

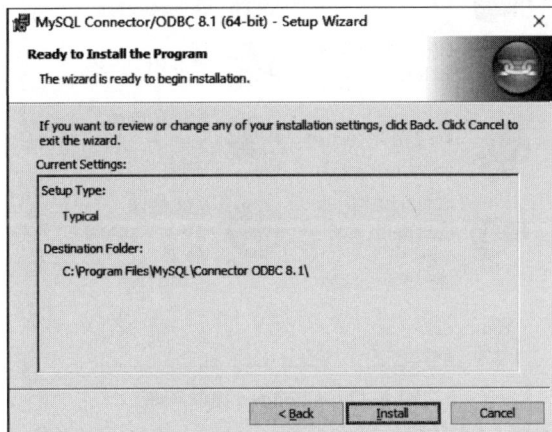

图 8-41 安装 MySQL ODBC 驱动（4）

（5）安装结束后，进入如图 8-42 所示的界面，单击 Finish 按钮，完成安装。

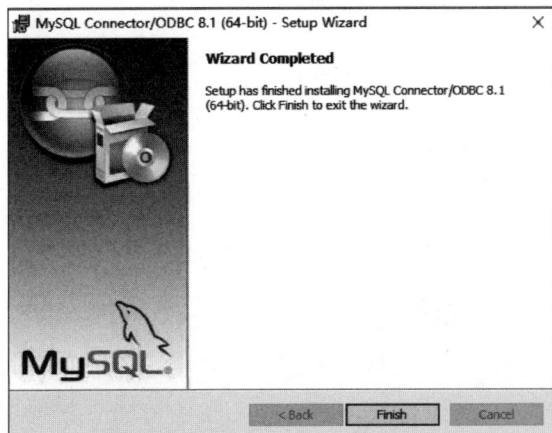

图 8-42 安装 MySQL ODBC 驱动（5）

8.5.2 建立 ODBC 数据源

ODBC 是微软公司支持开放数据库服务体系的重要组成部分，它定义了一组规范，提供了一组对数据库访问的标准 API，这些 API 是建立在标准化版本 SQL 基础上的。ODBC 位于应用程序和具体的 DBMS 之间，目的是能够使应用程序端不依赖于任何 DBMS，与不同数据库的操作由对应的 DBMS 的 ODBC 驱动程序完成，从而实现对数据库的访问。

下面就 Windows 10 操作系统如何建立 ODBC 数据源进行详细介绍。

首先进入 Windows 控制面板，如图 8-43 所示。

图 8-43 Windows 控制面板

选择"系统和安全"，系统会弹出如图 8-44 所示的窗口。选中"系统和安全"窗口中的"管理工具"，进入如图 8-45 所示的界面。

图 8-44 系统和安全

选择所需要的 ODBC 数据源位数，这里以 64 位为例建立数据源，单击 ODBC 数据源（64 位），进入如图 8-46 所示的界面。

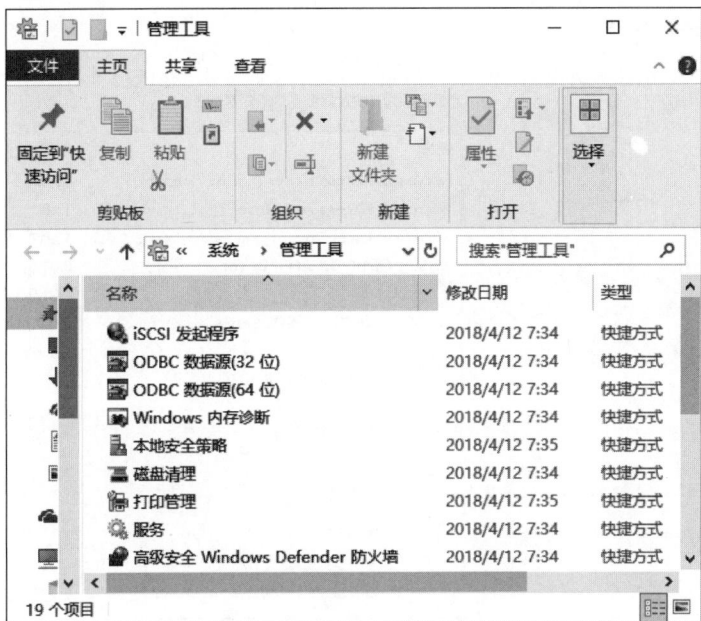

图 8-45　"管理工具"窗口

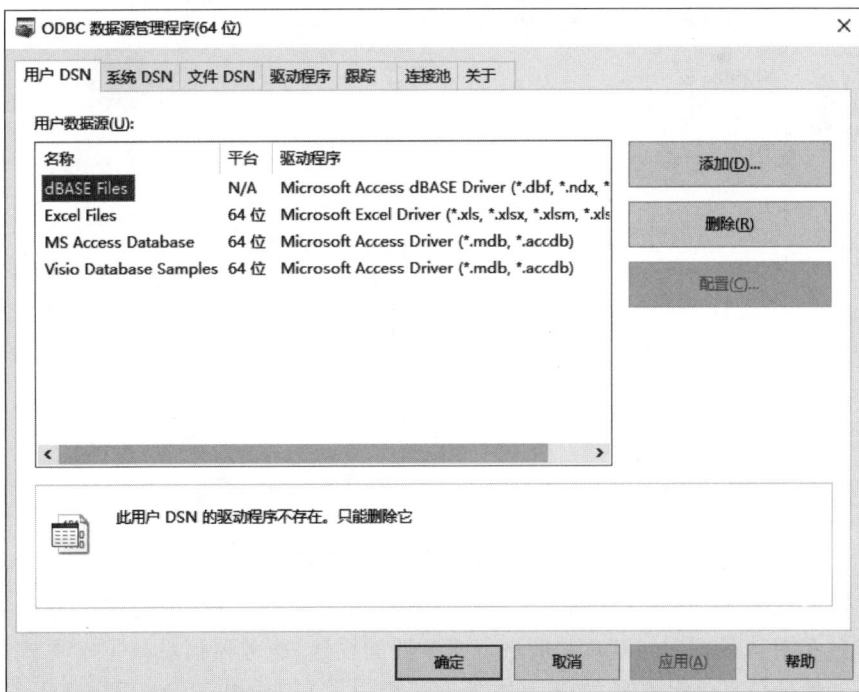

图 8-46　"ODBC 数据源管理程序（64 位）"对话框

可以直接在"用户 DSN"选项卡中单击右侧的"添加"按钮创建数据源，如图 8-47 所示。选择对应的数据源驱动程序类型，这里选择 MySQL ODBC 8.1 Unicode Driver 驱动程序。

单击"完成"按钮，弹出 MySQL Connector/ODBC Data Source Configuration 对话框，如图 8-48 所示。

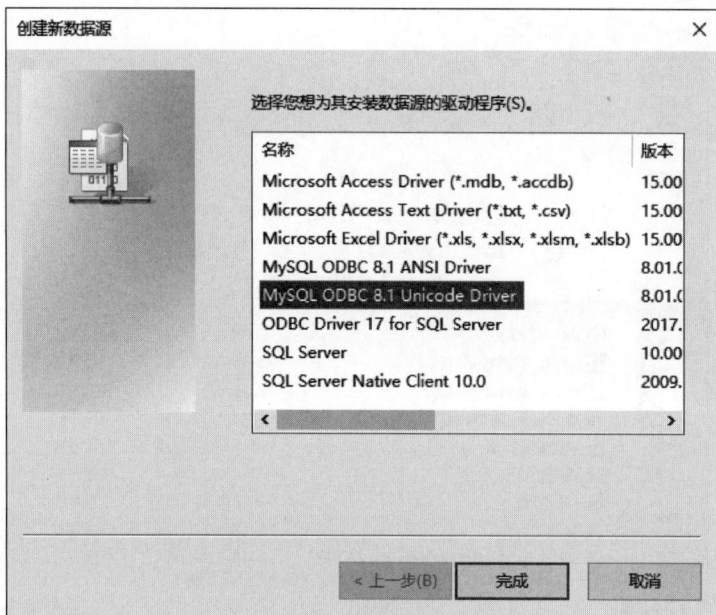

图 8-47　创建新数据源

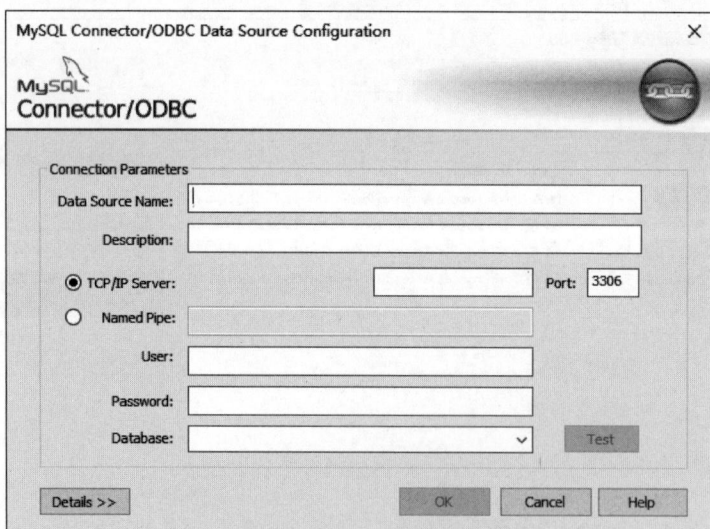

图 8-48　创建 MySQL 新数据源

在对话框的 Data Source Name 文本框中输入数据源的名称（可以用户自定义命名），Description 是对该数据源的基本功能进行文字性的描述，服务器信息根据本地或远程服务器的服务器地址信息进行填写，如果是本地安装可以填写 localhost，然后再单击 OK 按钮，如图 8-49 所示。

该对话框主要进行数据库连接及用户信息验证，需要在此处对连接数据库信息的用户信息进行配置，也可以使用本地 Windows 身份验证来连接数据库。可单击 Test 按钮进行连接测试，若测试成功，返回信息如图 8-50 所示。

在如图 8-51 所示的对话框中继续单击"确定"按钮，完成数据源的配置。

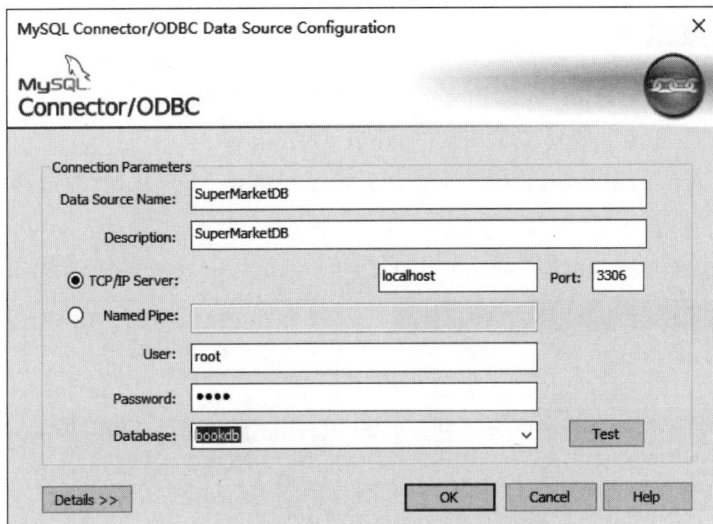

图 8-49 设置数据源连接用户信息

图 8-50 选择数据源的默认数据库

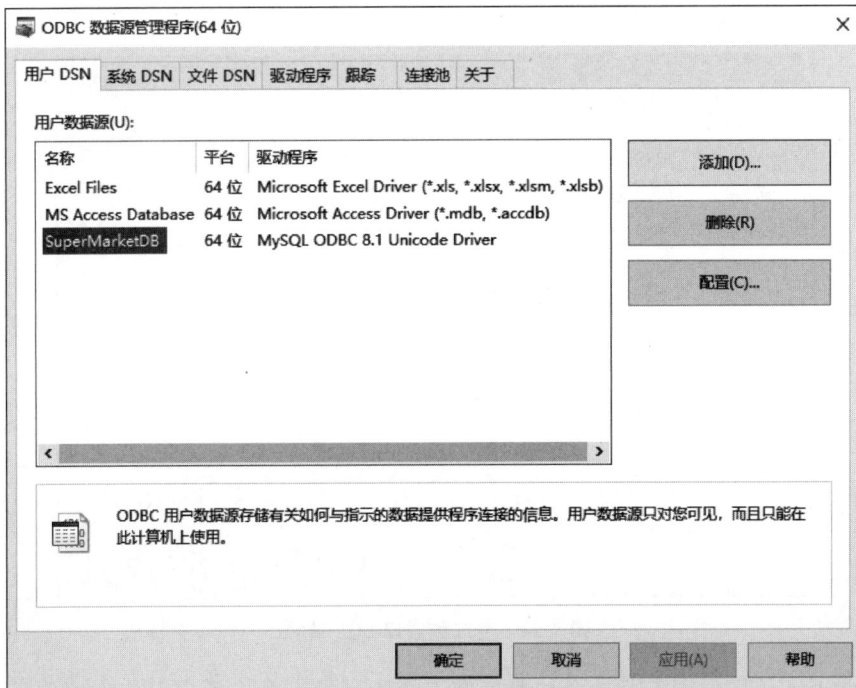

图 8-51 数据库配置成功

8.5.3 生成数据库

校园超市管理系统的 PDM 图已经自动完成,接下来 PowerDesigner 继续可以通过本身软件提供的功能直接生成对应 DBMS 的建表 SQL 语句。

首先要选择对应的 DBMS,校园超市管理系统采用的是 MySQL,所以选择 MySQL 5.0,如图 8-52 所示。

然后选择 PowerDesigner 菜单 Database 中的 Generate Database 命令,如图 8-53 所示。

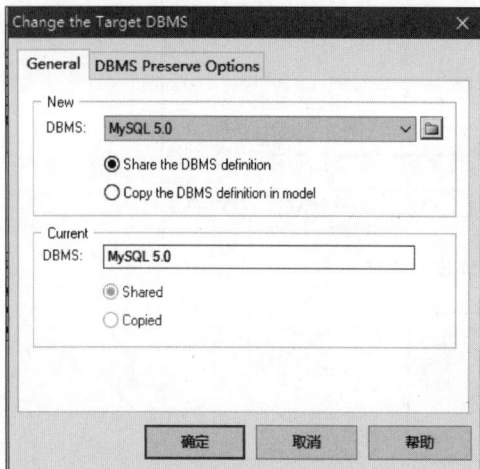

图 8-52 选择目标 DBMS

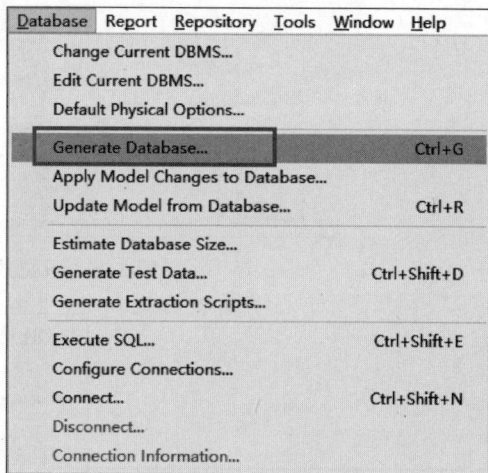

图 8-53 生成数据库

弹出如图 8-54 所示的对话框,该对话框要对数据库生成的参数进行设置,General 选项卡主要是对生成的 SQL 文件路径进行设置。

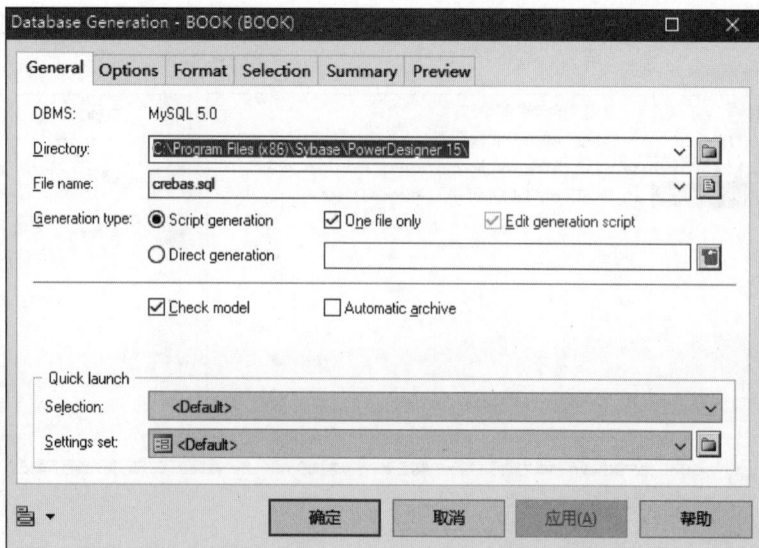

图 8-54 生成数据库 SQL 路径

在 Options 选项卡中主要是设置数据库中哪些对象需要生成以及生成对应的 SQL 语句,如图 8-55 所示。

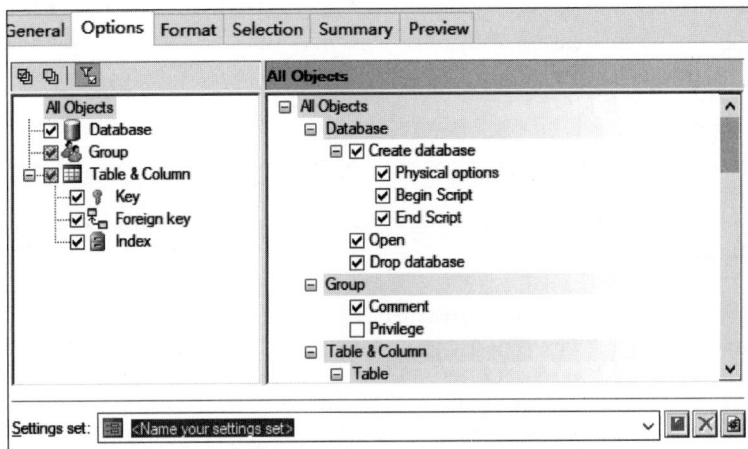

图 8-55　SQL 语句生成设置

最终得到创建数据库的 SQL 脚本,如程序清单 8-1 所示。

程序清单 8-1：数据库创建 SQL 语句

```
/* ============================================================ */
/* Table: Batch                                                 */
/* ============================================================ */
create table Batch
(
   BatchNO              varchar(10) not null,
   BatchName            varchar(100),
   BatchDateTime        datetime,
   primary key (BatchNO)
);


/* ============================================================ */
/* Table: Category                                              */
/* ============================================================ */
create table Category
(
   CategoryNO           varchar(20) not null,
   Cat_CategoryNO       varchar(20),
   CategoryName         varchar(100),
   primary key (CategoryNO),
   constraint FK_Has foreign key (Cat_CategoryNO)
      references Category (CategoryNO) on delete restrict on update restrict
);


/* ============================================================ */
/* Table: Supplier                                              */
/* ============================================================ */
create table Supplier
(
   SupplierNO           varchar(20) not null,
   SupplierName         varchar(100),
   Address              varchar(200),
```

```
    Contacts              varchar(50),
    Telephone             varchar(20),
    primary key (SupplierNO)
);


/* ================================================================ */
/* Table: Goods                                                     */
/* ================================================================ */
create table Goods
(
    GoodsNO               varchar(20) not null,
    CategoryNO            varchar(20),
    SupplierNO            varchar(20),
    GoodsName             varchar(100),
    BarCode               varchar(100),
    InPrice               decimal(18,2),
    SalePrice             decimal(18,2),
    Number                int,
    Unit                  varchar(10),
    Comment               varchar(500),
    primary key (GoodsNO),
    constraint FK_Belong foreign key (CategoryNO)
        references Category (CategoryNO) on delete restrict on update restrict,
    constraint FK_Supply foreign key (SupplierNO)
        references Supplier (SupplierNO) on delete restrict on update restrict
);


/* ================================================================ */
/* Table: BatchDetail                                               */
/* ================================================================ */
create table BatchDetail
(
    BatchDetailNO         varchar(10) not null,
    BatchNO               varchar(10),
    GoodsNO               varchar(20),
    PurchasePrice         decimal(18,2),
    PurchaseNum           int,
    primary key (BatchDetailNO),
    constraint FK_Take foreign key (BatchNO)
        references Batch (BatchNO) on delete restrict on update restrict,
    constraint FK_Has2 foreign key (GoodsNO)
        references Goods (GoodsNO) on delete restrict on update restrict
);


/* ================================================================ */
/* Table: Student                                                   */
/* ================================================================ */
create table Student
(
    SNO                   varchar(20) not null,
    SName                 varchar(20),
    BirthYear             int,
    Gender                varchar(2),
    College               varchar(100),
```

```
    Major                 varchar(100),
    WeiXin                varchar(100),
    primary key (SNO)
);

/* ================================================================ */
/* Table: UserType                                                  */
/* ================================================================ */
create table UserType
(
    TypeNO                varchar(10) not null,
    TypeName              varchar(100),
    primary key (TypeNO)
);

/* ================================================================ */
/* Table: SysUser                                                   */
/* ================================================================ */
create table SysUser
(
    UserCode              varchar(10) not null,
    TypeNO                varchar(10),
    UserName              varchar(50),
    Password              varchar(50),
    SSex                  varchar(2),
    Birth                 varchar(100),
    primary key (UserCode),
    constraint FK_Has4 foreign key (TypeNO)
        references UserType (TypeNO) on delete restrict on update restrict
);

/* ================================================================ */
/* Table: SaleOrder                                                 */
/* ================================================================ */
create table SaleOrder
(
    SaleNO                varchar(10) not null,
    SNO                   varchar(20),
    UserCode              varchar(10),
    SaleDateTime          datetime,
    Discount              decimal(18,2),
    Amount                decimal(18,2),
    primary key (SaleNO),
    constraint FK_Buy foreign key (SNO)
        references Student (SNO) on delete restrict on update restrict,
    constraint FK_Do foreign key (UserCode)
        references SysUser (UserCode) on delete restrict on update restrict
);

/* ================================================================ */
/* Table: SaleDetail                                                */
/* ================================================================ */
create table SaleDetail
(
```

```
    SaleDetailNO              varchar(10) not null,
    SaleNO                    varchar(10),
    GoodsNO                   varchar(20),
    Num                       int,
    Price                     decimal(18,2),
    primary key (SaleDetailNO),
    constraint FK_Belong2 foreign key (GoodsNO)
        references Goods (GoodsNO) on delete restrict on update restrict,
    constraint FK_Has3 foreign key (SaleNO)
        references SaleOrder (SaleNO) on delete restrict on update restrict
);

/* ============================================================== */
/*  Table: StockCheck                                             */
/* ============================================================== */
create table StockCheck
(
    CheckNO                   varchar(10) not null,
    GoodsNO                   varchar(20),
    CheckDateTime             datetime,
    PreNum                    int,
    Num                       int,
    Reason                    varchar(1000),
    primary key (CheckNO),
    constraint FK_Belong3 foreign key (GoodsNO)
        references Goods (GoodsNO) on delete restrict on update restrict
);
```

小结

　　本章主要以校园超市管理系统为例，从数据库设计的基本步骤着手，进行案例式的数据库设计。首先分析校园超市的基本行业背景和校园超市的策略方案，然后从需求的角度对校园超市的现状进行分析调研，借助分析设计工具对校园超市的基本业务流程和数据流程进行分析绘制，同时也利用 PowerDesigner 的 BPM 图来对校园超市的业务及数据进行分析设计，并得到校园超市管理系统的基本功能组织结构。

　　需求分析完成后，为了能将现实世界转换为机器世界，进而对校园超市管理系统的概念结构进行设计分析，并得到 E-R 图和 PowerDesigner 的 CDM 图，然后借助计算机辅助开发工具 PowerDesigner 由 CDM 图直接生成 PDM，通过确定 DBMS 后，就可以将 PDM 图直接生成数据库的建表 SQL 语句，从而完成数据库的最终设计实现。

习题

设计题

　　1. ATM（自动取款机）是银行在银行营业大厅、超市、商业机构、机场、车站、码头和闹市区设置的一种小型机器，利用一张信用卡大小的胶卡上的磁带（或芯片卡上的芯片）记录客户的基本户口资料,让客户可以通过机器进行存款、取款、转账等银行柜台服务。其业务主要如下。

（1）客户将银行卡插入读卡器,读卡器识别卡的真伪,并在显示器上提示输入密码。客户通过键盘输入密码,取款机验证密码是否有效。如果密码错误则提示错误信息,如果正确则提示客户进行选择操作的业务。

（2）客户根据自己的需要可进行存款、取款、查询账户、转账、修改密码等操作。

（3）在客户选择后显示器进行交互提示和操作确认等信息。

（4）操作完毕后,客户可自由选择打印或不打印凭条。

（5）银行职员可进行对 ATM 的硬件维护和添加现金的操作。

根据以上描述,请完成下列任务。

（1）绘制 ATM 管理系统的 E-R 图。

（2）根据 E-R 图绘制 CDM 图和 PDM。

（3）生成银行 ATM 管理系统的数据库。

2．现为某个学校运动会比赛设计数据库,有如下实体：运动员（运动员编号,运动员姓名,运动员性别,所属系）；项目（项目编号,项目名称,项目日期,项目时间,比赛地点）。存在如下语义：一个项目有多个运动员参加,一个运动员可以参加多个项目,每个运动员参加项目均有名次和积分。

根据以上信息,完成下列任务。

（1）设计 CDM。

（2）以 MySQL 8.0 为 DBMS,完成 PDM,对表有以下要求。

① 各个表上要合理定义主码、外码约束。

② 运动员的性别取值限定为"男、女",不允许为空值。

③ 积分要么为空值,要么为 6,4,2,0,分别代表第一、二、三名和其他名次的积分。

（3）生成数据库并将 SQL 脚本并保存为 SQL 文件。

实验

一、实验目的

掌握数据库设计基本方法和基本步骤,包括需求分析、概念结构设计、逻辑结构设计和物理结构设计。能够利用 PowerDesigner 等工具自动生成数据库模式 SQL 语句,能够在数据库管理系统中执行相应的 SQL 语句,创建所设计的数据库。

二、实验平台

操作系统：Microsoft Windows 10 及以上。

数据库管理系统：MySQL 8.0。

设计工具：PowerDesigner 15 版本及以上、Visio 软件等。

三、实验素材介绍

以下为某汽车租赁有限公司管理系统开发需求调查文字。

某汽车租赁公司有许多员工,每个员工只能服务于一家租车门店；每个员工有工号、姓名、性别、年龄、入职日期、门店代码等属性；每家店日常工作主要有取车、还车、延期处理等

（租车人首先要办理个人信息登记）。具体操作流程如下。

（1）租车。根据租车人提供的租车订单预约，查阅订单信息，如果有，则办理租借业务（系统自动生成租车记录单号、租车人电话、租车人身份证号、车牌号、租借日期、租车时间、归还时间、是否押金、押金、门店、经办员工号）。

（2）归还。根据租车人联系电话，调取出租车订单信息，检查车辆情况、油箱或里程剩余数量。若无问题，则办理归还手续（系统自动生成记录归还单号、租车人电话、租车人身份证号、车牌号、归还时间、归还情况描述、门店、经办员工号）；如果车辆有损坏，则办理赔偿登记（记录赔偿单号、租车人电话、租车人身份证号、车牌号、损坏情况、赔偿日期、金额，门店、经办员工号），并把赔偿通知单通知给租车人，完成支付后，归还业务完成。

（3）延期处理。系统自动预警逾期未还的租车订单，及时通知租车人，并进行相应的订单信息修改（租车记录单号、租车人电话、租车人身份证号、车牌号、调整后归还时间、延期费用、门店。经办员工号）。

四、实验内容

（1）需求分析。根据该汽车租赁有限公司管理系统开发需求调查内容，利用 PowerDesigner 绘制该汽车租赁管理系统的 BPM。

（2）概念结构设计。利用 Visio 工具绘制该汽车租赁管理系统概念模型的 E-R 图；根据该汽车租赁管理系统的业务需求调查文字以及前面绘制的 E-R 图，利用 PowerDesigner 工具，设计该汽车租赁管理系统合理的 CDM。

（3）逻辑结构设计。掌握在 PowerDesigner 环境中把 CDM 正确转换为 PDM，并对 PDM 进行必要的优化；根据该汽车租赁管理系统的业务需求调查文字以及前面需求分析和概念结构设计所完成的工作，利用 PowerDesigner，设计该汽车租赁管理系统合理的 PDM。

（4）数据库生成。连接 MySQL 数据库，利用 PDM 生成物理数据库，并存放数据库文件和生成数据库文件的 SQL 脚本。

上述需求内容，只是租车系统的简单业务，同学们可以在上述需求内容的基础上完善相关的业务细节。

第 **9** 章

数据库应用开发

9.1 数据库应用系统的开发方法和一般步骤

9.1.1 数据库应用系统的开发方法

数据库应用系统的开发方法是指开发管理信息系统所遵循的步骤,是在系统开发的过程中的指导思想、逻辑、途径和工具等的集合。在过去许多管理信息系统开发失败的案例中,一个重要原因是开发方法不当。这是由于管理信息系统的开发是一个庞大的系统工程,它涉及组织的内部结构、管理模式、计算机技术、经营管理过程等各方面。为了获得科学的方法和工程化的开发步骤,确保整个开发工作能够顺利进行,人们在长期的系统开发实践中不断总结经验教训,得出很多种开发方法,这些处于不断发展中的开发方法有助于管理信息系统的成功开发。比较常见的开发方法有结构化系统开发方法(生命周期法)、原型法、面向对象法等。

1. 结构化系统开发方法

20 世纪 70 年代,西方发达国家吸取了以前系统开发的经验教训,总结出了结构化系统开发方法(Structured System Development Methodology)。它是自顶向下的结构化方法、工程化的系统开发方法和生命周期法的结合,是迄今为止开发方法中最传统、应用最广的一种开发方法。

1) 结构化系统开发方法的基本思想

结构化概念最早是用来描述结构化程序设计方法的。结构化方法不仅提高了编程效率和编程质量,而且大大提高了程序的可读性、可测试性、可修改性和可维护性。"结构化"的含义是"严格的、可重复的、可度量的"。后来,这种思想被引入 MIS 开发领域,逐步形成结构化系统分析与设计方法。

结构化系统开发方法的基本思想是,将结构与控制加入项目中,以便使活动在预定的时间和预算内完成。用系统工程的思想和工程化的方法,按用户至上的原则,结构化、模块化、自顶向下地对系统进行分析与设计。

2) 结构化系统开发方法的五大阶段

在结构化的系统开发方法中,信息系统的开发应用也符合系统生命周期的规律。随着企业和组织工作的需要外部环境的变化,对信息的需求也会相应地增加,这就要求设计和建立更新的信息系统。系统投入使用后一段时期内,可以在很大程度上满足企业管理者对信息的需求。但随着时间的推移,由于企业规模或信息应用范围的扩大或设备老化等原因,信息系统又逐渐不能满足需求了。这时企业对信息系统又会提出更高的要求。周而复始，循环不息。这种方法将整个开发过程划分成五个首尾相连的阶段，称为结构化系统开发的生命周期，即系统规划、系统分析、系统设计、系统实施、系统运行五个阶段，如图 9-1 所示。

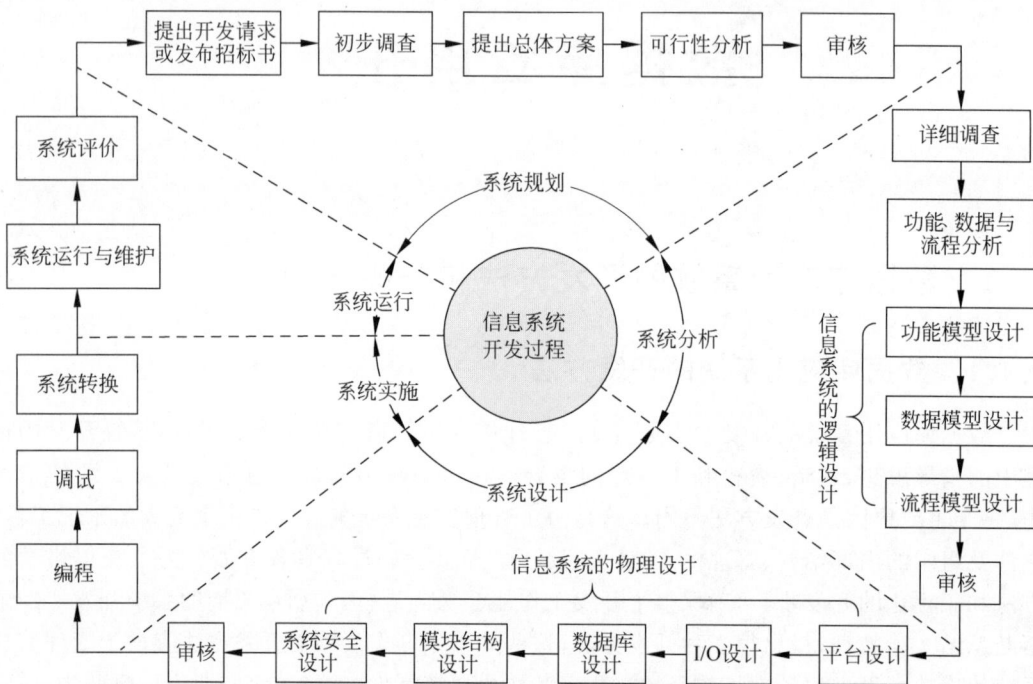

图 9-1　结构化系统开发方法的生命周期

（1）系统规划阶段。首先，根据用户的系统开发请求，对企业的环境、目标现行系统的状况进行初步调查。其次，依据企业目标和发展战略，确定信息系统的发展战略，对建设新系统的需求做出分析和预测，明确所受到的各种约束条件，研究建设新系统的必要性和可能性。最后，进行可行性分析，写出可行性分析报告，可行性分析报告审议通过后，将新系统建设方案及实施计划编成系统规划报告。

（2）系统分析阶段。根据系统规划报告中所确定的范围，对现行系统进行详细调查，描述现行系统业务流程，分析数据与数据流程、功能与数据之间的关系，确定新系统的基本目标和逻辑功能，即提出新系统逻辑模型，并把最后成果形成书面材料——系统分析报告。

（3）系统设计阶段。根据新系统的逻辑模型，具体设计实现逻辑模型的技术方案，即提出新系统的物理模型，进行平台设计、I/O 设计、数据库设计、模块结构设计、系统安全设计等，最终形成系统设计说明书。

（4）系统实施阶段。根据系统设计说明书，进行软件编程（或者选择商品化应用产品，根据系统分析和要求进行二次开发）设计、调试和检错、硬件设备的购入和安装、人员的培训、数据的准备和系统试运行。

（5）系统运行阶段。进行系统的日常运行管理、维护和评价三部分工作。如果试运行结果良好，则送管理部门指导组织生产经营活动；如果存在一些小问题，则对系统进行修改、维护或是局部调整等；若存在重大问题（这种情况一般是运行若干年之后，系统运行的环境已经发生了根本的改变时才可能出现），则用户将会进一步提出开发新系统的要求，这标志着旧系统生命的结束,新系统的诞生。

3) 结构化系统开发方法的特点

(1) 树立面向用户的观点。系统开发是直接为用户服务的,因此,在开发的全过程中要有用户的观点,一切从用户利益出发。应尽量吸收用户单位的人员参与开发的全过程,加强与用户的联系、统一认识,加速工作进度,提高系统质量,减少系统开发的盲目性和失败的可能性。

(2) 自顶向下的分析与设计和自底向上的系统实施。按照系统的观点,任何事情都是互相联系的整体。因此,在系统分析与设计时要站在整体的角度,自顶向下地工作。但在系统实施时,先对最底层的模块编程,然后一个模块、几个模块地调试,最后自底向上逐步构建整个系统。

(3) 严格按阶段进行。整个 MIS 开发过程划分为若干工作阶段,每个阶段都有明确的任务和目标,各个阶段又可分为若干工作和步骤,逐一完成任务,从而实现预期目标。这种有条不紊的开发方法,便于计划和控制,基础扎实,不易返工。

(4) 加强调查研究和系统分析。为了使系统更加满足用户要求,要对现行系统进行详细的调查研究,尽可能弄清现行系统业务处理的每一个细节,做好总体规划和系统分析,从而描述出符合用户实际需求的新系统逻辑模型。

(5) 先逻辑设计后物理设计。在进行充分的系统调查和分析论证的基础上,弄清用户要"做什么",并将其抽象为系统的逻辑模型,然后进入系统的物理设计与实施阶段,解决"怎么做"的问题。这种做法符合人们的认识规律,从而保证系统开发工作的质量和效率。

(6) 工作文档资料规范化和标准化。根据系统工程的思想,管理信息系统的各个阶段性的成果必须文档化,只有这样才能更好地实现用户与系统开发人员的交流,才能确保各个阶段的无缝连接。因此,必须充分重视文档资料的规范化、标准化工作,充分发挥文档资料的作用,为提高 MIS 的适应性提供可靠保证。

4) 结构化系统开发方法的优缺点

这种方法强调将系统开发项目划分成不同的阶段。每个阶段都有明确的起始和完成的进度安排,对开发周期的各个阶段进行管理控制。在每个阶段的末期,要对该阶段的工作做出常规评价。对当前阶段的任务是否有需要修改和返工的部分,任务完成符合要求后,是否进入下一阶段继续开发等问题要及时做出决策。开发过程要及时建立诸如数据流程图、E-R 图以及各种文档。这些文档对系统投入运行后的系统维护工作十分重要。由于它及时对各阶段的工作进行评价,从而能对各阶段的工作任务符合系统需求和符合组织标准提供有力的保证措施。总之,采用这种方法有利于系统结构的优化,设计出的系统比较容易实现而且具有较好的可维护性,因而得到了广泛的应用。

但是,这种方法开发过程过于烦琐,周期过长,工作量太大。在系统开发未结束前,用户不能使用系统,却要求系统开发人员在调查中充分掌握用户需求、管理状况以及可预见未来可能发生的变化,不符合人类的认识规律,在实际工作中难以实施,导致系统开发的风险较大。该方法的另一个缺点是对用户需求的改变反应不灵活。尽管有这些局限性,结构化系统开发法(生命周期法)还是经常应用在大型、复杂的影响企业整体运作的企业事务处理系统(TPS)和 MIS 的开发项目中,也经常应用在政府项目中。

2. 原型法

原型法(Prototyping Approach)是 20 世纪 80 年代随着计算机技术的发展,特别是在关系数据库系统（RDBS）、第 4 代程序生成语言（4GL）和各种系统开发生成环境产生的基础之上，提出的一种新的系统开发方法。与结构化系统开发方法相比，原型法放弃了对现行系统的全面、系统的详细调查与分析，而是根据系统开发人员对用户需求的理解，在强有力的软件环境支持下，快速开发出一个实实在在的系统原型，并提供给用户，与用户一起反复协商修改，直到形成实际系统。

1）原型法的基本思想

原型法的基本思想：在软件生产中，引进工业生产中在设计阶段和生产阶段中的试制样品的方法，解决需求规格确立困难的问题。首先，系统开发人员在初步了解用户需求的基础上，迅速而廉价地开发出一个实验型的系统，即"原型"；然后将其交给用户使用，通过使用，启发用户提出进一步的需求，并根据用户的意见对原型进行修改，用户使用修改后系统提出新的需求。这样不断反复修改，用户和开发人员共同探讨改进和完善，直至最后完成一个满足用户需求的系统。

2）原型法开发的步骤

（1）确定用户的基本需求。系统开发人员对组织进行初步调查，与用户进行交流，收集各种信息，进行可行性分析，从而发现和确定用户的基本需求。用户的基本需求包括系统的功能、人机界面、输入和输出要求、数据库基本结构、保密要求、应用范围、运行环境等。但基本不涉及编程规则、安全问题或期末的处理（如工资管理系统在年终产生的报表）。

（2）开发一个初始原型。系统开发人员根据用户的基本需求，在强有力的工具软件支持下，迅速开发一个初始原型，以便进行讨论，并从它开始迭代。通常初始原型只包括用户界面，如数据输入屏幕和报表，但初始原型的质量对生成新的管理信息系统至关重要。如果一个初始原型存在明显缺陷，就会导致重新构造一个新原型。

（3）使用和评价系统原型。用户通过对原型的操作、检查、测试和运行，获得对系统最直接的感受，不断发现原型中存在的问题，并对功能、界面（屏幕、报告）以及原型的各个方面进行评价，提出修改意见。

（4）修改原型。根据上一阶段所发现的问题，系统开发人员和用户共同修正、改进原型，得到最终原型。第三阶段和第四阶段需要多次反复，直至用户满意为止。

（5）判定原型完成。判定原型是否完成就是判断有关用户的各项需求是否最终实现。如果已经实现，则进入整理原型，提供文档阶段，否则继续修改。

（6）整理原型，提供文档。整理原型，提供文档是把原型进行整理和编号，并将其写入系统开发文档资料中，以便为下一步的运行、开发服务。其中包括用户的需求说明、新系统的逻辑方案、系统设计说明、数据字典、系统使用说明书等。所开发出的系统和相应的文档资料必须得到用户的检验和认可，如图 9-2 所示。

3）原型法的优点

由于原型法不需要对系统的需求进行完整的定义，而是根据用户的基本需求快速开发出系统原型，开

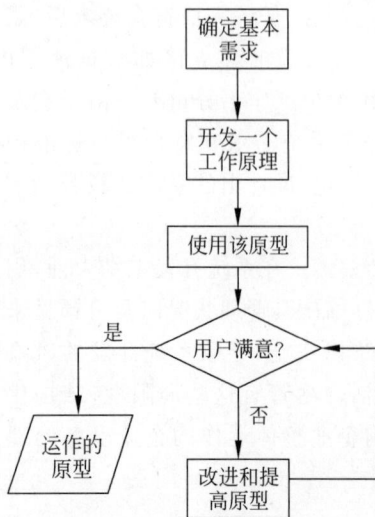

图 9-2　原型法开发的阶段

发人员在与用户对原型的不断"使用-评价-修改"中,逐步完善对系统需求的认识和系统的设计,因而,它具有如下优点。

(1) 原型法符合人类认识事物的规律,更容易使人接受。人们认识任何事物不可能一次完全解决,认识和学习过程都需要循序渐进,人们总是在环境的启发下不断完善对事物的描述。

(2) 改进了开发人员与用户的信息交流方式。由于用户的直接参与,能及时发现问题,并进行修改,这样就清除了歧义,改善了信息的沟通状况。它能提供良好的文档、项目说明和示范,增强了用户和开发人员的兴趣,从而大大减少设计错误,降低开发风险。

(3) 开发周期短、费用低。原型法充分利用了最新的软件工具,丢弃了手工方法,使系统开发的时间、费用大大减少,效率和技术等大大提高。

(4) 应变能力强。原型法开发周期短,使用灵活,对于管理体制和组织结构不稳定、有变化的系统比较适合。由于原型法需要快速形成原型和不断修改演讲,因此,系统的可变性好,易于修改。

(5) 用户满意程度提高。由于原型法以用户为中心来开发系统,加强了用户的参与和决策,向用户和开发人员提供了一个活灵活现的原型系统,实现了早期的人-机结合测试,能在系统开发早期发现错误和遗漏,并及时予以修改,从而提高了用户的满意程度。

4) 原型法的缺点

尽管原型法有上述优点,但是它的使用仍有一定的适用范围和局限性,主要表现在以下几方面。

(1) 不适合开发大型管理信息系统。对于大型系统,如果不经过系统分析来进行整体性规划,很难直接构造一个原型供人评价。而且容易导致人们认为最终系统过快产生,开发人员忽略彻底的测试,文档不够健全。

(2) 原型法建立的基础是最初的解决方案,以后的循环和重复都在以前的原型基础上进行,如果最初的原型不适合,则系统开发会遇到较大的困难。

(3) 对于原基础管理不善,信息处理过程混乱的组织,构造原型有一定的困难。而且没有科学合理的方法可依,系统开发容易走上机械地模拟原来手工系统的轨道。

(4) 没有正规的分阶段评价,因而对原型的功能范围的掌握有困难。由于用户的需求总在改变,系统开发永远不能结束。

(5) 由于原型法的系统开发不是很规范,系统的备份、恢复以及系统性能和安全问题容易忽略。

3. 面向对象法

面向对象(Object Oriented,OO)法是一种认识客观世界,从结构组织模拟客观世界的方法。面向对象法产生于 20 世纪 60 年代,在 20 世纪 80 年代后获得广泛应用。它一反那种功能分解方法只能单纯反映管理功能的结构状态,数据流程模型(DFD)只是侧重反映事物的信息特征和流程,信息模拟只能被动迎合实际问题需要的做法,而面向对象的角度为人们认识事物,进而为开发系统提供了一种全新的方法。这种方法以类、继承等概念描述客观事物及其联系,为管理信息系统的开发提供了全新思路,成为现在比较流行的开发方法之一。

1) 面向对象法的基本思想

面向对象法认为:客观世界是由许多各种各样的对象所组成的,每种对象都有各自的内部状态和运动规律,不同对象之间的相互作用和联系就构成了各种不同的系统。设计和实现一个客观系统时,如果能在满足需求的条件下,把系统设计成由一些不可变的(相对固定)部分组成的最小集合,这个设计就是最好的。因为它把握了事物的本质,因而不再会被周围环境(物理环境和管理模式)的变化以及用户没完没了的变化需求所左右,而这些不可变的部分就是对象。客观事物都是由对象组成的,对象是在原来事物基础上抽象的结果。任何复杂的事物都可以通过对象的某种组合而构成。

2) 面向对象法的开发过程

按照面向对象法的基本思想,可将其开发过程分为以下四个阶段。

(1) 系统调查和需求分析。对所要研究的系统面临的具体管理问题以及用户对系统开发的需求进行调查研究,弄清目的是什么,给出前进的方向。

(2) 面向对象分析(Object-Oriented Analysis,OOA)阶段。在繁杂的问题领域中抽象地识别出对象及其行为、结构、属性等。

(3) 面向对象设计(Object-Oriented Design,OOD)阶段。根据面向对象分析阶段的文档资料,做进一步的抽象、归类、整理,运用雏形法构造出系统的雏形。

(4) 面向对象实现(Object-Oriented Implementation,OOI)阶段。根据面向对象设计阶段的文档资料,运用面向对象的程序设计语言加以实现。

3) 面向对象法的特点

面向对象法是以对象为中心的一种开发方法,具有以下特点。

(1) 封装性(Encapsulation)。在面向对象法中,程序和数据是封装在一起的,对象作为一个实体,它的操作隐藏在行为中,状态由对象的"属性"来描述,并且只能通过对象中的"行为"来改变,外界一无所知。可以看出,封装性是一种信息隐蔽技术,是面向对象法的基础。因此,面向对象法的创始人 Coad 和 Yourdon 认为面向对象就是"对象＋属性＋行为"。

(2) 抽象性。在面向对象法中,把抽出实体的本质和内在属性而忽略一些无关紧要的属性称为抽象。类是抽象的产物,对象是类的一个实体。同类中的对象具有类中规定的属性和行为。

(3) 继承性。继承性是指子类共享父类的属性与操作的一种方式,是类特有的性质。类可以派生出子类,子类自动继承父类的属性与方法。可见,继承大大地提高了软件的可重用性。

(4) 动态链接性。动态链接性是指各种对象间统一、方便、动态的消息传递机制。

4) 面向对象法的优缺点

面向对象法更接近于现实世界,可以很好地限制由于不同的人对于系统的不同理解所造成的偏差;以对象为中心,利用特定的软件工具直接完成从对象客体的描述到软件结构间的转换,解决了从分析和设计到软件模块结构之间多次转换的繁杂过程,缩短了开发周期,是一种很有发展潜力的系统开发方法。

但是,它需要一定的软件基础支持才可以应用,并且在大型 MIS 开发中不进行自顶向下的整体划分,而直接采用自底向上的开发,很难得出系统的全貌,会造成系统结构不合理、各部分关系失调等问题。

面向对象系统开发的趋势:分析和设计更加紧密难分。由于重用性提高,程序设计比重越来越小,系统测试和维护得到简化和扩充,开发模型越来越注重对象之间交互能力的描述。

9.1.2　数据库应用系统开发的一般步骤

数据库应用系统开发一般主要分为以下七个步骤。

(1) 规划。规划的主要任务就是做必要性及可行性分析。规划阶段的工作成果是写出详尽的可行性分析报告和数据库应用系统规划书。内容应包括：系统的定位及其功能、数据资源及数据处理能力、人力资源调配、设备配置方案、开发成本估算、开发进度计划等。

(2) 需求分析。需求分析大致可分成三步来完成，即需求信息收集、需求信息的分析整理和需求信息的评审。需求分析阶段的工作成果是写出一份既切合实际又具有预见的需求说明书，并且附以一整套详尽的数据流图和数据字典。

(3) 概念模型设计。概念模型不依赖于具体的计算机系统，它是纯粹反映信息需求的概念结构。建模是在需求分析结果的基础上展开的，常常要对数据进行抽象处理。常用的数据抽象方法是"聚集"和"概括"。

E-R 方法是设计概念模型时常用的方法。用设计好的 E-R 图再附以相应的说明书可作为阶段成果。概念模型设计可分三步完成，即设计局部概念模型、设计全局概念模型和概念模型的评审。

(4) 逻辑结构设计。逻辑设计阶段的主要目标是把概念模型转换为具体计算机上 DBMS 所支持的结构数据模型。

逻辑设计的输入要素包括概念模式、用户需求、约束条件、选用的 DBMS 的特性。

逻辑设计的输出信息包括 DBMS 可处理的模式和子模式、应用程序设计指南、物理设计指南。

(5) 物理结构设计。物理设计是对给定的逻辑数据模型配置一个最适合应用环境的物理结构。

物理设计的输入要素包括模式和子模式、物理设计指南、硬件特性、OS 和 DBMS 的约束、运行要求等。

物理设计的输出信息主要是物理数据库结构说明书。其内容包括物理数据库结构、存储记录格式、存储记录位置分配及访问方法等。

(6) 程序编制及调试。在逻辑数据库结构确定以后，应用程序设计的编制就可以和物理设计并行地展开。

程序模块代码通常先在模拟的环境下通过初步调试，再进行联合调试。联合调试的工作主要有以下几点：建立数据库结构、调试运行、装入实际的初始数据。

(7) 运行和维护。数据库正式投入运行后，运行维护阶段的主要工作如下。

① 维护数据库的安全性与完整性。按照制定的安全规范和故障恢复规范，在系统的安全出现问题时，及时调整授权和更改密码。及时发现系统运行时出现的错误，迅速修改，确保系统正常运行。把数据库的备份和转储作为日常的工作，一旦发生故障，立即使用数据库的最新备份予以恢复。

② 监察系统的性能。运用 DBMS 提供的性能监察与分析工具，不断地监控系统的运行情况。当数据库的存储空间或响应时间等性能下降时，立即进行分析研究找出原因，并及时采取措施改进。例如，可通过修改某些参数、整理碎片、调整存储结构或重新组织数据库等方法，使数据库系统保持高效率地正常运作。

③ 扩充系统的功能。在维持原有系统功能和性能的基础上，适应环境和需求的变化，采纳用户的合理意见，对原有系统进行扩充，增加新的功能。

9.2　数据库应用系统体系结构

信息系统平台模式大致分为四种：主机终端模式、文件服务器模式、客户机/服务器（Client/Server，C/S）模式和浏览器/服务器（Browser/Server，B/S）模式。

主机终端模式由于硬件选择有限，硬件投资得不到保证，已被逐步淘汰。而文件服务器模式只适用于小规模的局域网，对于用户多、数据量大的情况就会产生网络瓶颈，特别是在互联网上不能满足用户要求。因此，现代企业 MIS 平台主要考虑的是 C/S 模式和 B/S模式。

9.2.1　C/S 体系数据库应用系统

C/S 模式产生于 20 世纪 80 年代。在这种结构中，网络中的计算机分为两个有机联系的部分：客户机和服务器。服务器通常采用高性能的 PC、工作站或小型计算机，并采用大型数据库系统，如 Oracle、Sybase、Informix 或 SQL Server。客户机由功能一般的微型计算机担任，客户端需要安装专用的客户端软件，它可以使用服务器中的资源。该模式的原理如图 9-3 所示。

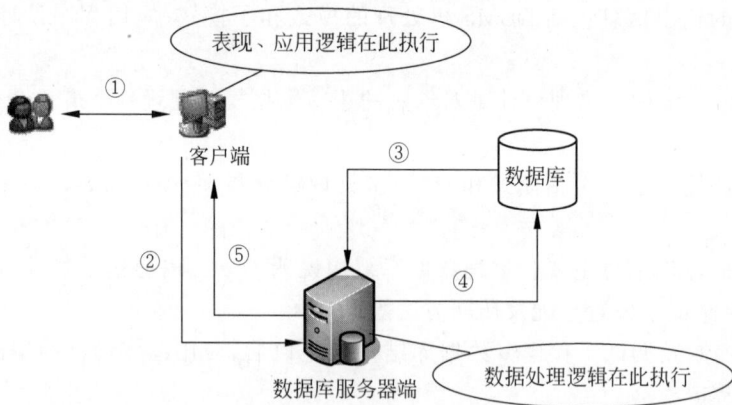

图 9-3　C/S 模式的原理

C/S 模式的工作原理如下。

(1) 由客户向客户端计算机发出请求，请求创建、增删某条记录或者多条记录。

(2) 客户端将指令传到服务器端。

(3) 数据库服务器只从数据库表中读取请求的行和列。

(4) 数据库服务器根据客户端的要求对数据库中的记录进行修改（创建、增删改等）。

(5) 服务器端对客户端请求进行响应，只返回需要的行和列。

C/S 模式的优点是能充分发挥客户端 PC 的处理能力，很多工作可以在客户端处理后再提交给服务器。C/S 模式的优点就是客户端响应速度快。具体表现在以下两点。

(1) 应用服务器运行数据负荷较轻。最简单的 C/S 体系结构的数据库应用由两部分组成，即客户应用程序和数据库服务器程序。二者可分别称为前台程序与后台程序。运行数据库服务器程序的机器，也称为应用服务器。一旦服务器程序被启动，就随时等待响应客户程序发来的请求；客户应用程序运行在用户自己的计算机上，对应于数据库服务器，可称为客户计算机，当需要对数据库中的数据进行任何操作时，客户程序就自动地寻找服务器程序，并向其发出请求，服务器程序根据预定的规则做出应答，送回结果，应用服务器运行数据负荷较轻。

（2）数据的存储管理功能较为透明。在数据库应用中，数据的存储管理功能是由服务器程序和客户应用程序分别独立进行的，并且通常把那些不同的（不管是已知还是未知的）前台应用所不能违反的规则，在服务器程序中集中实现，例如，访问者的权限中编号不可以重复、必须有客户才能建立订单这样的规则。所有这些，对于工作在前台程序上的最终用户是"透明"的，他们无须过问（通常也无法干涉）背后的过程，就可以完成自己的一切工作。在C/S架构的应用中，前台程序不是非常"瘦小"，麻烦的事情都交给了服务器和网络。

C/S模式的主要缺点如下。

（1）应用逻辑必须在所有客户机上进行复制和维护，可能涉及成千上万个客户端的应用软件安装。

（2）设计人员必须为版本升级做计划，提供控制，以确保每个客户端都运行业务逻辑的最新版本，并确保其他软件不会干扰业务逻辑。

（3）应用逻辑分布在客户端，客户机发出数据请求，服务器端返回结果。当客户数目激增时，大量的数据传输也会增加网络负载，导致服务器的性能因为无法进行负载平衡而下降。

9.2.2　B/S体系数据库应用系统

B/S模式是一种从传统的二层C/S模式发展起来的新的网络结构模式。其本质是三层结构C/S模式。B/S模式主要由客户机、Web服务器和数据服务器组成，其原理如图9-4所示。

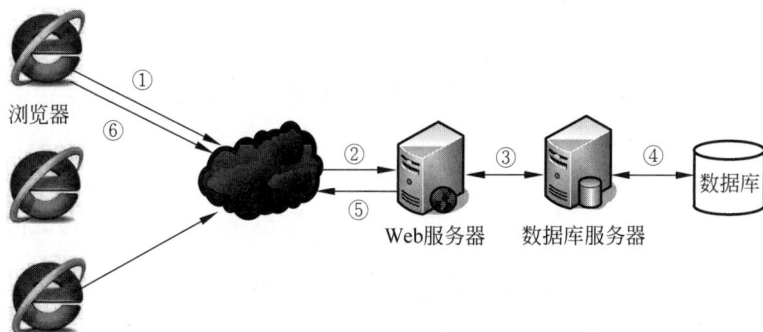

图 9-4　B/S 模式原理

B/S模式的工作原理如下。

（1）客户端运行浏览器软件，浏览器向 Web 服务器提出 HTTP 查询请求，请求的方式分为 POST 和 GET。对于 GET 请求，浏览器其实是一个 URL 请求，变量名和内容都包含在 URL 中，形式如 http://www.url.com/index.asp?id=123；对于 POST 请求，浏览器将生成一个数据包将变量名和它们的内容捆绑在一起,并发送到服务器。

(2) Web 服务器接收客户端请求后,如果是对静态页面的请求,就将静态页面发送给客户端;如果是请求的内容需动态处理,请求将转交给动态处理程序如 aspx、jsp 等进行相应处理。

(3) 若在处理过程中遇到与数据库有关的指令,由 Web 服务器交给数据库服务器来解释执行。

(4) 数据库服务器根据请求对数据库中的记录进行修改(创建、增删改等)或返回请求的行和列信息,并将数据处理结果返回给 Web 服务器。

(5) Web 服务器生成返回页面并将结果打包成 HTTP 响应返回给浏览器。

(6) 最后由浏览器对 Web 服务器的响应进行解析,并在屏幕上显示 HTML 输出。

B/S 模式的主要优点如下。

(1) 简化了客户端。它无须像 C/S 模式那样在不同的客户机上安装不同的客户应用程序,而只需安装通用的浏览器软件。不但可以节省客户机的硬盘空间与内存,而且使安装过程更加简便,网络结构更加灵活。

(2) 简化了系统的开发和维护。系统的开发者无须再为不同级别的用户设计开发不同的应用程序,只需把所有的功能都实现在 Web 服务器上,并就不同的功能为各个组别的用户设置权限就可以了。各个用户通过 HTTP 请求在权限范围内调用 Web 服务器上不同的处理程序,从而完成对数据的查询或修改。相对于 C/S 模式,B/S 模式的维护具有更大的灵活性。

(3) 使客户的操作变得更简单。对于 C/S 模式,客户应用程序有自己特定的规格,使用者需要接受专门培训。而使用 B/S 模式时,客户端只是一个简单易用的浏览器软件。B/S 模式的这种特性还使信息化环境维护的限制因素更少。

(4) B/S 模式特别适合于网上信息发布,使得传统的信息管理系统的功能有所扩展,这是 C/S 模式无法实现的。

鉴于 B/S 模式相对于 C/S 模式的先进性,B/S 模式逐渐成为一种流行的信息化环境平台。

B/S 模式的主要缺点如下。

(1) 企事业单位或部门是一个有结构、有管理、有确定任务的有序实体,而 Internet 面向的却是一个无序的集合,B/S 模式必须适应长期在 C/S 模式下的有序需求方式。

(2) 传统的工作中已经积累了各种基于非 Internet 技术上的应用,与这些应用连接是 Intranet 的一项极其重要而繁重的任务。缺乏对动态页面的支持能力,没有集成有效的数据库处理功能,安全性难以控制,好的集成工具不足等,也是 B/S 目前存在的问题。

9.2.3 数据库应用系统体系结构选择

在传统的 C/S 模式下已经积累了大量的应用和信息,而这些信息还在广泛地使用。B/S 模式适用于信息发布,而对于如在线事务处理应用则不尽如人意。在实际进行网络数据库应用系统的开发时,系统分析员可以根据系统的特点,灵活地选择不同的信息化环境平台及采用哪一种体系结构。

(1) 适合采用 C/S 模式的应用系统的特点。

① 安全性要求高。

② 要求具有较强的交互性。

③ 使用范围小、地点相对固定。

④ 要求处理大量数据。

(2) 适合采用 B/S 模式的应用系统的特点。

① 使用范围广、地点灵活。

② 功能变动频繁。

③ 安全性、交互性要求不同。

(3) B/S 与 C/S 的混合模式。

将 B/S 和 C/S 两种模式的优势结合起来,即形成 B/S 和 C/S 的混合模式。对于面向大量用户的模块采用三层 B/S 模式,在用户端计算机上安装运行浏览器软件,基础数据集中放在高性能的数据库服务器上,中间建立一个 Web 服务器作为数据库服务器与客户机浏览器的交互通道。而对于系统模块安全性要求高、交互性强、处理数据量大、数据查询灵活时,则使用 C/S 模式,这样就能充分发挥各自的长处,开发出安全可靠、灵活方便、效率高的数据库应用系统。

9.3 数据库访问技术

9.3.1 ODBC

开放数据库连接(Open Database Connectivity,ODBC)是为解决异构数据库间的数据共享而产生的,现已成为 WOSA(The Windows Open System Architecture,Windows 开放系统体系结构)的主要部分和基于 Windows 环境的一种数据库访问接口标准。ODBC 为异构数据库访问提供统一接口,允许应用程序以 SQL 为数据存取标准,存取不同 DBMS 管理的数据;使应用程序直接操纵 DB 中的数据,免除随 DB 的改变而改变。用 ODBC 可以访问各类计算机上的 DB 文件,甚至访问如 Excel 表和 ASCII 数据文件这类非数据库对象,这部分内容在第 8 章有详细介绍。

9.3.2 JSP 技术

JSP(Java Server Pages)是一种用于开发动态 Web 应用程序的 Java 技术,它允许将 Java 代码嵌入 HTML 页面中,以便生成动态内容。

JSP 使用类似于 HTML 的语法,并提供了一些特殊的标签和指令,用于定义 Java 代码块、变量、循环、条件判断等。在 JSP 页面中,可以使用 Java 的所有功能和类库,以及 JSP 提供的内置对象和标准标签库。

JSP 的工作原理是将 JSP 页面编译成一个 Servlet,然后由 Web 服务器执行。当浏览器请求一个 JSP 时,Web 服务器会将其转换为相应的 Servlet 并执行,最后将生成的 HTML 结果返回给浏览器显示。

JSP 技术有以下几个特点和优势。

(1) 简单易学。JSP 使用类似于 HTML 的标记语言,对于熟悉 HTML 的开发者来说很容易上手。

（2）可重用性。JSP 支持通过包含和标签库的方式实现页面模块化和重用，提高了代码的可维护性。

（3）动态性。JSP 可以嵌入 Java 代码，实现动态生成内容，可以根据不同的条件生成不同的输出结果。

（4）强大的功能。JSP 可以使用 Java 的全部功能和类库，能够处理复杂的业务逻辑和数据操作。

总之，JSP 是一种很常用的 Java Web 开发技术，它结合了 HTML 和 Java 的优势，可以方便地开发出功能强大、动态交互的 Web 应用程序。

9.3.3 JDBC

JDBC(Java DataBase Connectivity，Java 数据库连接)是一种用于执行 SQL 语句的 Java API，可以为多种关系数据库提供统一访问，它由一组用 Java 语言编写的类和接口组成。JDBC 提供了一种基准，据此可以构建更高级的工具和接口，使数据库开发人员能够编写数据库应用程序，同时，JDBC 也是一个商标名。

有了 JDBC，向各种关系数据发送 SQL 语句就是一件很容易的事。换言之，有了 JDBC API，就不必为访问 Sybase 数据库专门写一个程序，为访问 Oracle 数据库又专门写一个程序，或为访问 Informix 数据库又编写另一个程序等，程序员只需用 JDBC API 写一个程序就够了，它可向相应数据库发送 SQL 调用。同时，将 Java 语言和 JDBC 结合起来使程序员不必为不同的平台编写不同的应用程序，只需写一遍程序就可以让它在任何平台上运行，这也是 Java 语言"编写一次，处处运行"的优势。

9.4 MySQL 数据库开发技术

MySQL 是一种开源的关系数据库管理系统，常用于 Web 应用程序开发。MySQL 具有可靠性高、处理能力强、易使用等优点，在 Web 开发、数据仓库等领域都有广泛应用。在开发 Web 应用或其他类型的程序时，对 MySQL 数据库开发技术的掌握至关重要，它将有助于提高程序的性能和安全性。

9.4.1 MySQL 数据库系统架构

MySQL 数据库系统采用经典的 C/S 架构，其架构主要由以下组件组成。

（1）客户端(Client)。客户端是与 MySQL 数据库进行交互的用户应用程序。它可以是命令行工具、图形化界面或 Web 应用程序等。客户端通过网络协议（如 TCP/IP）与 MySQL 服务器建立连接，并发送 SQL 语句或其他请求到服务器，并接收和处理服务器返回的结果。

（2）连接管理器(Connection Manager)。连接管理器负责处理客户端与服务器之间的连接管理。它接收客户端的连接请求，并管理连接池，以便高效地处理多个客户端的并发请求。

（3）查询解析器(Query Parser)。查询解析器负责解析客户端发送的 SQL 语句。它将 SQL 语句分解成语法树，并进行语法和语义分析，以确定查询的操作类型和语义正确性。

（4）查询优化器（Query Optimizer）。查询优化器负责对查询进行优化，以提高查询性能。它分析查询的各种执行计划，并选择最优的执行路径和索引使用策略，以减少 I/O 开销和查询时间。

（5）存储引擎（Storage Engine）。存储引擎负责实际数据的存储和检索。MySQL 支持多种存储引擎，包括 InnoDB、MyISAM、Memory 等。不同的存储引擎具有不同的特性和适用场景，开发人员可以根据需求选择合适的存储引擎。

（6）日志引擎（Logging Engine）。日志引擎负责记录数据库操作的日志，用于恢复和回滚数据。MySQL 使用了两种日志类型：二进制日志（Binary Log）和事务日志（Transaction Log）。

（7）缓存管理器（Buffer Manager）。缓存管理器负责管理内存缓存，将频繁访问的数据和索引存储在内存中，以加快数据的读取和写入速度。MySQL 使用了多级缓存机制，包括查询缓存、InnoDB 缓冲池等。

（8）文件管理器（File Manager）。文件管理器负责管理数据库文件和数据文件的读写操作。它负责磁盘 I/O 的处理，将数据从磁盘读取到内存或将数据从内存写入磁盘。

上述每个组件都有其功能和作用，它们共同协作来提供高效、可靠的数据库服务。

9.4.2 MySQL 数据库应用项目开发相关技术

1. MySQL 相关技术

MySQL 数据库在应用项目开发中有许多相关技术可供选择和使用。以下是一些常用的技术。

（1）数据库设计。在开始项目之前，需要进行数据库设计，包括确定表结构、字段类型和大小、索引设计等。常用的工具有 MySQL Workbench、Navicat 等，它们可以帮助进行数据库建模和设计。

（2）SQL。SQL 是与 MySQL 数据库交互的标准查询语言。在项目开发过程中，需要熟练掌握 SQL 语法，包括 SELECT、INSERT、UPDATE 和 DELETE 等操作，以及复杂查询、连接查询和子查询等高级功能。

（3）数据库连接与操作。在项目中，需要通过编程语言（如 Java、Python）使用适当的驱动程序来连接和操作 MySQL 数据库。常用的驱动程序有 JDBC（Java）和 MySQL Connector/Python（Python）。

（4）数据库访问框架。为了简化数据库操作，可以使用数据库访问框架，如 Hibernate（Java）、SQLAlchemy（Python）等。这些框架提供了对象关系映射（ORM）功能，将数据库表映射为对象，并提供高级查询和事务管理等功能。

（5）数据库事务管理。在需要保证数据一致性和完整性的操作中，使用数据库事务是很重要的。MySQL 支持事务，并提供了 ACID（原子性、一致性、隔离性和持久性）属性。通过编程语言的事务管理接口（如 Java 的 JDBC 事务），可以执行和控制数据库事务。

（6）数据库连接池。为了提高性能和提升并发访问的能力，使用数据库连接池是一个常见的技术。连接池管理和复用数据库连接，避免频繁地创建和关闭连接。常见的连接池技术如 C3P0、HikariCP 等。

（7）数据库性能优化。针对高负载和大数据量的场景，需要考虑数据库性能优化。这包括合理使用索引、优化查询语句、分表分区技术、定期维护和优化数据库等。

（8）数据备份与恢复。为了保证数据的安全性和可靠性，定期进行数据库备份是必要的。MySQL 提供了多种备份和恢复工具，如 mysqldump、XtraBackup 等。

（9）安全性管理。在应用项目开发中，要重视数据库的安全性。这涉及设置合适的用户权限、密码加密、防止 SQL 注入攻击等。

总之，MySQL 数据库应用项目开发涉及以上技术。针对具体项目需求，需要选择合适的技术和工具进行开发与实施。

2. MVC

MVC 最早由 Trygve Reenskaug 在 1978 年提出，是施乐帕罗奥多研究中心（Xerox PARC）在 20 世纪 80 年代为程序语言 Smalltalk 发明的一种软件架构设计模式。MVC 模式将应用程序的逻辑分离为三个主要组件：模型（Model）、视图（View）和控制器（Controller），其意义如下。

M 即 Model（模型），主要是存储或者处理数据的组件。Model 其实是实现业务逻辑层对实体类相应数据库操作，如 CRUD。它包括数据、验证规则、数据访问和业务逻辑等应用程序信息。

V 即 View（视图），是用户接口层组件。其主要功能是将 Model 中的数据展示给用户。JSP 或 HTML 文件被用来处理视图的职责。

C 即 Controller（控制器），用于处理用户交互，从 Model 中获取数据并将数据传给指定的 View。

1）JSP MVC 开发模式

JSP 是一种基于 Java 技术的动态网页开发技术，它允许将 Java 代码嵌入 HTML 页面中。在 JSP 中使用 MVC 模式可以提高应用程序的可维护性和扩展性。下面是 JSP 中使用 MVC 的一般实现方法。

（1）模型。模型代表应用程序的数据和业务逻辑。在 JSP 中，通常使用 JavaBean 作为模型组件，它封装了数据，并提供用于操作数据的方法。模型可以与数据库进行交互，执行数据的读取、存储和更新等操作。

（2）视图。视图负责呈现数据给用户，并接收用户的输入。在 JSP 中，视图通常是包含了 HTML 代码和 JSP 标签的页面。视图通过调用模型的方法获取数据，并使用 JSP 标签或 EL 表达式将数据显示在页面上。

（3）控制器。控制器负责接收用户的请求、处理请求并将结果发送给视图进行显示。在 JSP 中，控制器通常是一个 Servlet 或一个带有 JSP 脚本的页面。控制器根据用户的请求调用适当的模型方法进行数据处理，并将结果存储到请求属性中，然后将控制转发给适当的视图进行显示。

通过采用 MVC 模式，JSP 应用程序实现了模块化和分层的设计，增加了代码的可读性和维护性。模型、视图和控制器各自独立，可以单独测试和修改，而不会对其他组件产生影响。此外，使用 MVC 模式也便于应对需求变更和功能扩展，只需要修改相应的组件而不需要改变整个应用程序的架构。

JSP 中使用 MVC 模式可以将应用程序的数据、业务逻辑和用户界面分离，并提供一种可维护和可扩展的设计方式。这种设计模式能够提高开发效率、代码重用性和应用程序的质量。

2) Servlet MVC 开发模式

Servlet 是一种基于 Java 技术的动态网页开发技术,它充当 Web 应用程序中的控制器,负责接收和处理 HTTP 请求,并将响应发送回客户端。在 Servlet 中使用 MVC 模式可以提高应用程序的可维护性和扩展性。下面是 Servlet 中使用 MVC 的一般实现方法。

(1) 模型。模型代表应用程序的数据和业务逻辑。在 Servlet 中,通常使用 JavaBean 作为模型组件,它封装了数据,并提供用于操作数据的方法。模型可以与数据库进行交互,执行数据的读取、存储和更新等操作。

(2) 视图。视图负责呈现数据给用户,并接收用户的输入。在 Servlet 中,视图通常是包含了 HTML 代码和 JSP 标签的页面。视图通过调用模型的方法获取数据,并使用 JSP 标签或 EL 表达式将数据显示在页面上。

(3) 控制器。控制器负责接收用户的请求、处理请求并将结果发送给视图进行显示。在 Servlet 中,控制器通常是一个 Servlet。控制器根据用户的请求调用适当的模型方法进行数据处理,并将结果存储到请求属性中,然后将控制转发给适当的视图进行显示。

通过采用 MVC 模式,Servlet 应用程序实现了模块化和分层的设计,增加了代码的可读性和可维护性。模型、视图和控制器各自独立,可以单独测试和修改,而不会对其他组件产生影响。此外,使用 MVC 模式也便于应对需求变更和功能扩展,只需要修改相应的组件而不需要改变整个应用程序的架构。

MVC 处理流程如图 9-5 所示。

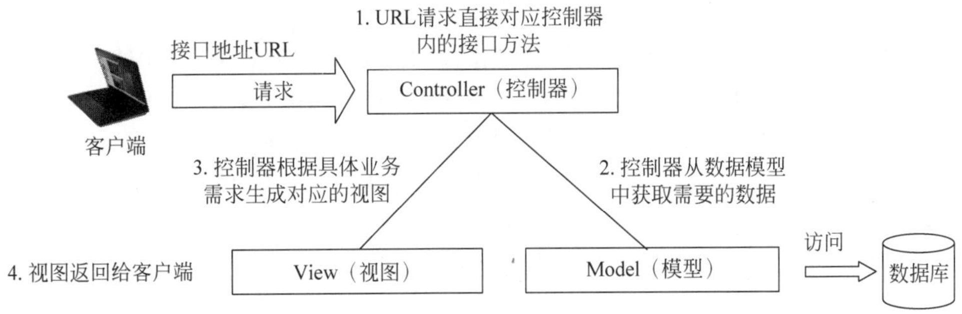

图 9-5　MVC 处理流程

3. jQuery

jQuery 是一个快速、简洁的 JavaScript 框架,是继 Prototype 之后又一个优秀的 JavaScript 代码库(或 JavaScript 框架)。jQuery 设计的宗旨是"Write Less,Do More",即倡导写更少的代码,做更多的事情。它封装 JavaScript 常用的功能代码,提供一种简便的 JavaScript 设计模式,优化 HTML 文档操作、事件处理、动画设计和 Ajax 交互。

jQuery 具有以下特点。

(1) 轻量级、体积小,使用灵巧(只需引入一个 JS 文件)。

(2) 强大的选择器。

(3) 出色的 DOM 操作的封装。

(4) 出色的浏览器兼容性。

(5) 可靠的事件处理机制。

(6) 完善的 Ajax。

（7）链式操作、隐式迭代。

（8）方便的选择页面元素（模仿 CSS 选择器更精确、灵活）。

（9）动态更改页面样式/页面内容（操作 DOM，动态添加、移除样式）。

（10）控制响应事件（动态添加响应事件）。

（11）提供基本网页特效（提供已封装的网页特效方法）。

（12）快速实现通信（Ajax）。

（13）易扩展、插件丰富。

4. EasyUI 界面插件

EasyUI 是一个基于 jQuery 的开源 UI 库，它提供了丰富的 UI 组件和交互功能，广泛应用于企业级 Web 应用程序的开发中，便于开发者快速构建美观、易用的 Web 界面。

1）EasyUI 的特点

（1）提供多种 UI 组件，如表格（DataGrid）、表单（Form）、对话框（Dialog）等。

（2）支持数据绑定和远程数据加载。

（3）具有丰富的主题和样式风格选择。

（4）提供易于使用的 API 和事件机制。

（5）兼容性良好，支持主流浏览器。

2）EasyUI 提供的 UI 组件

（1）DataGrid：可实现可排序、可分页的表格展示，并提供列编辑、行编辑、复选框选择等功能。

（2）Form：支持表单字段校验和提交，同时提供各种类型的表单输入控件。

（3）Dialog：弹出对话框，可用于显示提示、确认消息，或作为表单填写的容器。

（4）Tree：创建可折叠、可选择的层级树状结构，适用于导航菜单等场景。

（5）Combobox：下拉选择框，支持远程数据加载和自动完成功能。

（6）Tabs：选项卡容器，可切换不同的内容页面。

（7）Calendar：日历控件，显示日期并支持日期选择。

3）EasyUI 的使用方法

（1）引入 jQuery 和 EasyUI 的 CSS 和 JavaScript 文件。

（2）根据需求，在 HTML 页面中添加相应的 DOM 元素，并配置相应的属性。

（3）使用 JavaScript 代码初始化 UI 组件，配置参数和事件回调。

（4）根据需要，编写服务器端代码，处理数据请求和响应。

关于 EasyUI 的资源和参考文档，可参考其官方网站 http://jeasyui.com/。

9.5 JSP+Servlet+EasyUI+MySQL 开发校园超市管理系统

本书第 8 章已经针对校园超市管理系统的数据库设计进行了详细的讲解，本章将从数据库应用系统开发的角度对该案例进行介绍。

9.5.1 需求分析

校园超市管理系统总的功能结构如图 9-6 所示。

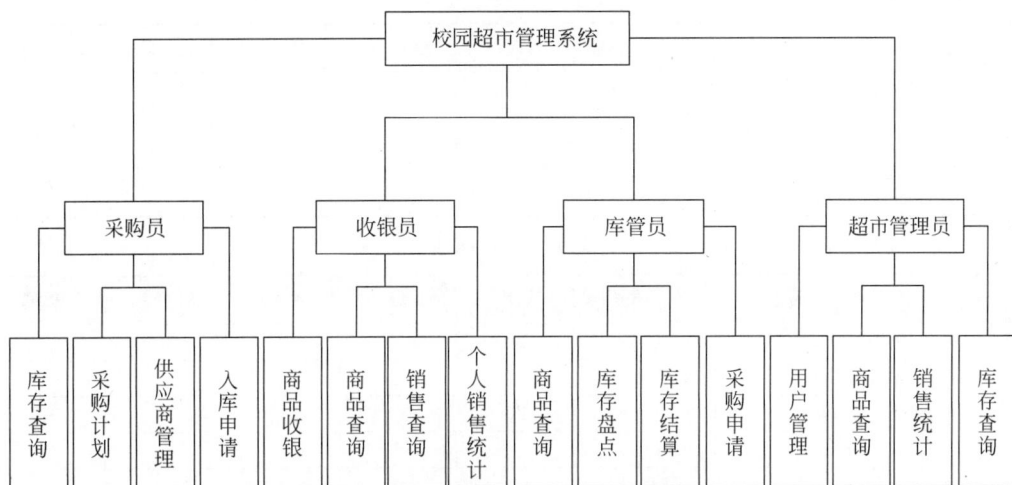

图 9-6 校园超市管理系统总的功能结构

系统分为四种不同的角色,每种角色对应不同的功能。

9.5.2 系统总体架构设计

校园超市管理系统的总体架构设计如图 9-7 所示。

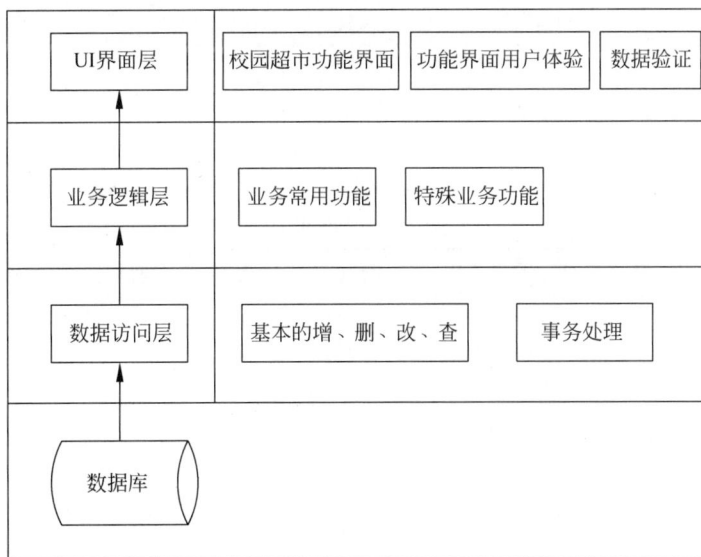

图 9-7 校园超市管理系统的总体架构设计

9.5.3 数据库设计

校园超市管理系统所涉及的核心表及表结构如表 9-1～表 9-5 所示,其他表的使用可以参考第 8 章数据库设计案例中的内容。

表 9-1　Category 表

序号	列　　名	数据类型	长度	小数位	标识	主键	外键
1	CategoryNO	varchar	20	0		是	
2	Cat_CategoryNO	varchar	20	0			是
3	CategoryName	varchar	100	0			
4	Description	varchar	500	0			

表 9-2　Goods 表

序号	列　　名	数据类型	长度	小数位	标识	主键	外键
1	GoodsNO	varchar	20	0		是	
2	SupplierNO	varchar	20	0			
3	CategoryNO	varchar	20	0			是
4	GoodsName	varchar	100	0			
5	BarCode	varchar	100	0			
6	InPrice	decimal	9	2			
7	SalePrice	decimal	9	2			
8	Number	int	4	0			
9	Unit	varchar	10	0			
10	Comment	varchar	500	0			

表 9-3　SaleBill 表

序号	列　　名	数据类型	长度	小数位	标识	主键	外键
1	GoodsNO	varchar	20	0		是	是
2	SNO	varchar	20	0		是	
3	HappenTime	datetime	8	3			
4	Number	int	4	0			

表 9-4　Student 表

序号	列　　名	数据类型	长度	小数位	标识	主键	外键
1	SNO	varchar	20	0		是	
2	SName	varchar	20	0			
3	BirthYear	int	4	0			
4	Ssex	varchar	2	0			
5	College	varchar	100	0			
6	Major	varchar	100	0			
7	WeiXin	varchar	100	0			

表 9-5　Supplier 表

序号	列　　名	数据类型	长度	小数位	标识	主键	外键
1	SupplierNO	varchar	20	0		是	
2	SupplierName	varchar	100	0			
3	Address	varchar	200	0			
4	Contacts	varchar	50	0			
5	Telephone	varchar	20	0			

数据库原理及应用-微课视频版(第2版)

9.5.4　系统基础模块设计

系统的目标就是对应用系统的所有对象资源和数据资源进行权限控制,如应用系统的功能菜单、各个界面的按钮、数据显示的列和各种行级数据进行权限的操控。相关对象主要有用户、角色和权限。它们之间的关系都为多对多。

1. 用户

用户是应用系统的具体操作者,根据所分配到的角色拥有不同的权限功能,一个用户可以拥有多个角色。用户在系统管理中的基础信息应该有账户、姓名、性别、登录密码、角色、联系方式等,一般的用户管理界面如图 9-8 和图 9-9 所示。

	账户	姓名	性别	手机	超市	部门	岗位	创建时间	允许登录
1	1111	大牛	男	18983419362	乐康超市	财务部	库存管理员	2017-07-13	正常
2	1095	朱永慧	男	15004206414	乐康超市	营销部	库存管理员	2016-07-20	正常
3	1112	冯素梅	男	15008170814	乐康超市	人事部	营销人员	2016-07-20	正常
4	1113	高士勤	男	18803237005	乐康超市	人事部	上架人员	2016-07-20	正常
5	1114	韩坚强	男	13306174097	乐康超市	人事部	库存管理员	2016-07-20	正常
6	1115	胡新红	女	18902684965	乐康超市	人事部	采购人员	2016-07-20	正常
7	1116	季明兰	女	18005632057	乐康超市	财务部	上架人员	2016-07-20	正常
8	1010	白玉芬	女	15202701761	乐康超市	营销部	收银员	2016-07-20	正常
9	1011	陈国祥	男	18707385959	乐康超市	营销部	上架人员	2016-07-20	正常
10	1012	陈艳华	女	13105056538	乐康超市	营销部	上架人员	2016-07-20	正常
11	1013	邓海燕	女	18305105175	乐康超市	营销部	上架人员	2016-07-20	正常
12	1014	纪海燕	女	15702775754	乐康超市	营销部	上架人员	2016-07-20	正常

图 9-8　用户管理主界面

图 9-9　用户信息编辑界面

2. 角色

为了对许多拥有相似权限的用户进行分类管理,定义了角色的概念,例如超级管理员、系统管理员、系统配置员、系统开发人员等角色。每个角色拥有不同权限功能,将角色赋给用户使其拥有系统的不同功能权限。一般的角色管理界面如图 9-10 和图 9-11 所示。

	角色名称	角色编号	角色类型	归属机构	创建时间	有效
1	超级管理员	administrators	系统角色	乐康超市	2016-07-10	
2	系统管理员	system	系统角色	乐康超市	2016-07-10	
3	系统配置员	configuration	业务角色	乐康超市	2016-07-10	
4	系统开发人员	developer	业务角色	乐康超市	2016-07-10	
5	内部员工	innerStaff	业务角色	乐康超市	2016-07-10	
6	档案管理员	archvist	业务角色	乐康超市	2016-07-10	
7	访客人员	guest	其他角色	乐康超市	2016-07-10	
8	测试人员	tester	业务角色	乐康超市	2016-07-10	
9	客服人员	services	业务角色	乐康超市	2016-07-10	

图 9-10　角色管理主界面

3. 权限

权限即系统的功能菜单。权限具有上下级关系,是一个树状的结构,它主要与角色直接产生关系,一个角色可以分配多个功能菜单。一般的系统菜单管理界面如图 9-12 和图 9-13 所示。

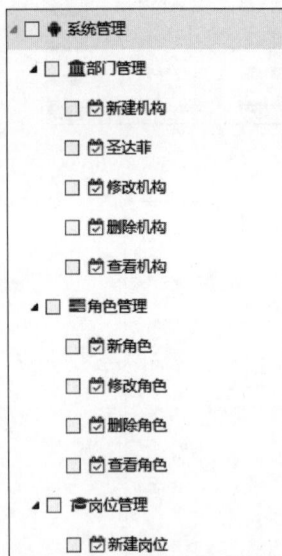

	名称	连接
1	系统管理	
2	部门管理	/SystemManage/Organize/Index
3	角色管理	/SystemManage/Role/Index
4	岗位管理	/SystemManage/Duty/Index
5	用户管理	/SystemManage/User/Index
6	数据字典	/SystemManage/ItemsData/Index
7	系统菜单	/SystemManage/Module/Index
8	会员管理	
9	会员列表	/SystemManage/Customer/Index
10	会员充值	/SystemManage/Recharge/Index
11	商品管理	
12	商品列表	/SystemManage/Merch/Index
13	商品分类	/SystemManage/Category/Index

图 9-11　角色权限分配界面　　　　　　图 9-12　系统菜单管理主界面

9.5.5　用户登录模块

(1) 新建登录控制器。在项目的 Controllers 文件下右击 servlet,在弹出的快捷菜单中选择 New→Java Class 命令添加控制器,并命名为 LoginController,模板选择空 MVC 控制器,然后单击"确定"按钮完成添加,如图 9-14 和图 9-15 所示。

(2) 创建完 LoginController 控制器后,新建对应的登录页面,在页面中添加插件 JS、CSS,HTML 页面结构布局和登录的 JavaScript 脚本。脚本代码如程序清单 9-1 所示。

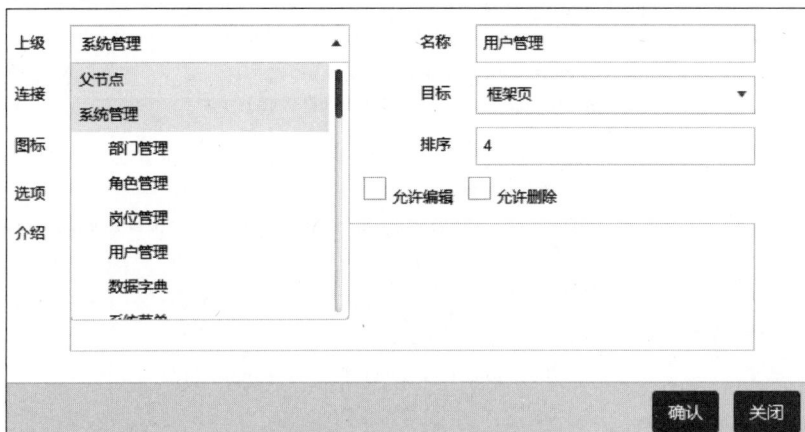

图 9-13 菜单编辑界面

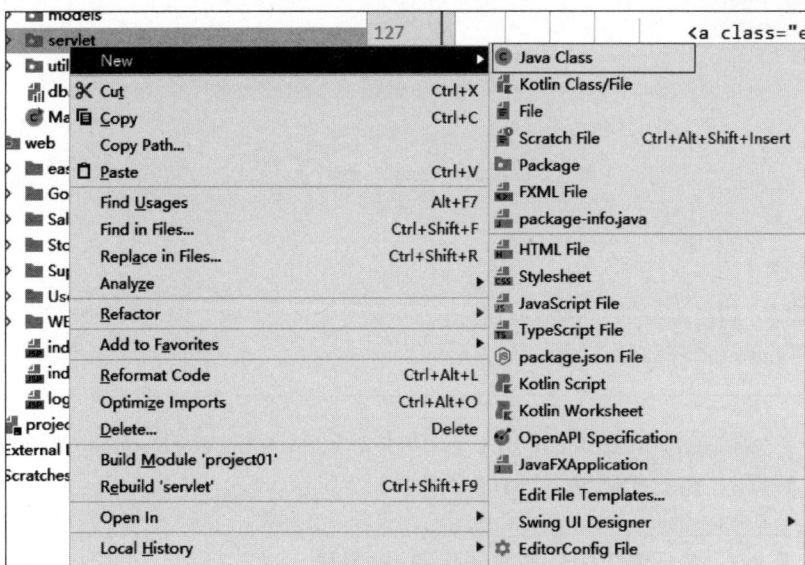

图 9-14 新建控制器

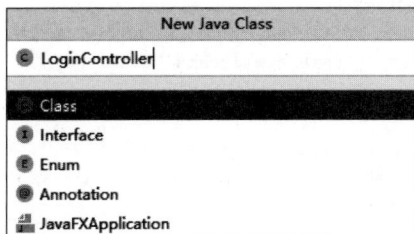

图 9-15 控制器命名

程序清单 9-1：前端用户登录 JavaScript

```javascript
< script type = "text/javascript">
        $ (function () {
            $ ('#login').click(function () {
```

```
            let no = $ ("#no").val();
            let pwd = $ ("#pwd").val();
            let state = $ ("#state").val();
            let validcode = $ ("#validcode").val();
            $.ajax({
                type: "POST",
                url: "/ServletLogin",
                data: {no: no, pwd: pwd, state:state, validcode:validcode},

                success: function (ret) {
                    console.log("222");
                    console.log(ret);
                    let result = eval("(" + ret + ")");
                    console.log(result);
                    if (result.code == '201') {

                        location.href = "index.jsp";
                    }
                    else if(result.code == '202'){
                        location.href = "index2.jsp";
                    }
                    else {
                        alert(result.msg)
                    }
                }
            })
        })
    });
</script>
```

（3）后端在 LoginController 中用 http 请求对象 HttpServletRequest 来获取登录功能需要的验证数据，并完成代码编写，如程序清单 9-2 所示。

程序清单 9-2：登录请求的后端方法代码（控制层）

```
        protected void doGet (HttpServletRequest req, HttpServletResponse resp) throws
ServletException, IOException {
        req.setCharacterEncoding("utf-8");
        resp.setContentType("text/html;charset=utf-8");
        ResultData rd = new ResultData();
        String sql;
        PrintWriter out = resp.getWriter();
        String no = req.getParameter("no");
        System.out.println(no);
        String pwd = req.getParameter("pwd");
        System.out.println(pwd);
        String state = req.getParameter("state");
        System.out.println(state);
        String validcode = req.getParameter("validcode");
        System.out.println(validcode);
        HttpSession session = req.getSession();
        if (!session.getAttribute("check_code").toString().equals(validcode)) {
            rd.setCode("401");
```

```
            rd.setMsg("验证码有误");
            out.write(JSON.toJSONString(rd));
            System.out.println("验证码错误");
            return;
        } else {
            if (state.equals("user")) {
                sql = "select * from sysuser where usercode = ? and password = ?";
                Object feedback = null;
                try {
                    feedback = DBUtils.QueryBean(sql, Sysuser.class, no, pwd);
                } catch (SQLException e) {
                    throw new RuntimeException(e);
                }
                System.out.println(feedback);
                if (feedback != null) {
                    session = req.getSession();
                    session.setAttribute("no", "no");
                    rd.setCode("202");
                    rd.setMsg("登录成功");
                    out.write(JSON.toJSONString(rd));
                    System.out.println("111");
                } else {
                    out.write("0");
                    rd.setCode("501");
                    rd.setMsg("用户名或密码有误");
                    out.write(JSON.toJSONString(rd));
                }
            } else {
                sql = "select * from administor where administorcode = ? and password = ?";
                Object feedback = null;
                try {
                    feedback = DBUtils.QueryBean(sql, Administor.class, no, pwd);
                } catch (SQLException e) {
                    throw new RuntimeException(e);
                }
                System.out.println(feedback);
                if (feedback != null) {
                    session = req.getSession();
                    session.setAttribute("no", "no");
                    rd.setCode("201");
                    rd.setMsg("登录成功");
                    out.write(JSON.toJSONString(rd));
                    System.out.println(JSON.toJSONString(rd));
                    System.out.println("111");
                } else {
                    out.write("0");
                    rd.setCode("401");
                    rd.setMsg("用户名或密码有误");
                    out.write(JSON.toJSONString(rd));
                    System.out.println("222");
                }
            }
        }
    }
}
```

（4）最终运行结果如图 9-16 所示。

图 9-16　登录界面

9.5.6　供应商模块

供应商模块的实现包括以下几部分。

（1）按照上述步骤新建供应商控制器和对应视图，并在前端页面引入相关插件和 HTML 布局。在将供应商的信息从数据库加载出来之前，需要先设计出商品信息展示出来的样式。这里存放供应商信息（主要为供应商的详细信息）的 HTML 布局代码，如程序清单 9-3 所示。

程序清单 9-3：供应商界面展示商品信息的 HTML 代码

```
< body class = "easyui – layout">
    < div data – options = "region:'north'"></div >
    < div id = "tb" style = "height:auto">
        < a id = "btnAdd" href = "javascript:void(0)" class = "easyui – linkbutton"
            data – options = "iconCls:'icon – add',plain:true">增加</a>
        < a id = "btnEdit" href = "javascript:void(0)" class = "easyui – linkbutton"
            data – options = "iconCls:'icon – edit',plain:true">修改</a>
        < a id = "btnRemove" href = "javascript:void(0)" class = "easyui – linkbutton"
            data – options = "iconCls:'icon – remove',plain:true">删除</a>
        < input class = "easyui – textbox" id = "limitedSearch" name = "limitedSearch"
            data – options = "buttonText:'查询',buttonAlign:'right',buttonIcon:'icon – search',
prompt:'供应商名称'">
    </div >
    < div data – options = "region:'center',border:false">
        < table id = "dg"></table >
    </div >
    < div id = "dd"></div >
</body >
```

（2）加载基础数据。前端布局和样式设计完成后，下一步就是利用 Ajax 请求后端写好的方法获取相关的商品信息，再根据前端所设计的 HTML 和 CSS 结合 Ajax 从后端获取到

的数据动态拼接 HTML。前端的 Ajax 和 JavaScript 代码如程序清单 9-4 所示。

程序清单 9-4：供应商界面展示商品信息的 JavaScript 代码

```
<script>
    $(function() {
        loadData('');
        $('#dg').datagrid({
            url: '/ServletSupplier?action = getSdgList',
            toolbar: '#tb',
            pagination: true,
            fit: true,
            columns: [[
                {field: 'supplierno', title: '供应商编号', width: 100},
                {field: 'suppliername', title: '供应商名称', width: 100,},
                {field: 'address', title: '地址', width: 100},
                {field: 'contacts', title: '联系方式', width: 100},
                {field: 'telephone', title: '电话号码', width: 100},
            ]]
        });

        $('#limitedSearch').textbox({
            onClickButton: function() {
                alert($(this).val());
                loadData($(this).val());
            }
        })

        function loadData(val) {
            $('#dg').datagrid({
                url: '/ServletSupplier?action = getSdgList',
                toolbar: '#tb',
                pagination: true,
                fit: true,
                queryParams: {
                    suppliername: val
                },
                columns: [[
                    {field: 'supplierno', title: '供应商编号', width: 100},
                    {field: 'suppliername', title: '供应商名称', width: 100,},
                    {field: 'address', title: '地址', width: 100},
                    {field: 'contacts', title: '联系方式', width: 100},
                    {field: 'telephone', title: '电话号码', width: 100},
                ]]
            });
        }
</script>
```

后台代码如程序清单 9-5 所示。

程序清单 9-5：供应商界面后台代码

```
        protected void doGet(HttpServletRequest req, HttpServletResponse resp) throws
```

```
ServletException, IOException {
    req.setCharacterEncoding("utf - 8");
    resp.setContentType("text/html;charset = utf - 8");
    resp.setContentType("application/json;charset = utf - 8");
    PrintWriter out = resp.getWriter();
    String action = req.getParameter("action") == null ? "" : req.getParameter("action");
    System.out.println(action);
    switch (action) {
        case "delete":
            delete(req, resp);
            break;

        case "getSdgList":
            try {
                getSdgList(req, resp);
                break;
            } catch (SQLException e) {
                throw new RuntimeException(e);
            }
        case "addSupplier":
            addSupplier(req, resp);
            break;
        case "exists":
            try {
                exists(req, resp);
                break;
            } catch (SQLException e) {
                throw new RuntimeException(e);
            }
        case "update":
            update(req, resp);
            break;
        case "getone":
            try {
                System.out.println("000");
                getone(req,resp);
                break;
            } catch (SQLException e) {
                throw new RuntimeException(e);
            }
    }
}

@Override
protected void doPost ( HttpServletRequest req, HttpServletResponse resp ) throws
ServletException, IOException {
    this.doGet(req, resp);
}
private void getSdgList ( HttpServletRequest req, HttpServletResponse resp ) throws
SQLException, IOException {
    PrintWriter out = resp.getWriter();
    String suppliername = req.getParameter("suppliername");
    System.out.println(suppliername);
    String sql;
```

```
if(suppliername == null||suppliername.equals("")){
    sql = "select * from supplier";
}
else{
    sql = "select * from supplier where suppliername like '%" + suppliername + "%'";
}
System.out.println("111");
List<Supplier> list = DBUtils.QueryBeanList(sql, Supplier.class);

HashMap<String, Object> map = new HashMap<>();

map.put("total", list.size());

map.put("rows", list);

out.write(JSON.toJSONString(map));
System.out.println(JSON.toJSONString(map));
}
}
```

（3）最终运行结果如图 9-17 所示。

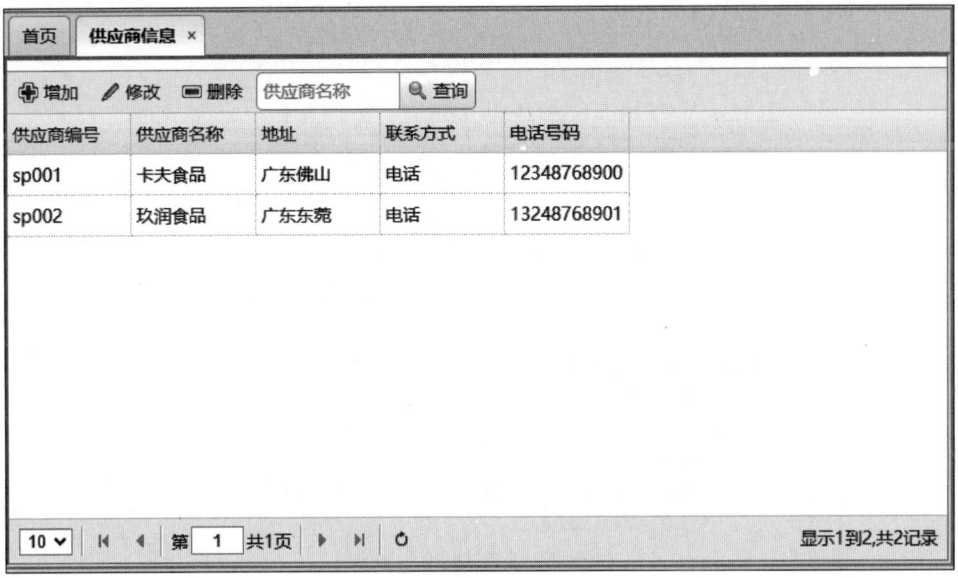

首页	供应商信息 ×			
⊕增加	✎修改	▭删除	供应商名称	🔍查询
供应商编号	供应商名称	地址	联系方式	电话号码
sp001	卡夫食品	广东佛山	电话	12348768900
sp002	玖润食品	广东东莞	电话	13248768901

| 10 ∨ | ⊮ | ◂ | 第 1 共1页 | ▸ | ⊯ | ○ | 显示1到2,共2记录 |

图 9-17 供应商展示界面

（4）实现单击某个商品的基本信息。首先用 jQuery 绑定类别单击事件，以便获取单击的类别 id，再将获取到的 id 通过 Ajax 传递给后台，后台处理程序根据接受的类别 id 从数据库筛选对应的商品信息，再返回给前端，可以进行修改。前端代码如程序清单 9-6 所示。

程序清单 9-6：前端 JavaScript 代码

```
$('#btnEdit').click(function () {
        let row = $('#dg').datagrid('getSelected');
        if (row == null) {
```

```
                $.messager.alert('提示', '请选择要编辑的数据!', 'warning');
                return;
            }
        $('#dd').dialog({
            title: '修改数据',
            width: 480,
            height: 450,
            closed: false,
            cache: false,
            href: 'addSupplierForm.jsp?action = edit&r = ' + Math.random(),
            modal: true,
            buttons: [{
                text: '保存',
                iconCls: 'icon - save',
                handler: function () {
                    $.messager.confirm('确认', '是否确认修改?', function (r) {
                        if (r) {
                            SaveData('update');
                        }
                    })

                }
            }, {
                text: '关闭',
                iconCls: 'icon - back',
                handler: function () {
                    $('#dd').dialog('close');
                }
            }]
        });
    })


function SaveData(action) {
    $('#ff').form('submit', {
        url: '/ServletSupplier?action = ' + action,
        onSubmit: function () {
            var isValid =  $(this).form("validate");
            if (!isValid) {
                $.messager.progress('close');
            }
            return isValid;
        },
        success: function (data) {
            console.log(data);
            let result = eval("(" + data + ")");
            if (result.code == '201') {
                $.messager.alert('提示', result.msg, 'info');
                $('#dd').dialog('close');
                $('#dg').datagrid('reload');
            } else {
                $.messager.alert('提示', result.msg, 'warning');
```

```
                    }
                }
            });
        }
```

（5）实现单击商品列表的商品，单击删除可以实现对商品的删除功能。前端代码如程
序清单 9-7 所示。

程序清单 9-7：前端 JavaScript 代码

```javascript
//供应商删除代码
        $('＃btnRemove').click(function () {
            if ( $('＃dg').datagrid('getSelected') == null) {
                $.messager.alert('提示', '请选择要删除的数据!', 'warning');
                return;
            }
            $.messager.confirm('提示', '是否要删除该数据?', function (r) {
                if (r) {
                    //定义行为当前选中的行
                    let row = $('＃dg').datagrid('getSelected');
                    $.ajax({
                        type: "GET",
                        //这里的 action 对应 Servlet 中的 case
                        url: "/ServletSupplier?action = delete",
                        data: {supplierno: row.supplierno},
                        success: function (ret) {
                            var jsonRet = JSON.stringify(ret);
                            let result = JSON.parse(jsonRet);
                            if (result.code == "201") {
                                $.messager.show({
                                    title: '提示',
                                    msg: result.msg,
                                    timeout: 2000,
                                    showType: 'slide'
                                });
                                $('＃dg').datagrid('reload');
                            } else {
                                $.messager.alert('提示', result.msg, 'warning');
                            }

                        }
                    })
                }
            })
        })
```

（6）最终运行结果如图 9-18 所示。

（7）实现商品的类别管理功能。需要注意以下几点：商品类别主要是对商品进行分类

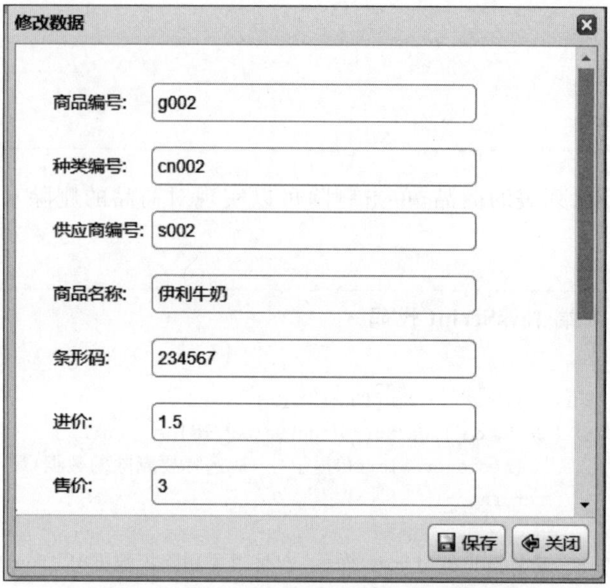

数据库原理及应用-微课视频版(第2版)

图 9-18 商品修改界面

处理,同时更好地进行对商品的管理,所以这里的 Ajax 最好使用 POST 请求方式,在 Ajax 中有几种常见的简写方式,分别是 $.post、$.get、$.getJson。这里我们可以使用 $.post。前端核心代码如程序清单 9-8 所示。

程序清单 9-8:前端 JavaScript 代码

```
<script>
    $(function () {
        loadData('');
        $('#dg').datagrid({
            url: '/ServletCategory?action = getCdgList',
            toolbar: '#tb',
            pagination: true,
            fit: true,
            columns: [[
                {field: 'categoryno', title: '种类编号', width: 100},
                {field: 'cat_categoryno', title: '详细编号', width: 100,},
                {field: 'categoryname', title: '种类名称', width: 100},
            ]]
        });

        $('#limitedSearch').textbox({
            onClickButton:function (){
                alert($(this).val());
                loadData($(this).val());
            }
        })

        function loadData(val){
            $('#dg').datagrid({
                url: '/ServletCategory?action = getCdgList',
```

```
            toolbar: '#tb',
            pagination: true,
            fit: true,
            queryParams: {
                categoryname: val
            },
            columns: [[
                {field: 'categoryno', title: '种类编号', width: 100},
                {field: 'cat_categoryno', title: '详细编号', width: 100,},
                {field: 'categoryname', title: '种类名称', width: 100},
            ]]
        });
    }
    $('#btnAdd').click(function () {
        $('#dd').dialog({
            title: "新增用户",
            height:480,
            width:450,
            closed: false,
            cache: false,
            href: 'addCategoryForm.jsp',
            modal: true,
            buttons:[{
                text:'保存',
                iconCls:'icon-save',
                handler:function() {
                    let isOk = $('#ff').form('validate');
                    if (isOk) {
                        $.messager.confirm('确认', '是否确认添加?', function (r) {
                            if (r) {
                                $.messager.progress();
                                $('#ff').form('submit', {
                                    url: '/ServletCategory?action = addCategory',
                                    onSubmit: function () {
                                        var isValid = $(this).form('validate');
                                        if (!isValid) {
                                            $.messager.progress('close');
                                        }
                                        return isValid;

                                    },
                                    success: function (data) {
                                        console.log(data);

                                        let result = eval("(" + data + ")");
                                        console.log(result);
                                        if (result.code == '201') {
                                            $.messager.alert('提示', result.msg,
'info');

                                            $('#dd').dialog('close');
                                            $('#dg').datagrid('reload');
                                            $.messager.progress('close');
                                        } else {
```

```
                                                    $.messager.alert('提示', result.msg,
'warning');
                                                    $.messager.progress('close');
                                                }
                                            }
                                        });
                                    }
                                });
                            }
                        }

                },{
                    text:'退出',
                    iconCls:'icon-back',
                    handler:function(){
                        $('#dd').dialog('close');
                    }
                }]

            });
        })
        //商品类别删除代码
        $('#btnRemove').click(function (){
            if( $('#dg').datagrid('getSelected') == null){
                $.messager.alert('提示','请选择要删除的数据!','warning');
                return;
            }
            $.messager.confirm('提示','是否要删除该数据?',function (r){
                if(r){
                    //定义行为当前选中的行
                    let row = $('#dg').datagrid('getSelected');
                    $.ajax({
                        type:"GET",
                        //这里的 action 对应 Servlet 中的 case
                        url:"/ServletCategory?action=delete",
                        data:{categoryno:row.categoryno},
                        success:function (ret){
                            var jsonRet = JSON.stringify(ret);
                            let result = JSON.parse(jsonRet);
                            if (result.code == "201"){
                                $.messager.show({
                                    title:'提示',
                                    msg:result.msg,
                                    timeout:2000,
                                    showType:'slide'
                                });
                                $('#dg').datagrid('reload');
                            }
                            else
                            {
                                $.messager.alert('提示',result.msg,'warning');
                            }
                        }
                    })
```

```
                    }
                })
            })
            $('#btnEdit').click(function (){
                let row = $('#dg').datagrid('getSelected');
                if(row == null){
                    $.messager.alert('提示','请选择要编辑的数据!','warning');
                    return;
                }
            })
    </script>
```

后台控制器代码如程序清单 9-9 所示。

程序清单 9-9：前端 JavaScript 代码

```java
@Override
    protected void doGet ( HttpServletRequest req, HttpServletResponse resp ) throws
ServletException, IOException {
        req.setCharacterEncoding("utf-8");
        resp.setContentType("text/html;charset = utf-8");
        resp.setContentType("application/json;charset = utf-8");
        PrintWriter out = resp.getWriter();
        String action = req.getParameter("action") == null ? "" : req.getParameter("action");
        System.out.println(action);
        switch (action) {
            case "delete":
                delete(req, resp);
                break;

            case "getCdgList":
                try {
                    getCdgList(req, resp);
                    break;
                } catch (SQLException e) {
                    throw new RuntimeException(e);
                }
            case "addCategory":
                addCategory(req, resp);
                break;
            case "exists":
                try {
                    exists(req, resp);
                    break;
                } catch (SQLException e) {
                    throw new RuntimeException(e);
                }
            case "update":
                update(req, resp);
                break;
            case "getone":
                try {
                    System.out.println("000");
```

```java
                    getone(req, resp);
                    break;
                } catch (SQLException e) {
                    throw new RuntimeException(e);
                }
            }
        }

    @Override
    protected void doPost ( HttpServletRequest req, HttpServletResponse resp ) throws
ServletException, IOException {
        this.doGet(req, resp);
    }
    private void getCdgList ( HttpServletRequest req, HttpServletResponse resp ) throws
SQLException, IOException {
        PrintWriter out = resp.getWriter();
        String categoryname = req.getParameter("categoryname");
        String sql;
        if(categoryname == null||categoryname.equals("")){
            sql = "select * from category";
        }
        else{
            sql = "select * from category where categoryname like '%" + categoryname + "%'";
        }
        System.out.println("111");
        List < Category > list = DBUtils.QueryBeanList(sql, Category.class);

        HashMap < String, Object > map = new HashMap <>();

        map.put("total", list.size());

        map.put("rows", list);

        out.write(JSON.toJSONString(map));
        System.out.println(JSON.toJSONString(map));
    }

    private void addCategory ( HttpServletRequest req, HttpServletResponse resp ) throws
IOException {
        PrintWriter out = resp.getWriter();

        String categoryno = req.getParameter("categoryno");
        String cat_categoryno = req.getParameter("cat_categoryno");
        String categoryname = req.getParameter("categoryname");

        String sql = "insert into category values(?,?,?)";
        ResultData rd = new ResultData();
        System.out.println("111");

        int count1 = DBUtils.Update(sql, categoryno, cat_categoryno,categoryname);
        System.out.println("995");
        if (count1 > 0) {
            System.out.println("666");
            rd.setCode("201");
```

```
                rd.setMsg("添加成功");
                out.write(JSON.toJSONString(rd));
                System.out.println(JSON.toJSONString(rd));
                System.out.println("888");
            } else {
                rd.setCode("501");
                rd.setMsg("添加失败");
                System.out.println("999");
            }
        }

    private void update(HttpServletRequest req,HttpServletResponse resp) throws IOException {
        PrintWriter out = resp.getWriter();
        ResultData rd = new ResultData();
        String categoryno = req.getParameter("categoryno");
        String cat_categoryno = req.getParameter("cat_categoryno");
        String categoryname = req.getParameter("categoryname");
        String sql = "update category set categoryno = ?,cat_categoryno = ?,categoryname =
? where categoryno = ? ";
            if(DBUtils.Update(sql,categoryno,cat_categoryno,categoryname,categoryno)> 0){
                rd.setCode("201");
                rd.setMsg("修改成功");
                out.write(JSON.toJSONString(rd));
            }
            else {
                out.write(JSON.toJSONString(new ResultData("501","保存失败")));
            }
        }
    private void delete(HttpServletRequest req,HttpServletResponse resp){
        try {
            PrintWriter out = resp.getWriter();
            String categoryno = req.getParameter("categoryno");
            String sql = "delete from category where categoryno = ?";
            if(DBUtils.Update(sql,categoryno)> 0){
                out.write(JSON.toJSONString(new ResultData("201","删除成功")));
            }
            else {
                out.write(JSON.toJSONString(new ResultData("501","删除失败")));
            }
        }
        catch (Exception e)
        {
            e.printStackTrace();
        }
    }

    private void exists(HttpServletRequest req, HttpServletResponse resp) throws IOException,
SQLException {
        PrintWriter out = resp.getWriter();
        String categoryno = req.getParameter("categoryno");
        System.out.println(categoryno);

        String sql = "select count( * ) from category where categoryno = ?";
```

```
        System.out.println("111");
        int count = Integer.parseInt(DBUtils.QueryScalar(sql,categoryno).toString());
        if(count == 1){
            out.write("true");
        }
    }
    private void getone(HttpServletRequest req, HttpServletResponse resp) throws IOException,
SQLException {
        PrintWriter out = resp.getWriter();
        String categoryno = req.getParameter("categoryno");
        System.out.println(categoryno);
        String sql = "select * from category where categoryno = ?";


        System.out.println("111");
        Category category = DBUtils.QueryBean(sql, Category.class,categoryno);
        ResultData rd = new ResultData();
        if(category != null){
            rd.setCode("201");
            rd.setMsg("获取成功");
            rd.setData(category);
            out.write(JSON.toJSONString(rd));
        }
        else {
            rd.setCode("501");
            rd.setMsg("获取失败");
            out.write(JSON.toJSONString(rd));
        }
    }
```

9.5.7 后台进货模块

后台进货模块的实现包括以下几部分。

(1) 进货主界面。

这里模仿的是一个小型超市的进货管理,涉及的业务如下:进货不单单是在系统的商品列表界面实现基础的增加修改商品功能,而是在已有的进货商品信息中实现再次的可批量进货操作。它可以根据已有库存商品信息从不同类别中筛选或根据商品信息查找出想要进货的商品。其中,商品的供应商和进货后商品的存放地(仓库)扮演者重要角色。用户可以在用系统操作进货管理模块时选择自己所要进货的供应商和存放进货的仓库。在进货时有两种选择:可以选择将商品立即存入对应仓库或者等待审核通过后再存入仓库。因此,在进货的操作界面可以查看自己的进货情况,进货分三种状态:待入库、已入库和已退货。三种状态所对应的操作为:待入库——修改与审核;已入库——查看详细与退货;已退货——查看详细。所实现界面如图9-19所示。

(2) 功能详解1——实现通过单击"增加""删除""修改"按钮对库存信息进行修改等调整。核心代码如程序清单9-10所示。

图 9-19 商品展示

程序清单 9-10：前端 JavaScript 代码

```
<script>
    $(function(){
        loadData('');
        $('#dg').datagrid({
            url: '/ServletBatch?action = getBdgList',
            toolbar: '#tb',
            pagination: true,
            fit: true,
            columns: [[
                {field: 'batchno', title: '进货编号', width: 100},
                {field: 'batchname', title: '进货名称', width: 100},
                {field: 'batchdatetime', title: '进货时间', width: 100},

            ]]
        });

        $('#limitedSearch').textbox({
            onClickButton:function(){
                alert($(this).val());
                loadData($(this).val());
            }
        })

        function loadData(val){
            $('#dg').datagrid({
                url: '/ServletBatch?action = getBdgList',
                toolbar: '#tb',
                pagination: true,
                fit: true,
                queryParams: {
                    batchno: val
                },
```

```
                columns: [[
                    {field: 'batchno', title: '进货编号', width: 100},
                    {field: 'batchname', title: '进货名称', width: 100},
                    {field: 'batchdatetime', title: '进货时间', width: 100},

                ]]
            });
        }
        $('#btnAdd').click(function () {
            $('#dd').dialog({
                title: "进货",
                height:480,
                width:450,
                closed: false,
                cache: false,
                href: 'addBatchForm.jsp',
                modal: true,
                buttons:[{
                    text:'保存',
                    iconCls:'icon-save',
                    handler:function() {
                        let isOk = $('#ff').form('validate');
                        if (isOk) {
                            $.messager.confirm('确认', '是否确认添加?', function (r) {
                                if (r) {
                                    $.messager.progress();
                                    $('#ff').form('submit', {
                                        url: '/ServletBatch?action = addbatch',
                                        onSubmit: function () {
                                            var isValid = $(this).form('validate');
                                            if (!isValid) {
                                                $.messager.progress('close');
                                            }
                                            return isValid;
                                        },
                                        success: function (data) {
                                            console.log(data);
                                            let result = eval("(" + data + ")");
                                            console.log(result);
                                            if (result.code == '201') {
                                                $.messager.alert('提示', result.msg,
'info');

                                                $('#dd').dialog('close');
                                                $('#dg').datagrid('reload');
                                                $.messager.progress('close');
                                            } else {
                                                $.messager.alert('提示', result.msg,
'warning');

                                                $.messager.progress('close');
                                            }
                                        }
                                    });
                                }
                            });
```

```
                    }
                }
            },{
                text:'退出',
                iconCls:'icon－back',
                handler:function(){
                        $('#dd').dialog('close');
                }
            }]

    });
})
//按钮"删除"
$('#btnRemove').click(function (){
    if( $('#dg').datagrid('getSelected') == null){
        $.messager.alert('提示','请选择要删除的数据!','warning');
        return;
    }
    $.messager.confirm('提示','是否要删除该数据?',function (r){
        if(r){
            //定义行为当前选中的行
            let row = $('#dg').datagrid('getSelected');
            $.ajax({
                type:"GET",
                //这里的 action 对应 Servlet 中的 case
                url:"/ServletBatch?action = delete",
                data:{batchno:row.batchno},
                success:function (ret){
                    var jsonRet = JSON.stringify(ret);
                    let result = JSON.parse(jsonRet);
                    if (result.code == "201"){
                        $.messager.show({
                            title:'提示',
                            msg:result.msg,
                            timeout:2000,
                            showType:'slide'
                        });
                        $('#dg').datagrid('reload');
                    }
                    else
                    {
                        $.messager.alert('提示',result.msg,'warning');
                    }
                    // console.log(ret);
                }
            })
        }
    })
})
$('#btnEdit').click(function (){
    let row = $('#dg').datagrid('getSelected');
    if(row == null){
        $.messager.alert('提示','请选择要编辑的数据!','warning');
```

```
                    return;
                }
            $('#dd').dialog({
                title:'修改数据',
                width:480,
                height:450,
                closed:false,
                cache:false,
                href:'addBatchForm.jsp?action=edit&r='+Math.random(),
                modal:true,
                buttons:[{
                    text:'保存',
                    iconCls:'icon-save',
                    handler:function(){
                        $.messager.confirm('确认','是否确认修改?',function (r){
                            if(r){
                                SaveData('update');
                            }
                        })

                    }
                },{
                    text:'关闭',
                    iconCls:'icon-back',
                    handler:function(){
                        $('#dd').dialog('close');
                    }
                }]
            });
        })


    $('#btnDetail').click(function () {
        let row = $('#dg').datagrid('getSelected');
        if (row == null) {
            $.messager.alert('提示', '请选择要编辑的数据!', 'warning');
            return;
        }
        location.href = 'batchdetail.jsp?action=detail&batchno='+row.batchno;
    })


    function SaveData(action){
        $('#ff').form('submit', {
            url:'/ServletBatch?action='+action,
            onSubmit: function(){
                var isValid = $(this).form("validate");
                if (!isValid){
                    //如果表单是无效的则隐藏进度条
                    $.messager.progress('close');
                }
                return isValid;              //返回 false,终止表单提交
            },
            success: function(data){
                console.log(data);
```

```
                    let result = eval("(" + data + ")");
                    if (result.code == '201'){
                        $.messager.alert('提示',result.msg,'info');
                        $('#dd').dialog('close');
                        $('#dg').datagrid('reload');
                    }
                    else { $.messager.alert('提示',result.msg,'warning');}
                }
            });
        }
    })
</script>
```

后台代码如程序清单 9-11 所示。

程序清单 9-11：获取表格内容的后台代码

```
private void getBdgList ( HttpServletRequest req, HttpServletResponse resp ) throws
SQLException, IOException {
    PrintWriter out = resp.getWriter();
    String batchno = req.getParameter("batchno");
    String sql;
    if(batchno == null||batchno.equals("")){
        sql = "select * from batch";
    }
    else{
        sql = "select * from batch where batchno = '" + batchno + "'";
    }
    System.out.println("111");
    List < Batch > list = DBUtils.QueryBeanList(sql, Batch.class);
    HashMap < String, Object > map = new HashMap <>();
    map.put("total", list.size());
    map.put("rows", list);
    out.write(JSON.toJSONString(map));
    System.out.println(JSON.toJSONString(map));
}

private void addbatch ( HttpServletRequest req, HttpServletResponse resp ) throws
IOException {
    PrintWriter out = resp.getWriter();
    String batchno = req.getParameter("batchno");
    String batchname = req.getParameter("batchname");
    String batchdatetime = req.getParameter("batchdatetime");
    String sql1 = "insert into batch(batchno,batchname,batchdatetime) values(?,?,?)";
    ResultData rd = new ResultData();
    System.out.println("111");
    int count1 = DBUtils.Update(sql1, batchno,batchname,batchdatetime);
    if ((count1 > 0)) {
        System.out.println("666");
        rd.setCode("201");
        rd.setMsg("添加成功");
        out.write(JSON.toJSONString(rd));
        System.out.println(JSON.toJSONString(rd));
```

```java
            System.out.println("888");
        } else {
            rd.setCode("501");
            rd.setMsg("添加失败");
            System.out.println("999");
        }
    }

    private void update(HttpServletRequest req,HttpServletResponse resp) throws IOException {
        PrintWriter out = resp.getWriter();
        ResultData rd = new ResultData();
        String batchno = req.getParameter("batchno");
        String batchname = req.getParameter("batchname");
        String batchdatetime = req.getParameter("batchdatetime");
        String sql = "update batch set batchno = ?,batchname = ?, batchdatetime = CURTIME()
where batchno = ?";
        if(DBUtils.Update(sql,batchno,batchname,batchno)> 0){
            rd.setCode("201");
            rd.setMsg("修改成功");
            out.write(JSON.toJSONString(rd));
        }
        else {
            out.write(JSON.toJSONString(new ResultData("501","保存失败")));
        }
    }
    private void delete(HttpServletRequest req,HttpServletResponse resp){
        try {
            PrintWriter out = resp.getWriter();
            String batchno = req.getParameter("batchno");
            String sql1 = "delete from batch where batchno = ?";
            String sql2 = "delete from batchdetail where batchno = ?";
            int count1 = DBUtils.Update(sql1,batchno);
            int count2 = DBUtils.Update(sql2,batchno);
            if(count1 > 0&&count2 > 0){
                out.write(JSON.toJSONString(new ResultData("201","删除成功")));
            }
            else {
                out.write(JSON.toJSONString(new ResultData("501","删除失败")));
            }
        }
        catch (Exception e)
        {
            e.printStackTrace();
        }
    }

    private void exists(HttpServletRequest req, HttpServletResponse resp) throws IOException,
SQLException {
        PrintWriter out = resp.getWriter();
        String batchno = req.getParameter("batchno");
        System.out.println(batchno);

        String sql = "select count( * ) from batch where batchno = ?";
```

```
        System.out.println("111");
        int count = Integer.parseInt(DBUtils.QueryScalar(sql,batchno).toString());
        if(count == 1){
            out.write("false");
        }
        else{
            out.write("true");
        }
    }
    private void getone(HttpServletRequest req, HttpServletResponse resp) throws IOException,
    SQLException {
        PrintWriter out = resp.getWriter();
        String batchno = req.getParameter("batchno");
        System.out.println(batchno);
        String sql = "select * from batch where batchno = ?";

        System.out.println("111");
        Batch batch = DBUtils.QueryBean(sql, Batch.class, batchno);
        ResultData rd = new ResultData();
        if (batch != null) {
            rd.setCode("201");
            rd.setMsg("获取成功");
            rd.setData(batch);
            out.write(JSON.toJSONString(rd));
        } else {
            rd.setCode("501");
            rd.setMsg("获取失败");
            out.write(JSON.toJSONString(rd));
        }
    }
}
```

（3）最终实现结果如图 9-20 所示。

图 9-20　进货内容展示效果

9.5.8 库存模块

库存模块的实现包括以下几部分。

（1）主界面功能简介。这里的库存默认指超市店铺库存，当前台销售了商品后库存相应减少。所实现的功能为商品信息展示、添加商品、修改商品、查看详细、商品上架。主界面效果如图 9-21 所示。

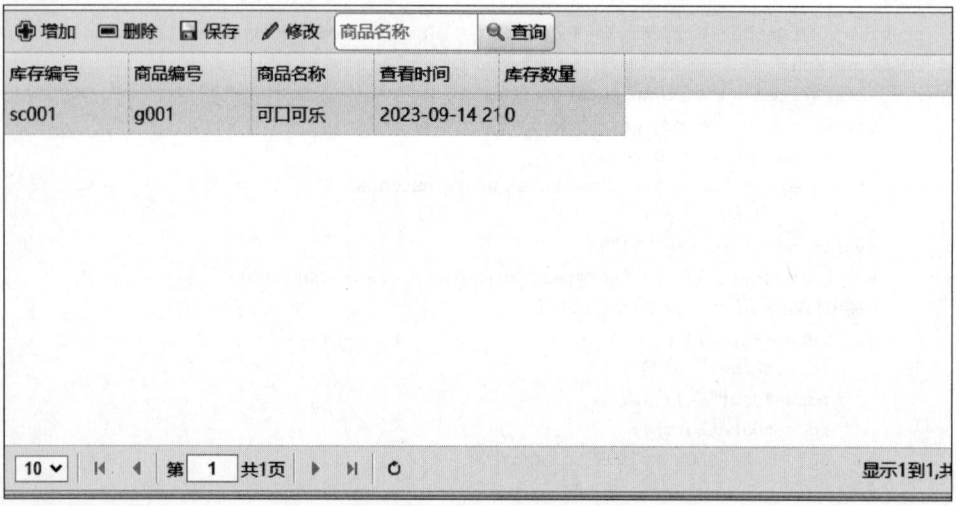

图 9-21 商品库存展示

（2）功能详解——添加与修改商品。因为添加与修改的表单内容都是一致的，所以可以做一个通用界面来实现添加与修改功能，只需根据父界面所传判断值来区别当前用户所使用的是哪一个操作。当用户在新增或修改完成后单击提交时，父页面会执行所打开界面的提交方法（EasyUI 的表单功能进行提交）将信息传递给后台保存到数据库。其实现代码如程序清单 9-12 所示。

程序清单 9-12：前端添加与修改核心代码

```
< body class = "easyui - layout">
< div data - options = "region:'north'" ></div>
< div id = "tb" style = "height:auto">
    < a id = "btnAdd" href = "javascript:void(0)" class = "easyui - linkbutton" data - options =
"iconCls:'icon - add',plain:true" 增加</a>
    < a id = "btnRemove" href = "javascript:void(0)" class = "easyui - linkbutton" data -
options = "iconCls:'icon - remove',plain:true" >删除</a>
    < a id = "btnDetail" href = "javascript:void(0)" class = "easyui - linkbutton" data -
options = "iconCls:'icon - save',plain:true" >详情</a>
    < a id = "btnEdit" href = "javascript:void(0)" class = "easyui - linkbutton" data - options =
"iconCls:'icon - edit',plain:true" >修改</a>
    < input class = "easyui - textbox" id = "limitedSearch" name = "limitedSearch" data -
options = "buttonText:'查询',buttonAlign:'right',buttonIcon:'icon - search',prompt:'批次编号'" >
</div>

< div data - options = "region:'center',border:false">
    < table id = "dg"></table>
```

```
</div>

<div id="dd"></div>
</body>
```

前端 JavaScript 代码如程序清单 9-13 所示。

程序清单 9-13：后台添加与修改核心代码

```
$(function () {
        loadData('');
        $('#dg').datagrid({
            url: '/ServletBatch?action = getBdgList',
            toolbar: '#tb',
            pagination: true,
            fit: true,
            columns: [[
                {field: 'batchno', title: '进货编号', width: 100},
                {field: 'batchname', title: '进货名称', width: 100},
                {field: 'batchdatetime', title: '进货时间', width: 100},

            ]]
        });

        $('#limitedSearch').textbox({
            onClickButton:function (){
                alert( $(this).val());
                loadData( $(this).val());
            }
        })

        function loadData(val){
            $('#dg').datagrid({
                url: '/ServletBatch?action = getBdgList',
                toolbar: '#tb',
                pagination: true,
                fit: true,
                queryParams: {
                    batchno: val
                },
                columns: [[
                    {field: 'batchno', title: '进货编号', width: 100},
                    {field: 'batchname', title: '进货名称', width: 100},
                    {field: 'batchdatetime', title: '进货时间', width: 100},
                ]]
            });
        }
}
```

（3）实现的添加与修改界面结果如图 9-22 所示。

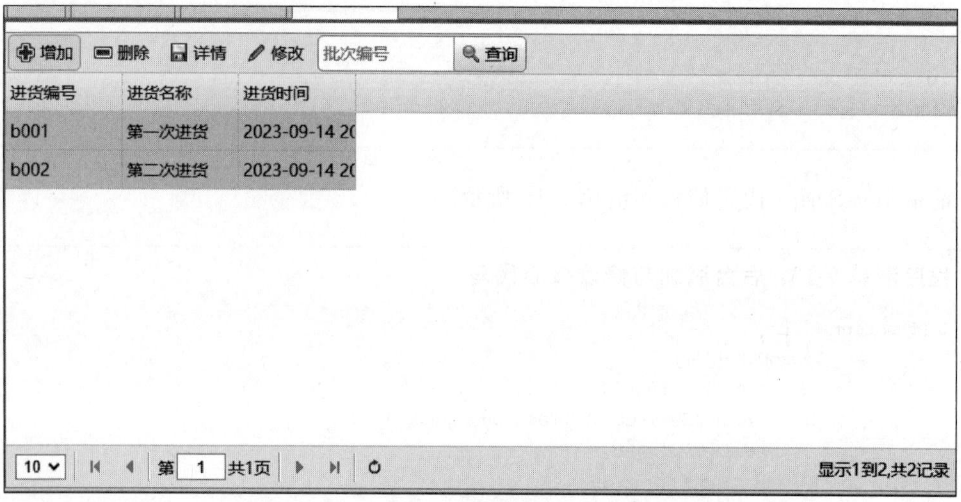

图 9-22　商品采购批次添加与修改界面结果

小结

本章主要介绍数据库应用系统的开发步骤，同时介绍 C/S 及 B/S 两种系统体系的应用系统，然后阐述数据库访问技术以及 MySQL 数据库开发技术，JSP、Servlet＋MVC 和 JQuery 等。

本章采用 JSP＋Servlet＋MySQL 进行校园超市管理系统实例开发，按照数据库设计开发的步骤，进行校园超市管理系统功能——系统登录、校园超市销售、后台进货模块、超市库存模块的开发，并附关键代码。

习题

简答题

1. 常见的数据库应用系统的开发方法有哪些？
2. 简述数据库应用系统开发的一般步骤。
3. 什么是 C/S 模式和 B/S 模式？这二者之间的主要区别是什么？
4. 简述 MySQL 数据库系统架构。
5. MVC 模式把软件系统分为哪三个基本部分？请解释。

课 程 设 计

一、课程设计的目的

本课程设计是配合《数据库原理及应用-微课视频版(第 2 版)》这本教材而设置的一项实践环节,重点是培养学生分析和解决实际问题的能力。通过课程设计,熟悉数据库设计的基本方法、步骤,数据库设计各阶段的任务和数据库应用系统的开发方法,完成对一个小型数据库应用系统的基本流程的分析、数据库设计、数据库应用系统开发以及相应文档的编写工作,使学生更加深入地掌握数据库系统分析、设计、开发的基本概念和基本方法,熟练掌握数据库设计、开发工具的使用,提高从事数据库系统建设和管理工作的基本技能和开发能力,培养科技学术论文的写作能力。

二、课程设计环境要求

(1) 操作系统:Microsoft Windows 10 及以上。
(2) 数据库管理系统:MySQL 8.0。
(3) 设计工具:PowerDesigner 15 版本及以上、Visio 软件等。
(4) 开发环境:JDK 1.8。
(5) 开发工具:推荐 IntelliJ IDEA 2021 及以上或 Eclipse 等。

三、课程设计背景资料

本课程设计任务主要是针对医院管理系统进行数据库应用系统的设计和开发,其主要需求信息如下。

1. 医院的组织机构情况

一所医院的主要构成分为两部分:一是门诊部门;二是住院部门。医院的所有日常工作都是围绕着这两大部门进行的。

门诊部门和住院部门各自下设若干科室,如门诊部门下设口腔科、内科、外科、皮肤科等,住院部门下设内科、外科、骨科等。二者下设的部分科室是交叉的,各科室都有相应的医生、护士,完成所承担的医疗工作。医生又有主任医师、副主任医师、普通医师或教授、副教授、其他之分。

为了支持这两大部门的工作,医院还设置了药库、中心药房、门诊药房、制剂室、设备科、财务科、后勤仓库、门诊收费处、门诊挂号处、问讯处、住院处、检验科室、检查科室、血库、病案室、手术室,以及为医院的日常管理而设置的行政部门等。

其中,药库负责药品的存储、发放和采购;中心药房负责住院病人的药品管理,包括根据处方及医嘱生成领药单、向药库领药、配药并把药品发给相应的病区,以及药房的库存管理和病区余药回收;门诊药房负责门诊病人的药品管理,包括根据处方,按处方内容备药、发药,向药库领药等;制剂室负责药物的配制,并提供给药库;设备科负责医院的医疗设备等的购入和维修等;财务科负责医院中一切与财务有关的业务和工作,进行医院的财务管理;后勤仓库负责医院所有后勤物品的存储和管理;门诊收费处负责门诊病人的处方的划价和收费;门诊挂号处负责门诊病人的挂号事务;问讯处负责向有疑问的就医病人解释相关问题;住院处负责所有就医病人的住院事宜和相关管理;检验科室负责病人的各项检验(如验血等),以及与各项检验相关的管理、药剂取用等;检查科室负责病人的各项检查(如CT检查以及其他放射线检查等),以及与各项检查相关的管理、设备使用与维护等;血库负责医院的各种血型的血液的存储和管理以及血液的采集;病案室负责病人病案的管理和保存;手术室负责病人的手术、手术的安排以及有关手术的相关事宜和器械、制剂、设备等的使用等;行政部门则根据其相应的工作职责进行日常的工作、对医院进行行政方面的管理,以保证医院医疗工作的正常进行和医院的后勤保障。

2. 各部门的业务活动情况

(1)门诊部门。

首先,门诊病人需要到门诊挂号处挂号(如果病人有需要,可以对所要就诊的相应医科进行查询,可查询该医科的当班医生及其基本情况,再去挂号)。如果是初诊病人,要在门诊挂号处登记其基本信息,如姓名、年龄、住址、联系方式等,由挂号处根据病人所提供的信息制成IC卡发放给病人。然后,初诊病人可与复诊病人一样进行挂号和就诊排号,由挂号处处理病人的病历管理。病人缴纳挂号费后,持挂号和收费证明到相应医科就医。

经医生诊疗后,由医生开出诊断结果或者处方,检查或检验申请单,如为处方,则病人需持处方单到门诊收费处划价交费,然后持收费证明到门诊药房取药;若为检查或检验申请单,则病人需持申请单到门诊收费处划价交费,然后持收费证明到检查科室或检验科室进行检查或检验。

当门诊药房接到取药处方后,要进行配药和发药,当药房库存的药品减少到一定量时,药房人员应到药库办理药品申领,领取所需的药品,而药房需对药品的出库、入库和库存进行管理。

当检查科室或检验科室接到病人的申请后,对病人进行检查或检验,并将检查或检验结果填入结果报告单,交给病人,各科室所做的检查或检验需记录在案。

病人可持检查或检验的结果再到原医科进行复诊,直至医生开出处方或提出医疗建议,最终病人痊愈离院。

(2)住院部门。

当病人接到医生的建议需住院治疗或接到医院的入院通知单后,需到住院处办理入院手续,需要登记基本信息,并交纳一定数额的预交款或住院押金。住院手续办理妥当之后,由病区科室根据病人所就诊的医科给病人安排床位,将病人的预交款信息录入进行相应的维护和管理,病区科室还应按照医生开出的医嘱执行,医嘱的主要内容包括病人的用药、检查申请或检验申请。

病区科室应将医嘱中病人用药的部分分类综合统计,形成药品申领单,统一向药库领药,然后将药品按时按量发给住院病人,需对发药情况进行记录,并对所领取的药品进行统一的管理。

病区科室应将医嘱中的检查或检验申请单发给检查科室或检验科室,当相应的科室对申请进行处理并将检查通知发给病区科室后,由病区科室通知病人进行相应的检查或检验。

药库对药品申领单进行处理和对药品进行管理,检查科室和检验科室对于申请、检查以及相应的管理工作与门诊中的部分相同。

当病人需要手术时,首先由病区科室将手术申请提交给手术室,由手术室安排手术日程,进行材料、器械的准备,当准备妥当后,手术室将手术通知发给病区科室,由病区科室通知并安排病人进入手术室,手术室需将手术中的麻醉记录、术中医嘱、材料、器械的使用记录在案。

当病人可以出院时,应先在病区科室进行出院登记,办理出科,然后在住院处办理出院手续,即可出院。

当病人需要转科时,需在病区科室办理转科手续,转入另一病区,由另一病区的病区科室安排病人的床位,并对病人转入的相应资料进行管理。

四、课程设计内容要求

(1)需求分析:通过对以上医院管理数据库应用系统的需求进行分析,充分了解系统的信息要求、处理要求、安全性和完整性要求,并在分析的基础上绘制医院管理系统的BPM图。

(2)概念结构设计:根据需求分析所得到的信息,利用 Visio 工具绘制该医院管理系统的 E-R 图;同时根据该医院管理系统的业务需求描述以及前面绘制的 E-R 图,利用PowerDesigner 工具,设计该连锁店管理系统合理的 CDM,完成系统的概念结构设计。

(3)逻辑结构设计:根据该医院管理系统的业务需求调查文字以及前面需求分析和概念结构设计所完成的工作,利用 PowerDesigner,设计该连锁店管理系统合理的 PDM,并按照关系规范化理论对模型进行优化。

(4)物理结构设计:进行系统物理环境的设计。

(5)数据库的实现:生成数据库以及生成数据库的 SQL 脚本。

(6)数据库应用系统开发:通过掌握的开发工具结合以上医院管理系统的数据库设计,进行医院管理系统的功能开发。完成如下任务。

① 设计病人挂号界面、医生门诊管理界面。

② 设计药房领药管理界面。

五、课程设计的方式

课程设计可在指导教师的引导和监督下,学生以项目驱动的方式自我管理整个过程。

六、课程设计提交结果要求

课程设计提交的结果主要包含以下纸质文档和电子文档两部分。

1. 应提交的课程设计纸质报告

(1)目录。

(2)项目背景。

（3）需求分析。

（4）概念结构设计。

（5）逻辑结构设计。

（6）物理结构设计。

（7）系统开发实现。

（8）总结。

（9）参考文献。

2. 应提交的电子文档

（1）与纸质报告一致的 Word 电子文件。

（2）设计的 BPM 源文件。

（3）设计的 CDM 源文件。

（4）设计的 PDM 源文件。

（5）生成数据库的 SQL 脚本和数据库文件。

（6）开发数据库应用系统的源文件。

七、课程设计评分标准

课程设计得分可按以下参考细则综合评定。

（1）需求分析工作深入详细，业务分析清晰，业务流程图绘制完整，正确性高，占 25%。

（2）概念结构设计合理，E-R 图和 CDM 设计完整，CDM 的属性及其数据类型合理，且正确性高，占 25%。

（3）由 CDM 转换的 PDM 正确性高，相应的 SQL 脚本生成正确，数据库生成合理，占 20%。

（4）基于数据库设计开发的应用系统功能符合要求，能够正确运行，占 20%。

（5）文档结构完整、合理，提交了相应的电子文档，且与纸质文档内容一致，占 10%。

参 考 文 献

[1] 王珊,杜小勇,陈红.数据库系统概论[M].6 版.北京:高等教育出版社,2023.

[2] SILBERSCHATZ A,KORTH H F,SUDARSHAN S. 数据库系统概念(原书第 7 版)[M].杨冬青,李红燕,张金波,译.北京:机械工业出版社,2021.

[3] 李月军,付良廷.数据库原理及应用(MySQL 版)[M].北京:清华大学出版社,2019.

[4] 秦昳,罗晓霞,刘颖.数据库原理与应用(MySQL 8.0)[M].北京:清华大学出版社,2022.

[5] 郑阿奇.MySQL 教程[M].2 版.北京:清华大学出版社,2021.

[6] 赵明渊,唐明伟.MySQL 数据库实用教程[M].北京:人民邮电出版社,2021.

[7] 赵明渊.数据库原理与应用(基于 MySQL)[M].北京:清华大学出版社,2022.

[8] 李辉.数据库系统原理及 MySQL 应用教程[M].2 版.北京:机械工业出版社,2019.

[9] 赵晓侠,潘晟旻,寇卫利.MySQL 数据库设计与应用(慕课版)[M].北京:人民邮电出版社,2022.

[10] 孟凡荣,闫秋艳.数据库原理与应用(MySQL 版)[M].北京:清华大学出版社,2019.

[11] 赵杰,杨丽丽,陈雷.数据库原理与应用(MySQL 版|微课版)[M].4 版.北京:人民邮电出版社,2023.

[12] 孔祥盛.MySQL 基础与实例教程[M].北京:人民邮电出版社,2020.

[13] 李月军.数据库原理与 MySQL 应用(微课版)[M].北京:人民邮电出版社,2022.

[14] 陈志泊,崔晓辉,韩慧,等.数据库原理及应用教程(MySQL 版)[M].北京:人民邮电出版社,2022.

[15] 白尚旺.软件分析建模与 PowerDesigner 实现[M].北京:清华大学出版社,2010.

[16] 赵韶平,徐茂生,周勇华,等.PowerDesigner 系统分析与建模[M].2 版.北京:清华大学出版社,2010.

[17] 钱进,常玉慧,叶飞跃.数据库设计与开发[M].北京:科学出版社,2017.

图书资源支持

感谢您一直以来对清华版图书的支持和爱护。为了配合本书的使用，本书提供配套的资源，有需求的读者请扫描下方的"书圈"微信公众号二维码，在图书专区下载，也可以拨打电话或发送电子邮件咨询。

如果您在使用本书的过程中遇到了什么问题，或者有相关图书出版计划，也请您发邮件告诉我们，以便我们更好地为您服务。

我们的联系方式：

清华大学出版社计算机与信息分社网站：https://www.shuimushuhui.com/

地　　址：北京市海淀区双清路学研大厦 A 座 714

邮　　编：100084

电　　话：010-83470236　010-83470237

客服邮箱：2301891038@qq.com

QQ：2301891038（请写明您的单位和姓名）

资源下载：关注公众号"书圈"下载配套资源。

资源下载、样书申请　　　图书案例

书圈　　　清华计算机学堂　　　观看课程直播